飞机刹车副瞬态温度场分析

薛 晶 李玉忍 田广来 著

西北工業大學出版社

【内容简介】 本书系统地研究了飞机刹车副瞬态温度场的计算方法，分析了影响温度分布的各种因素。全书分为7章。第1～3章主要介绍飞机刹车装置的发展历程以及计算飞机刹车副温度场需要的热分析基础知识；第4～6章介绍各种条件下飞机刹车温度场计算模型的建立；第7章介绍针对飞机刹车副瞬态温度场进行仿真计算和试验验证的方法。

本书内容丰富，理论联系实际，适合作为高年级本科生和研究生学习飞机刹车装置温度分布的阅读书目，对于实际工作者和对飞机刹车副温度分布感兴趣的人士，也是很好的参考书。

图书在版编目(CIP)数据

飞机刹车副瞬态温度场分析/薛晶，李玉忍，田广来著．—西安：西北工业大学出版社，2011.12
ISBN 978-7-5612-3254-5

Ⅰ．①飞… Ⅱ．①薛…②李…③田 Ⅲ．①飞机—制动装置—温度场—有限元分析
Ⅳ．①V227

中国版本图书馆CIP数据核字(2011)第264406号

出版发行：西北工业大学出版社
通信地址：西安市友谊西路127号　　邮编：710072
电　　话：(029)88493844　88491757
网　　址：www.nwpup.com
印 刷 者：陕西宝石兰印务有限责任公司
开　　本：787 mm×960 mm　1/16
印　　张：9.625
字　　数：204千字
版　　次：2011年12月第1版　2011年12月第1次印刷
定　　价：27.00元

前　言

飞机起降制动过程主要依靠刹车副将飞机的动能转化为热能，从而使刹车副温度迅速上升。过高的刹车温度可能会改变刹车副材料的热物理参数，影响刹车副热机械性能，使摩擦材料发生热降解，出现热衰退现象，从而危及飞机的制动安全，因此飞机刹车副瞬态温度场研究是当前该领域研究的热点问题之一，日益受到同行学者的关注。

本书主要介绍针对盘式刹车装置研究飞机刹车副三维瞬态温度场的计算方法。该方法是用有限元法建立飞机刹车副三维瞬态温度场计算的数学模型，重点研究影响瞬态温度分布的各因素，给出了模型的推导过程，热生成率的计算，热辐射和对流边界条件的处理，粗糙表面接触模型的建立以及不确定性对温度场的影响。主要内容涉及单元内部热传导余差方程的建立，粗糙表面的描述，接触条件的处理，从而得到瞬态温度场分布计算模型。最后进行了仿真分析，并与惯性台实验数据进行了比较，证实符合工程实际，从而说明本书所建立的刹车副三维瞬态温度场数学模型合理、可行。

一、本书介绍的主要工作内容和创新性研究

(1)针对C/C刹车材料热物理参数的各向异性，运用有限元算法中实用性很强的迦辽金法推导各单元热传导方程，采用对弯曲边界适应性较强的四面体结构划分有限元网格，在单元内采用一次函数来近似刹车副温度值，重点研究制动过程刹车副温度场的理论分析与计算。

(2)研究了刹车副热量的输入与输出。以飞机实际制动过程为基础，针对影响热量产生的刹车压力、机轮速度以及机轮滚动半径等参数计算热生成率。遵守Stefan－Boltzmann定律的热辐射边界条件，通过引入形状因数转化为净热流，并和热对流边界条件一并作为有限元方程的定解边界，从而获得刹车副三维瞬态温度场分布。

(3)分别采用统计理论和分形理论描述粗糙表面，在形变假设下建立粗糙表面G－W弹性接触模型和Cantor集塑性接触模型，用于研究刹车副粗糙表面对瞬态温度场的影响。G－W弹性接触模型以接触分热阻为基础，运用经典G－W模型描述粗糙表面形貌，依据统计特性获得表面接触信息，获得粗糙表面的接触模型。而Cantor集塑性接触模型，采用分形理论中的Cantor集模型描述粗糙表面的形貌，按照体守恒原理建立塑性形变模型，考虑接触层对刹车副材料热物理性能的影响，进行Cantor集粗糙表面参数估计，当样本足够大时，模型可以以任意精度收敛于实际参数。针对Cantor集排列顺序对温度分布的影响，以C/C材料飞机刹车副为例进行了分析计算和仿真，为深入研究瞬态温度场分布以及粗糙表面的热物理效应提供了理论基础。

(4)将模糊随机参数模型引入温度场研究中,使用随机参数模型、$L-R$ 模糊参数模型和模糊随机参数模型对温度场不确定性进行描述。基于随机参数模型提出解析法和 Neumann 展开 Monte - Carlo 法求解温度响应不确定性的统计特征。解析法以参数的概率分布为基础,积分获得统计特征参数;Neumann 展开 Monte - Carlo 法是在均值温度响应处使用 Neumann 展开,求出不同采样值时刻节点温度响应,根据数理统计求取温度统计特征。针对 $L-R$ 模糊参数模型给出了模糊求解迭代法和区间求解计算法。模糊求解迭代法根据模糊系统方程构造迭代格式,直接求得温度响应的模糊表达。区间求解法是通过 λ 水平截集将 $L-R$ 模糊参数转化为区间数,求取温度的变化范围。最后给出模糊随机参数模型温度变化的求解方法,该方法对随机性进行泰勒展开,建立方程求解温度响应变化区间。

(5)以某型机轮为例,建立 C/C 复合材料刹车副三维瞬态温度场仿真模型,并用 ANSYS 对其进行仿真计算,得到刹车副三维瞬态温度场分布图、瞬态热流矢量分布图、关键点温度随时间变化曲线图和径向各点映射温度图。将仿真结果与惯性台制动实验比较,二者基本吻合,证明了本书所建立的刹车副瞬态温度场模型合理、可行,为刹车副工程热设计提供了理论支持。此外,还分析了各参数具有不确定性时,刹车副温度响应变化范围,得到了相应条件下温度场响应,完善了飞机刹车副瞬态温度场研究。

二、本书内容安排

本书主要研究飞机刹车副三维瞬态温度场分布,针对盘式刹车副使用有限元法建立瞬态温度场计算的数学模型,分别针对热传导模型、热生成率、热辐射和热对流边界、粗糙表面接触模型和参数不确定性五个影响瞬态温度分布的因素进行研究。最后将其仿真实现,并与惯性台实验数据进行比较,说明本书提出的刹车副三维瞬态温度场数学模型的可行性和合理性。

本书各章节安排如下:

第 1 章主要介绍刹车装置的结构及发展过程,科研的研究背景,以及目前国内外在刹车副温度场及相关领域的研究现状。

第 2 章给出了热分析的基础理论。

第 3 章介绍了温度场研究的数学基础,为后续研究飞机刹车副温度分布打下理论基础。

第 4 章给出了飞机刹车副温度场三维瞬态计算模型。由于环境的复杂性和特殊性,使用解析法很难求出刹车副温度场的分布情况。这一章采用对弯曲的边界条件适应性较强的四面体划分网格,权衡计算量与精度,在单元内部采用一次函数作为逼近函数,运用有限元法中实用性很强的迦辽金法,针对 C/C 刹车材料热物理参数的各向异性,建立三维热传导方程的计算模型。将遵守 Stefan - Boltzmann 定律的热辐射边界条件,通过引入形状因数转化为净热流,并和热对流边界条件一并作为有限元方程的定解边界条件。根据实际情况,计算影响刹车副温度场的关键因素——热量的产生。考虑以滑移率为控制对象,采用 PBM 加速度偏差控制,结合飞机制动过程机体模型、机轮模型,得到热生成率。此外,还涉及热流密度的计算、总刚度矩阵的计算、计算毕奥数和傅里叶数以获得合理的时间步长,使用后向欧拉方程进行时间积分以及使用高斯-勒让德积分方法处理积分计算。在各个单元内部得到了一个以节点的温度值为变量的代数方程组描述系统方程，因此可求得节点在各离散时间点上的温度，以及下一时刻各个节点的温度值，进而获得刹车副整体的温度场分布。

第5章主要针对粗糙摩擦表面对温度场的影响进行研究，分别采用基于统计的G-W模型描述和分形理论的Cantor集模型描述。经典G-W模型描述粗糙表面形貌，在弹性形变的假设下，根据接触分热阻的概念，建立了与常用的点接触模型相联系的粗糙表面接触模型，考虑了此情况下接触形貌对其传热规律的影响，然后以此为基础分析了粗糙表面形貌对温度场的影响。以分形理论为基础研究接触形貌对其传热规律的影响，主要是将Cantor集理论应用到接触形貌分析中，按照体守恒原理建立塑性形变下刹车副粗糙表面接触模型，并考虑接触层与刹车副材料热物理性能的相互作用。随后进行Cantor集粗糙表面参数估计，得出当样本足够大时，模型可以以任意精度收敛于实际参数的结论；研究排列不唯一时，微凸体之间不同的组合对温度分布的影响，以飞机刹车副C/C材料为例，对其进行计算分析而后推广，从仿真计算结果可以看出Cantor集的排列对温度场的影响，应该按照工程实际进行处理，为深入研究各种温度场分布以及各种粗糙表面的热物理效应打下基础。

第6章主要研究不确定性对温度场的影响。由于不确定性广泛存在于工程实际应用的各个方面，刹车副温度场的研究也包含了各种因素的不确定性。当使用随机模型描述各物理参数的不确定性时，可用Neumann展开Monte-Carlo法、解析法，分析温度响应的不确定性；当各物理参数的不确定性用$L-R$模糊模型表达时，为获得温度场的变化情况，可以使用相应理论构造模糊迭代格式进行求解，或通过λ水平截集将模糊数转化为区间数，进行区间求解。本章最后将应用于结构分析的摄动模糊随机有限元方法，应用到温度场分析领域，并使用模糊随机模型同时描述两种不确定性的性质，给出了此条件下温度变化的求解方法。

第7章根据前几章所建立的模型，进行瞬态温度场仿真计算。以某一机型C/C刹车副装置为例，按照给定的刹车条件，通过ANSYS来实现对刹车副三维瞬态温度场的数值计算，得到刹车副温度场分布图、热流矢量分布图、关键点温度随时间变化曲线图和径向各点映射温度图，以揭示该刹车副温度场的分布特征。根据温度场分布，可知刹车副组件一次刹车过程中温度上升最快的点，可得任意时刻整个温度场中温度最高的点，温度变化趋势、热流密度、温度梯度的变化情况，以及其对温度场变化的影响，并用其分析了粗糙接触模型、不确定性因素等对温度场的影响。将仿真结果与惯性台上进行制动实验获得的刹车副点温度相比较，说明该方法所建立的刹车副温度场模型合理、可行，为刹车副温度场分析、计算和研究提供了理论支持。

由于研究工作的需要，参考了国内外大量的相关文献，在此对参考的所有文献的作者表示诚挚的谢意。

由于水平所限，书中不妥之处在所难免，恳请读者和同行专家不吝指正。

著　者

2011年2月

目　录

第1章 绪 论

1.1 刹车装置结构及发展

刹车装置是安装在机轮内的制动设备，是保证飞机正常刹停的重要部分，是一种能量转换装置。其主要原理是利用刹车副的相互摩擦产生刹车力矩，将飞机高速着陆滑跑的动能转化为热能，并将此热能储存和消散出去，实现飞机着陆制动。它可以使飞机很快减速，达到缩短滑跑距离的目的，其技术水平直接关系到飞机的刹车效率和使用安全。

早期的飞机只装备机轮而不装备刹车装置，因为当时飞机着陆速度很低，飞机向前运动的阻力足以使飞机在合适的距离内停止运动，机轮仅作为支撑飞机的构件。随着飞机质量和速度增加，开始在飞机上装备刹车系统。刹车系统的引入使飞机着陆距离更短，操纵更安全，而且差动刹车的引入极大地改进了飞机地面运动控制能力。随着对飞机制动要求的提高，机轮刹车装置的尺寸在增加，结构形式也在改进[1]。

最初制造的刹车装置是弯块式的。两个刹车弯块的外层铆以用石棉增强的有机摩擦材料，制动时用一个活塞同时推动两个刹车弯块，与固定在机轮上的钢圈接触而发生摩擦[2]。

20 世纪 50 年代，发展为软管式刹车装置。其结构是在软管的外表面布置一圈刹车块，制动时向软管充气，使之膨胀而发生摩擦。与弯块式刹车装置相比，其摩擦面积大大提高，刹车力矩可在更大范围内调整[2]。

随着飞机着陆速度和刹车能量的增大，20 世纪 60 年代，出现了盘式刹车装置。盘式刹车装置中包含刹车动盘和静盘，两种盘子交替叠装，可以形成相当大的摩擦表面。制动时通过作动机构施加压力，使动、静盘之间发生摩擦。盘式刹车装置具有结构紧凑、刹车效率高、吸收动能大、使用安全、维护方便等优点。盘式刹车装置满足了现代飞机的使用要求，将刹车热库的使用温度提高了 300～400℃，使用寿命提高 1～3 倍。弯块式刹车、软管式刹车和盘式刹车的热库单位质量能载范围见表 1-1[2]。

表 1-1 3 种刹车装置热库单位质量能载比较

刹车形式	弯块式	软管式	盘式
单位质量能载/($kJ\cdot kg^{-1}$)	100～150	140～200	180～250

随着飞机质量的增加和着陆速度的提高[3]，不但刹车装置结构改进了，作动器也有所改变，历经了气压刹车、液压刹车、电静液刹车和全电刹车。与此同时，刹车控制系统也由电子防滑刹车控制系统变为模拟式电传刹车控制系统，而后成为数字式电传刹车控制系统。刹车效率的提高，对热库的需求也越来越大，刹车材料也经历了从借用地面交通工具刹车材料到研制飞机专用刹车材料的过程。

航空采用的刹车材料，最早受汽车刹车材料的启发和影响。20 世纪 30 年代，刹车材料均采用橡胶块、石棉树脂块、石棉纤维增强树脂基复合材料[3]，并逐步发展了无石棉有机刹车材料和半金属有机刹车材料等新品种。它的缺点是摩擦因数不稳定、热衰减严重、导热差、寿命低。

20 世纪 50 年代中期，开始使用无机刹车材料，主要是烧结粉末合金刹车材料，包括铜基和铁基两类[1]。最初的粉末冶金摩擦材料以铜基材料为主，但其耐高温性能和基体强度不能满足新型飞机的使用要求。随后粉末冶金研究的重点放在铁基材料和铜铁基材料上，其动摩擦因数一般为 0.2～0.3[4]。试验和使用证明，铁基或铜铁基粉末冶金/钢刹车副比铜基粉末冶金/钢刹车副有更高的耐高温性能和基体强度[5]，其代表机种为 F-6，F-7，B-5，B-6 等[3]。

20 世纪 70 年代，碳刹车材料被开发和应用。碳刹车盘被设计为碳质整体结构，具有摩擦功能、热库功能及传递力矩功能。而粉末合金刹车材料只有摩擦功能和热库功能，有机刹车材料则只有摩擦功能[6]。

在刹车效果方面，碳复合材料（C/C）的优势和潜力最突出，被誉为当今世界刹车材料之冠。其质量轻，磨损小，寿命长，耐高温（－100～2 000℃），高温性能稳定，不变形，比热高，抗热冲击能力强，能载高，热膨胀系数小，热导率高。与粉末冶金刹车材料相比，质量可减轻 40%，单位质量能载提高 3～4 倍，寿命提高 3～5 倍。碳复合材料集摩擦功能、热库和结构功能于一体，是一种优良的高温结构材料[7]，并且可用同一材料制造动静盘[4]。由于具有如此突出优点，因而碳复合材料被广泛应用，最先在 F-14，F-15，F-16 和“幻影”2000 等军用机型上采用[8]。国外还用碳复合材料代替已采用的钢刹车材料，如波音 747、波音 757、波音 767、协和飞机、鹞式飞机等[2]。碳刹车材料的使用大大提高了飞机刹车系统的安全性、可靠性、维护性和适用性。不同刹车材料的性能对比见表 1-2 和表 1-3[8]。

表 1-2　不同刹车材料的寿命

刹车材料	每次刹车磨损/mm	寿命（起降次数）
粉末冶金	⩽0.01	250～500
C/C	⩽0.001 5	2 000～3 000

表 1-3 不同刹车材料的刹车性能

刹车材料	正常着陆吸收能量/(9.8 J·kg^{-1})	中断起飞吸收的能量/(9.8 J·kg^{-1})
粉末冶金	35 000	71 000
C/C	100 000	250 000

现有的刹车装置及刹车副如图 1-1 和图 1-2 所示。

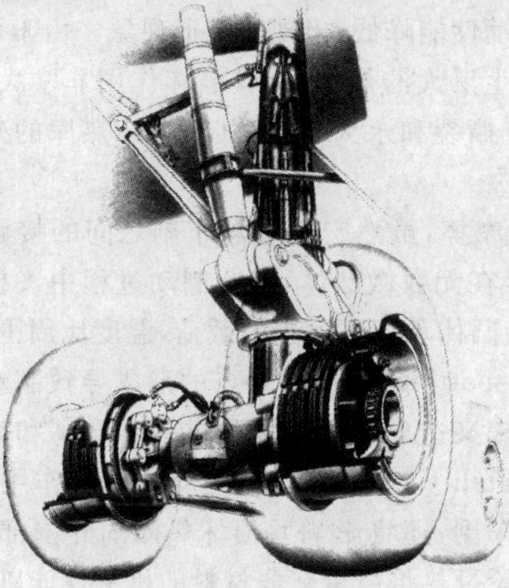

图 1-1 刹车装置图

图 1-2 安装后盘式刹车副装置图

1.2 研究背景

目前,飞机正朝着大吨位、高速度的方向发展。载荷和速度不断提高,使得对航空机轮与刹车装置的性能要求也日趋苛刻。同时,作为机载设备的飞机刹车装置对飞机的着陆起着至关重要的作用,关系到飞机的安全返航、持续作战和适应机场的能力。刹车装置的工作原理是快速地将飞机着陆时绝大部分的系统能量(势能、动能)转化为热能,以至于飞机刹车副的热载荷急剧增加。因此,迫切要求人们对飞机刹车副的热性能进行深入研究,提高其热稳定性并改进其热防护设计,以满足现代飞机在各种工况条件下安全制动的需求。制动过程的复杂性、工作环境的多变性以及刹车材料的多样性,使得刹车副三维瞬态温度场研究成为当今刹车研究领域的瓶颈,同时也令其成为当前研究的热点[9]。

航空机轮和刹车装置通常是按飞机一次起飞着陆进行设计的,因而有一定的使用温度限制。刹车过程对飞机刹车副来说是一个复杂的滑动摩擦问题,刹车副的相互摩擦产生制动,因此刹车装置属于一种能量转换装置,即从能量的观点出发,飞机制动过程是将系统能量(动能和势能)变为热能储存和消散的过程。这些热量一部分通过热传导使刹车副温度升高,一部分通过对流散发于大气中。大量的理论及试验研究表明:摩擦热及相关的热现象对刹车副的摩擦行为有着非常重要的影响,摩擦表面接触温度及温度梯度受载荷、速度、摩擦因数、材料的热物理特性、耐久性、摩擦部件的设计尺寸和工作环境等因素综合制约[10]。

刹车副摩擦表面温度的升高会引起刹车材料发生一系列物理、化学变化,使刹车装置的安全性能得不到保证。对于一般的刹车装置而言,刹车副温度在一次制动后可以从室温上升到几百乃至上千摄氏度,高温将严重削弱材料的机械性能。当摩擦材料表层温度高于固有热分解温度时,摩擦因数将急剧下降,黏结剂汽化,制动性能降低,出现热衰退现象。由于刹车副内存在巨大的温度梯度,耦合热性能与机械特性产生巨大的热应力,其破坏作用非常大,极可能产生一些不利状况,如引起接触表面变形、黏着点撕裂和永久变形,甚至损坏热库的外围部件等严重后果[11]。

飞机在制动过程中,主要依赖刹车副的相互摩擦,虽然宏观上刹车副之间的接触是完全的,但实际上由于材料表面并非绝对光滑,而是存在无数微凸体,因此制动过程中飞机刹车副之间仅部分微凸体相互摩擦产生热。如果某一微凸体承担不适当的载荷,温度比周围表面高,它将膨胀并伸出“平均水平面”,形成“热点”(hot spotting)。局部热点的形成导致制动压力不均匀分布,其承受过大的应力,进一步发展,反过来又造成局部温度的进一步升高和表面温度梯度增大(热弹性不稳定性(ThermoElastic Instability, TEI))。如此反复相互作用,加速了制动器的磨损及疲劳破坏。这不仅严重威胁刹车副,还将影响并损坏热库的外围部件,如机轮、汽缸座、轮胎等,降低其性能和使用寿命。机轮过热将严重削弱材料的机械性能以致碎裂,而轮胎爆破后碎片可能击穿飞机蒙皮、打坏发动机。严重时,当摩擦材料表层温度高于固有热分解温度时,摩擦因数将急剧下降,有可能造成刹车困难或刹不住车。因此,为保证飞机的安全性、外围部件不受热损害,必须对能量的转换、热量的产生与耗散过程、刹车热库及受热单元的温度进行深入的研究和详细分析[12],温度场的瞬态计算就是通过计算获得刹车副温度的瞬态分布,深入认识制动器制动的全过程,从热分析角度指导机轮和刹车装置设计,在保证制动安全范围内减少热库容量。

在刹车副进行设计的初期,如果通过试验的方法来解决刹车副材料选取、结构优化等问题,需耗费大量的人力、物力和财力,而且试验周期长;再者由于测试手段的限制,很多瞬时参数(如温度、热应力等)测试精度低或者根本无从测量。因此,对刹车副制动过程进行三维瞬态温度场计算具有重大的工程意义[13]。根据刹车副温度场的热分析结果,可以确定整个刹车装置温度最高及薄弱部位,然后针对热薄弱部分改进设计方案[14]。除此之外,只要保证温度场的计算精度,较少引入假设,就可以得到测量非常困难的瞬态热应力场,并且计算结果也能达到较高的精度[15]。通过对瞬态温度场的研究,找出影响刹车装置热学性能的主要因素,也可进一步用于分析刹车副的热疲劳强度,进而可以为整个刹车副组件的热设计提供理论支持。三维瞬态温度场的研究为刹车装置设计和分析以及疲劳分析提供了更好的研究手段。

在对飞机刹车副进行热分析时,要能计算或估算出刹车副温度分布,以便保证刹车装置结构分析和设计能满足实际要求。但是，由于所研究对象的复杂性，以及认识客观世界水平和手段的限制，以至于在研究过程中往往存在不同程度的误差或不确定性[16]，从而导致所得温度分布也具有不确定性。

不确定性广泛存在于工程分析和设计过程中，不确定性概念在很多研究中具有重要作用[17]。虽然在多数情况下这些误差或不确定性可能很小，但这些误差或不确定性累计在一起就可能对系统的分析和设计产生大的、意想不到的偏差或不可预知性，尤其是在比较复杂的结构中就更为明显[16]，不能简单地进行忽略。这些不确定性使刚度矩阵、载荷矩阵成为不确定参数的函数，使温度场也具有不确定性。正确估计不确定参数对刹车副温度分布的影响，对于机轮刹车装置的工程化设计具有十分重要的意义[18]。

传统的工程分析和设计，通常针对确定性模型进行研究。即在计算分析中所涉及的一些相关参数都是确定量，不承认或完全忽略了系统中的不确定性，其实质是利用某种意义上的均值参数系统来代替具有不确定性的系统。研究表明，只有当本原系统的不确定性较小时，这种处理方法能给出较为符合实际的结果。可见，在传统分析设计中，通过采用较大安全系数的方法来避免不确定性的影响，已经很难满足现代分析设计的要求。因此，在实际分析设计中考虑不确定性因素对系统的影响，具有重要的工程应用价值和理论意义[16]。

为获取飞机刹车副的热性能数据，人们必须进行不断的研究、分析，融合新理论、新方法、新技术，提高刹车副热稳定性并改进其热防护设计，以满足现代飞机在各种工况条件下安全制动的需求。刹车副三维瞬态温度场研究是重要的航空支撑技术，是发展现代航空制动技术必须先行的基础，对缩短刹车副的研制周期，提高刹车副性能，降低研制费用具有非常重要的意义。

随着有限元软件的发展，瞬态温度场的计算已经成为可能。各先进工业国家对飞机刹车装置和研制开发均投入了大量的人力、财力和物力，国外对热应力和热温度场的分析已经和刹车装置与机轮作为一个整体用专用的有限元分析软件进行分析，计算出刹车副以及机轮各部位的温度分布来指导具体的结构设计和热设计。相比之下，国内在热防护研究方面还存在较大的差距。

面对这样的背景，对刹车副三维瞬态温度场进行研究，有非常重要的意义。通过对瞬态温度场的研究，找出影响刹车装置热学性能的主要因素，为整个刹车装置的热设计提供支持，为航空工业发展奠定坚实基础。

1.3 国内外研究现状

1.3.1 温度场计算研究现状

前人关于刹车装置温度场的研究多是关于机车的盘式制动器，相对来说，针对飞机刹车副瞬态热特性的研究工作比较少。研究方向主要涉及以下几个方面：①温度场计算模型及求解方式;②各参数的取得;③热生成模型和分配机制;④表面形貌接触模型和磨损对温度场的影响,以及所引起的热弹性不稳定问题;⑤热机械耦合问题。

1. 温度场计算模型及求解方式

在刹车副温度场的研究初始,多将刹车副简化成二维模型,建立二维轴对称热传导方程,认为温度在角度方向没有变化。这样得到的计算结果只能对整个温度场有一个大致粗略的描述,因为在实际工况中,刹车副在三维空间的热传递方式以及刹车副复杂的几何结构都对其温度场有较大影响。早期刹车盘大多由粉末冶金、单金属及铸铁材料制成(简称为钢刹车盘)。对于钢、铝材料,各向异性表现不明显,导热系数、比热容随温度变化范围不大,故之前所作的三维模型研究多将热物性参数做常数处理,建立各向同性的旋度方程模型以求解温度分布。随着材料技术的研究发展,出现了碳刹车盘,此时需深入探讨碳刹车副温度场分布[19-21],需考虑材料的各向异性建立热传导方程。韩国学者 Sonn[22] 对刹车副瞬态热机械性能进行了研究。研究表明,作为制动摩擦材料,正交异性摩擦材料比各向同性的有更好的热特征,因为其在摩擦表面具有更大的接触区域。

Yevtushenko[23] 用 Hankel 积分变换及 Laplace 变换求解了二维轴对称方程,假设减速率和摩擦热分配系数是常数,得出结论:最高温度在圆盘的中心;最高温度随着制动时间的增加而减小;最高温度取决于总动能和最大压力到达时间。Floquet[24] 用 FFT－FEM 方法求解了三维瞬态热传导方程,认为二维轴对称热传导方程和实验有比较大的误差。Cho 和 Ahn[25] 也采用了 FFT－FEM 方法研究三维汽车盘式制动器的瞬态热特性,为研究滑动系统瞬态问题打下了基础。AL－shabibi 和 Barber[26] 发展了一种基于模态的分析方法。

2. 各参数的取得

简正柱[27-28] 为获取刹车副制动过程中温度分布情况,重点讨论了边界条件和各相关参数的确定方法。李涛、吴瑞祥等[29] 针对飞机刹车装置的循环对称结构,合理考虑各种相关参数,使用 MSC. Marc 软件计算刹车装置三维瞬态温度场。杨志斌[30] 介绍了"飞机结构三维温度场分析"程序及参数的应用。

3. 热生成模型和分配机制

关于摩擦副之间的热分配问题,很多学者作了大量的研究。Carslaw[31] 最早提出忽略两个摩擦副之间的热交换,用热分配系数来分配热流的方法,为广大研究者所接受。Kennedy[32] 给出的热分配系数不但考虑了材料的影响,还分析了接触状况以及温度的影响。虽然其考虑了温度的影响,但假设温度是已知的,而实际上,温度在确定分配系数前是未知的。在这种情况下得出的热分配系数有很大误差。林谢昭[33] 通过有限元仿真,探讨制动过程中摩擦热流强度的变化给温度场带来的影响,得出结论:制动初始动能和摩擦力增长过程是影响盘表面温度场的关键因素。陈辉[34] 建立了在不同滑动速度下干接触体的滑动接触模型,利用快速傅里叶变换,求解拉普拉斯热传导方程,获得光滑及粗糙表面接触时,瞬时温升以及接触体内部各离散点的温度分布。Brian[35] 假定接触区为矩形,计算了在多点滑动接触情况下,粗糙度形状和分布对温度上升的影响。Bos[36] 运用多重网格法对不同相对滑动速度光滑接触体表面温度进行了计算分析。Gao[37]利用FFT方法提高了计算闪温的速度。Tian[38-39]研究了在不同形状热源以及不同滑动速度下，表面或粗糙峰接触时温度上升情况，并给出了最大闪温和平均闪温的拟合公式。近年来，Jen[40]通过建立分形模型求解了界面温度。Schneider[41]通过实验研究了界面温度对磨损的影响。陈学文[42]针对磨削温度场根据流体动压润滑理论和边界层理论，建立了磨削区冷却液边界层对流换热系数微分方程组的完整形式，并解得磨削区冷却液的对流换热系数，还建立了磨削区内热量分配比例模型，联合对流换热系数模型，获得了温度场最大温度的求解公式。王营[43]从汽车制动过程的能量转换及摩擦生热机理出发，建立了制动器的热流密度分配模型，并结合有限元法对盘式制动器摩擦片的温度场进行了计算。王志刚[44]从能量传递的角度分析了盘式制动器制动过程能量的转换，摩擦热量的产生机理以及在制动器中的传递与耗散。马保吉[45]应用局部热流和整体热流的概念，将摩擦制动器接触界面的温升分成局部表面温升和名义表面温升，并且将圣维南原理应用于名义表面温升的计算中，从而建立了摩擦制动器接触界面最高温度的计算模型。

4. 接触问题

1969年，英国剑桥大学学者Barber通过实验观测了列车制动器所产生的热点，并首次解释了有关滑动系统摩擦生热的热弹性不稳定性的产生机制[46-47]。1973年，美国西北大学学者Burton等人介绍了基于摄动法的分析模型，以探讨两个滑动半平面接触的稳定性[48]。Lee和Barber[49]扩展Burton模型到两个有限厚度半平面滑动情况。结果表明，该有限层厚度影响热弹性接触稳定性。Lee和Barber的模型也被相当广泛运用于刹车和离合器工业的热稳定性分析[50-52]。最近，使用有限元方法[53-54]确定伯顿摄动法滑模系统的稳定边界时，提出了一个特征值问题。然而，其假设滑动速度是常数，而实际滑动系统，如刹车和离合器，都经历了长时期的变速滑动过程。考虑实际情况的解决方法是用数值方法模拟耦合瞬态热接触问题的特性。Jang和Khonsari[55]研究了由一个有限厚度导热体和粗糙摩擦表面绝热体组成的滑动系统，得出一套普遍适用的方程。Chichinadze[56]认为，表面温度等于与均匀热流相关的平均温度和局部热流产生的闪点温度之和。对于平均温度，由于是均匀热流引起的，一般采用一维热传导方程求解；对于闪点温度的模型就比较复杂了，假设一刚性绝热体在半无限平面上滑动求解。

最近，Zagrodzki[57]采用伽辽金算法针对静止层和滑动层的二维热弹性接触问题的摩擦热不稳定性实施了瞬态有限元模拟。此外，Zagrodzki和Truncone[58]研究了在短变速时间内热点的产生，还介绍了两种基于有限元模型的热接触问题，以及实验中经受测试的理论分析。韩国学者Choi[59]对盘式制动器轴对称耦合热弹性接触问题进行了模拟，发展了有限元模型，并研究在拖曳制动过程中刹车副的热弹性现象，针对在反复制动情况下的刹车副热弹性特性进行了数值模拟[60]。此外，最近他们还研究了热弹性不稳定现象，并且为了方便盘式制动系统的概念设计，研究了材料性能对最高温度和摩擦表面接触率的影响。

5. 热机械耦合问题

美国学者Kennedy和Ling[61]对飞机盘式刹车副的热机械特性进行了数值模拟，研究了当摩擦面承担正常刹车压力时的热变形和磨损，但假定每一个刹车副的热机械特性都关于刹车盘的中间平面对称。波兰学者 Zagroudzki[62] 分析了钢摩擦盘湿式离合器工作时的温度和压力，在分析中提出一个假想，摩擦表面正常的压力分布与其温度没有任何关系，并认为它是均匀的。根据这个假设进行数值计算，出现了对刹车盘的热应力低估。为了解决这个问题，Zagrodzki[63] 进行轴对称刹车副的瞬态热分析时不作此假设。结果表明，热变形对刹车副摩擦表面正常压力分布有很大的影响。Shuangmei Zhao 完成了在二维情况下的瞬态温度位移耦合分析[11]，得到了摩擦表面的接触压力和温度分布。李衡[64] 按照制动盘与摩擦片的实际几何尺寸，建立了具有速度可变效应三维瞬态结构应力有限元模型，利用非线性有限元方法，较真实地模拟了制动器的制动过程。

其实大部分学者同时研究了上述问题中的两个或几个，很难将其准确分类。因为只有深入研究热机械耦合问题，才能更好地理解热弹性不稳定性，这就必然需要通过热分配机制分配热量，而这些都离不开模型的建立以及参数的选取，所以温度场的研究是一个整体性研究，各部分密不可分。

针对飞机盘式刹车装置以及具有优良力学性能和热学性能的 C/C 复合材料，Choi 等人[65] 在防滑刹车条件下，对刹车副瞬态热分析进行了探讨，得到了在二维条件下各摩擦表面的压力、温度和热变形的计算结果。尽管如此，关于 C/C 飞机刹车副三维瞬态温度场的研究依然非常有限。

1.3.2 接触热阻研究现状

在过去二三十年中，接触热阻一直是传热学中一个活跃问题。虽然宏观上刹车副之间的接触是完全的，但是任何一个表面，无论其光滑程度如何，在微观上都是粗糙的，真正的光滑表面实际上是不存在的。由于粗糙表面间不完全接触，热流通过时会产生收缩现象，产生接触热阻。为此，表面形貌的观测与描述是刹车副温度场研究中的一个重要因素[66]。

描述表面形貌的模型有 G - W (Greenwood - Williamson) 模型、BGT (Bush Gibson Thomas) 模型、BGK (Bush Gibson Keogh) 模型和 ASPRSIM 模型。表面微凸体形变模型主要有 Bush，Gibson 等提出的粗糙表面的弹性接触模型，Sridhar，Yovanovich 等提出的弹塑性接触模型和 Nayak 等提出的主要适用于塑性粗糙表面静接触的粗糙表面随机过程模型[66]。

接触热阻是由于两接触面微观上的凹凸不平使得接触不完全而产生的热阻。接触热阻的大小与接触表面的材料、连接方式、表面状况及接触压力大小等多种因素有关[67]。

1. 接触热阻的理论研究

如果把离散的局部接触面积称为点，接触热阻理论的一般方法是：研究单接触点的接触热阻算法，确定接触点数量，完成对多接触点接触热阻的计算。

(1) 单点接触理论。对单接触点接触热阻的计算，大多将接触点简化为圆台、圆柱及圆盘三种计算模型。黄志华[68-69] 建立静态接触单热流通道上接触分热阻的截锥体模型和热流通道上的温度分布方程，研究了接触热阻中的三维传热现象。沈军[70] 在二维情况下分别采用截锥体、圆弧形和三角形模型来模拟静止状态物体接触面的接触热阻。赵宏林[71]总结了前人在结合面接触热阻特性理论计算模型，提出了具有收缩性质的圆锥综合接触模型。

(2)多点接触理论。多点接触理论是将接触范围内的接触热导视为单点接触热导之和，依赖于粗糙表面的描述方法：经典的统计学规律、分形理论等。

张涛[66]主要分析了接触热阻研究中多种不同理论模型及主要优缺点，其中涉及表面形貌模型和形变模型。钟明[72]在静止状态下取服从高斯分布的随机数作为粗糙峰高度，用蒙特卡罗随机模拟法计算了固体接触界面间的接触热阻。龚钊[73]分析了机械加工表面的粗糙度曲线形貌参数的统计特征。基于单点接触热导理论模型和弹性形变理论模型，建立了在二维静止情况下总接触热阻与总压力之间的一般关系。赵剑锋[74]在粗糙度曲线统计特征分析的基础上，研究不同接触峰的评定标准对接触热阻的影响。李鹏[75]根据 Hertz 理论建立了一个在静止状态下弹性接触热阻的数值求解方法。应济[76]分析了两固体粗糙表面接触热阻的机理，依据统计数学假设高度服从 Gauss 分布，用接触力学的方法推导出粗糙表面接触热阻的理论计算公式，并用实验进行了验证。许敏[77]应用分形数学和传统热传导理论，基于实际接触面积和名义接触面积建立了接触热阻的分形解析模型。赵兰萍[78]在二维 M-T 接触导热分形模型的基础上，考虑了各接触点的收缩热阻修正了 M-T 模型，并在此基础上分析了表面分形参数、界面温度及材料物性等因素与接触热阻的关系。徐瑞萍[79]采用 Cantor 集分形理论对固体粗糙表面的拓扑形貌进行了描述，基于固体弹塑性理论解决了在塑性守恒条件下的表面粗糙度在法向载荷作用下的变形问题，推导出基于分形理论的递归接触热阻网络模型。刘智[80]基于三维分形理论建立了粗糙表面接触热传导模型，并对其摩擦滑动界面的传热规律进行了研究。基于三维分形布朗曲面理论，将工程粗糙表面摩擦生热问题简化为具有分形特性粗糙表面的实体和具有光滑表面的实体作相对滑动摩擦生热的问题。考虑了两个物体摩擦接触的热弹性耦合问题，并利用热-结构顺序耦合建立了瞬态有限元计算模型，以制动器摩擦副材料为例，对温度场/压力场/应力场的耦合进行了计算。高友遐[81]基于 G-W 接触模型，将静止情况下两个粗糙表面弹性接触简化为有规则排列的长方体微凸体的粗糙表面与光滑表面接触，利用热-结构顺序耦合建立了三维瞬态有限元计算模型。

此外，还有其他研究方法：孔祥安[82]用接触力学计算方法中的缩聚技术，通过能量传递建立了接触表面温度和热流边界条件，得到了热接触边界有限元方程组。应济[83]提出了平均换热系数以表征热量在传递过程中的散失或吸收，构筑了一个新的二次函数，利用已有的实验数据，估计了接触热阻的大小。韩玉阁[84]对传热规律进行了研究，利用数值计算方法归纳出具有接触热阻和摩擦生热的接触边界条件，利用接触分热阻的概念，完善了接触界面传热边界条件的描述。张洪武[85]发展了基于界面热阻本构模型的热接触耦合问题有限元分析的新算法。在接触面传热本构模型方面，采取压力相关热接触模型进行接触面传热模拟，构造适用于热阻模型分析的接触非线性参数变分原理。

2.接触热阻的实验研究

湛利华[86]给出了影响界面接触热阻因素的实验研究。顾慰兰[87]设计完成了一套界面接触热阻实验系统，对接触热阻的主要影响因素——接触表面温度、接触压力以及表面均方根粗糙度等——进行了较为深入的实验研究。赵宏林[88]介绍了一种采用实验的方法研究温度对接触热阻的影响，针对多晶体固体研究接触热阻和接触热阻随温度的变化。饶荣水[89]从实验角度，对机床结构中常用结合面的接触热阻特性进行了研究，得出了在不同配对材料、不同表面加工质量、不同介质等条件下压力与接触热阻的关系。梁震涛[90]介绍了经典的接触热阻测量实验装置，提出了结合数值计算和反问题辨识的接触热导计算方法。

1.3.3 不确定性研究现状

工程应用和科学研究一般都是建立在确定性模型基础上的，即分析中把各种因素均作为确定量来进行处理[91]。但实际上，无论是科学研究、实际操作还是设计过程，不确定性都广泛存在。例如，测量的不准确、工艺水平、制造安装过程及条件限制等因素[17]，导致材料参数、几何尺寸、边界条件、结构物理性质和作用载荷均具有不确定性。此外，模型的简化及建立过程，也会引入不确定性，使得系统成为不确定参数的函数。不确定性概念在很多工程问题研究中具有重要作用。为使所作的分析和设计合理，不能简单地忽略不确定性。正确估计不确定性对刹车副温度响应的影响，对于刹车装置设计的工程应用具有重要的研究价值[18]。

根据不确定参数描述模型，可分为随机模型、模糊模型和非概率集合模型[16]。细化其分类，可见图1-3。

- 随机模型
  - 分析法
  - 随机模拟法
  - 数值积分法
- 模糊模型
  - 水平截集法
  - 信息熵转化法
  - 模糊因子法
- 非概率集合模型
  - 凸模型法
  - 区间分析法

图1-3　不确定模型分类

1. 随机模型

随机模型也称为概率模型，将不确定参数视为随机变量，利用概率论和统计方法研究不确定现象[92-104]，因此所得的响应也为随机变量。目前，随机分析的主要方法有分析法、随机模拟法和数值积分法。

(1)分析法：包括 Taylor 展开随机法[97-105]、摄动随机法、Neumann 展开 Monte - Carlo 随机法、分解法、统计等效法、点估计法[106-107]等。

(2)随机模拟法：一般是根据各随机变量的分布进行抽样，按照抽样值进行计算，获得样本的响应值。根据大量的样本响应值，确定响应的统计特性。常见的方法有直接 Monte - Carlo 模拟法[108]、Quasi - Monte - Carlo 模拟法[109-111]、重要抽样法[112-113]等。

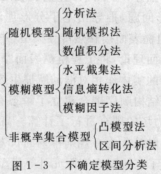

(3)数值积分法:利用数值积分方法来求解响应的各阶响应矩(中心矩或原点矩)。

另外,学者们为分析随机响应的统计特性还发展了各种不同的处理方法。R. G. Ghanem 和 P. D. Spanos[114] 提出了随机结构分析的多项式混沌算法。李杰[115-119] 进一步发展和完善了正交展开法,提出了结构动力分析的扩阶系统方法。之后,又提出了随机结构分析的概率密度演化方法[120-121],并把该方法逐步推广到非线性系统[122] 和复合随机振动问题[123]。黄斌[124-126] 提出了一种递归随机有限元方法。陈建军研究了用于随机结构的随机因子法,并将该方法应用到研究随机有限元问题[127]、随机特征值问题[128]、随机动力响应问题[129-130]、智能结构分析问题[131-132] 以及复合随机振动问题[133-134]。该方法在研究线性随机结构方面已经比较完善[16]。

2. 模糊模型

模糊模型以隶属度函数为前提,大都集中在结构静力学问题[135-142]、结构构件的可靠性问题[143-151]。

从现有文献来看,考虑参数具有模糊性的分析方法主要有以下几种[16]:

(1)水平截集法[136,140-142,145]:利用模糊分解定理将模糊有限元平衡方程转化为一组区间方程组来求解。

(2)信息熵转化法[137-138]:从模糊熵和概率熵的定义出发,在保证二者熵不变的前提下,将模糊变量转换为随机变量,再按照随机变量进行分析求解。

(3)模糊因子法[152-156]:模糊因子法仅需对确定性系统求解一次,即可得到模糊参数系统的分析结果,计算量较小,易于操作。应用于系统的静、动力分析,能反映出系统中某一参数的模糊性对系统响应的影响。

3. 非概率集合模型

非概率集合理论凸方法是将不确定量用集合进行表达,由于其所需信息少的优点,近期成为研究热点。在集合理论凸方法中,目前共有两种理论:

(1)凸模型方法:对不确定变量进行量化,然后通过条件极值优化方法确定系统响应的集合界限。

(2)区间分析方法:假设参数在区间范围内均匀变化,通过区间四则运算和区间扩张等方法确定系统响应的上、下界限[157-160]。

从应用的领域来看,不确定性研究主要集中在对不确定性参数比较敏感的领域:结构方面、可靠性方面和控制领域。

结构方面的研究很多都采用区间分析:王登刚[17] 使用区间数描述方法计算了结构静态响应,提出了一种有效避免区间扩张的方法。该方法把区间函数的计算和区间线性方程组的求解转化为相应的全局优化问题,以确定解中每个区间元素的边界值,并采用实数编码遗传算法求解这些全局优化问题;然后把该方法与有限元方法相结合,计算不确定结构系统的响应范围。吴晓[161] 采用泛灰区间分析法来处理结构静力分析和设计中的不确定性问题,将结构系统中的不确定性参数用区间数来表示,实现了泛灰数与区间数的转化,利用泛灰数的可扩展性对区间进行分析,并对泛灰线性方程求解。邱志平[18,162] 将区间数与一阶 Taylor 级数展开结合，分别研究了有不确定参数结构特征值问题，以及近似估计多自由度具有不确定参数非线性结构系统动力响应。朱增青[163]、张建国[164]将参数用区间数表示建立方程，分别对该方程提出基于导数信息的仿射算法（令独立的不确定性参数转换成仿射型）和区间逐步离散的方法（令独立的不确定性参数取区间内的离散值），将区间线性方程组的求解转化为相应的确定性问题，再搜索各方程解中的最大、最小值，得到每个区间分量的边界。Li[91]将结构系统中的不确定性参数用区间数来表示建立了控制方程，利用改进 Monte Carlo 数值仿真方法对区间有限元控制方程进行求解，得到了结构的位移和应力响应区间。

可靠性方面的研究主要有：屠义强[165]结合区间变量的性质，定义一种结构非概率可靠性度量指标，并对结构系统非概率可靠性进行了深入的研究，在区间有限元基础上，提出了结构系统失效模式识别和体系非概率可靠性分析的一种有效途径。乔心州[166]研究了用椭球凸集描述结构不确定参数情况的非概率可靠性问题，构建了一种基于椭球凸集的结构非概率可靠性模型。

控制领域不确定性研究多涉及系统的鲁棒性、稳定性以及参数估计。谢永强[167]针对不确定系统的区间表示不能描述变量间的相关性，以及区间扩展的缺点，提出了不确定系统的仿射表示法及系统稳定性的仿射不等式判断方法。首先将系统中的不确定信息用仿射参数来表示，得到不确定控制系统传递函数的仿射形式，然后通过求解含仿射参数的不等式组，求得了满足系统的稳定性条件时各噪声允许的范围。杨卫锋[168]系统地阐述了区间分析在参数估计中的应用，介绍了区间分析在常规参数估计和未知但有界误差参数估计方面的应用。

关于不确定性研究的新方法也层出不穷。黎永锦[169]提出了动态不确定模糊集的概念，它是模糊集和不确定模糊集的推广，在处理动态和不确定问题时具有很多优点。乔心州[170]研究了具有有界不确定参数的多学科系统不确定性分析方法，结合泰勒级数及全局敏度方程，分别采用区间分析法和凸模型方法推导了系统连接变量和系统输出的计算公式。Zeng[171]研究了具有不确定均值向量和不确定协方差矩阵的高斯分布。为了处理不确定参数，假设均值和协方差阵均为区间数，在区间内均匀变化，并介绍了研究此类问题的广义线性模型。Hlavacek[172]研究了具有不确定参数的摩擦单边接触中热弹性可靠性问题。当其热物理参数具有不确定时，使用“最差（非最优）”方法来找到最危险的相容输入数据，找到临界值。张义民[173]提出了一般概率摄动有限元法，并用以解决了具有向量值和矩阵值函数的多自由度非线性随机结构系统承受随机激励的响应分析问题，应用 Kronecker 代数、矩阵微分理论、向量值和矩阵值函数的二阶矩技术、矩阵摄动理论和概率统计方法系统地扩展了国际上通用的随机有限元法。

相比之下，关于温度场不确定性的研究相对较少。李金平[174]采用凸模型描述温度场的物理参数、初始条件和边界条件的不确定性，探讨了热传导的不确定性问题。将矩阵摄动理论与凸模型方法相结合，导出了有界不确定性参数瞬态温度场响应上、下界的摄动计算公式。随后，又针对各项同性不确定的瞬态热传导问题，利用区间分析进行处理，建立了基于单元的区间有限元方法。利用矩阵摄动公式求解结构的区间有限元方程，获得了结构瞬态温度场响应的范围[175]。

第 2 章　热分析基础知识

本章主要介绍热分析的基础知识，其中包括传热学的基本理论、单位转换关系、热力学第一定律、边界条件等，为后续研究打下基础。

2.1　热物理相关物理量及其单位

此处首先介绍热分析中常见物理量及其单位，如表 2-1 和表 2-2 所示[176]。

表 2-1　热物理研究物理量表

物理量	国际单位制	英制单位	物理量	国际单位制	英制单位
长度	m	ft	密度	kg/m^3	lb/ft^3
时间	s	s	力	N	lbf
质量	kg	lb	焓	J/m^3	Btu/ft^3
温度	℃(K)	℉	热流密度	W/m^2	$Btu/(s\cdot ft^2)$
能量(热量)	J	Btu	热生成率	W/m^3	$Btu/(s\cdot ft^3)$
功率(热流率)	W	Btu/s	热导率	$W/(m\cdot K)$	Btu/(s・ft・℉)
表面传热系数	$W/(m^2\cdot K)$	$Btu/(s\cdot ft^2\cdot$℉$)$	比热容	$J/(kg\cdot K)$	Btu/(lb・℉)

表 2-2　热分析单位换算表

物理量	换算单位		物理量	换算单位	
	国际单位	英制单位		国际单位	英制单位
压力	Pa	lbf/in^2	热流密度	W/m^2	$Btu/(s\cdot ft^2)$
	1	$1.450\ 38\times10^{-4}$		1	$3.169\ 93\times10^{-1}$
	$6.894\ 76\times10^{3}$	1		3.154 64	1
比热容	$kJ/(kg\cdot K)$	Btu/(lb・℉)	热导率	$W/(m\cdot K)$	Btu/(s・ft・℉)
	1	$2.388\ 46\times10^{-1}$		1	$5.777\ 81\times10^{-1}$
	4.186 80	1		1.730 76	1

续 表

物理量	换算单位		物理量	换算单位	
	国际单位	英制单位		国际单位	英制单位
热流率（功率）	W	Btu/s	表面传热系数	$W/(m^2 \cdot K)$	$Btu/(s \cdot ft^2 \cdot ℉)$
	1	3.412 08		1	$1.761\ 08\times10^{-1}$
	$2.930\ 76\times10^{-1}$	1		5.678 32	1

2.2 热力学第一定律

长期的生产实践和科学实验证明：能量既不会消失也不会创造，但可以从一种形式转化为另一种形式，也可以从一种物质传递到另一种物质，在转化和传递过程中能量的总值保持不变。这是自然界的一个基本规律，即能量守恒定律，在热力学中称为热力学第一定律。

对于一个封闭系统（没有质量的流入或流出）：

$$E_{in}-E_{out}+E_{generation}=E_{stored} \tag{2-1}$$

式中，E_{in}，E_{out}分别表示通过系统表面流入和流出的能量，$E_{generation}$表示系统内的电能、化学能、核能或电磁能转化的热能，E_{stored}表示系统内由瞬态过程引起的内部热能增加或减少的数量。式(2-1)又可表示为

$$Q-W=\Delta U+\Delta KE+\Delta PE \tag{2-2}$$

式中，Q表示热量；W表示做功；ΔU表示系统热力学能；ΔKE表示系统动能；ΔPE表示系统势能。

在通常情况下，对于稳态分析，流入系统的热量等于流出的热量；对于瞬态分析，流入或流出的热传递速率等于系统内能的变化。

2.3 传热学基本定理

一般来说，在传热过程中，物体内各点的温度随着各点位置和时间的变化而变化，因此温度T是关于位置坐标和时间t的函数。

温度场是指在任一瞬间，研究对象温度值的总体描述。若三维空间内某个物体温度场的值与时间相关，则称这个温度场为三维瞬态温度场，用公式表示为

$$T=T(x,y,z,t) \qquad \left(\frac{\partial T}{\partial t}\neq 0\right) \tag{2-3}$$

热传递有以下3种基本方式：

1. 热传导

完全接触的两个物体或一个物体的不同部分，由于温度梯度而引起内能交换，即热量从物

体的一部分传递到另一部分，或从一个物体传入与之相接触的另一个物体，这些都称为热传导。在热传导理论中，不考虑物质的微粒构造，而把物体当做连续介质。

在热传导中，单位时间内通过等温面单位面积的热量称为热流密度，它沿着等温面的法线指向降温的方向。遵循 Fourier 定律

$$q=-k\frac{\partial T}{\partial n} \tag{2-4}$$

式中，q 表示热流密度（W/m^2）；k 表示热导率（$W/(m\cdot K)$）；$\partial T/\partial n$ 表示法方向的温度梯度；“—”表示热量流向温度降低的方向。

2. 热对流

固体表面与它周围接触的流体之间，由于温差的存在而引起热量交换，称为热对流。热对流可以分为两类：自然对流和强迫对流。可用牛顿冷却方程描述热流密度为

$$q=h_f(T_s-T_B) \tag{2-5}$$

式中，h_f，T_s，T_B 分别表示表面传热系数、物体表面和周围流体的热力学温度（K）。

3. 热辐射

物体发射电磁能，并被其他物体吸收转变为热量的能量交换过程称为热辐射。物体温度越高，单位时间辐射的热量就越多。热传导和热对流都需要传热介质，而热辐射则无需任何介质。实际上，在真空中的热辐射效率最高。

单个物体表面发出的能量由 Stefan - Boltzmann 定律确定：

$$q''=\varepsilon\sigma T_s^4 \tag{2-6}$$

式中，q'' 表示表面发出的单位面积上的热流率；ε 表示表面的辐射率，$0<\varepsilon<1$；σ 表示斯忒藩-玻耳兹曼常数，$\sigma=5.67\times10^{-8}\ W/(m^2\cdot K^4)$；$T_s$ 表示物体表面的热力学温度（K）。

在直角坐标系和柱坐标系下的能量流动过程如图 2 - 1 所示。

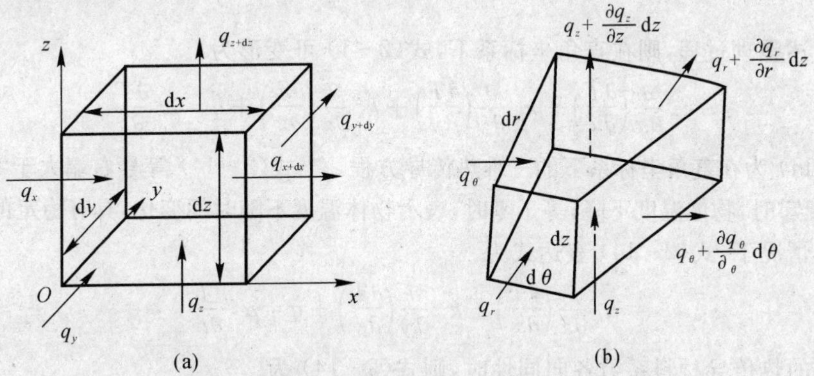

图 2 - 1 微元体内热流方向

(a) 直角坐标系下能量流动； (b) 柱坐标系下能量流动

由图 2 - 1 可知，在直角坐标系下对于任意微元体来说，式(2 - 1) 为

$$q_x + q_y + q_z - (q_{x+dx} + q_{y+dy} + q_{z+dz}) + \dot{q}dxdydz = \rho c dxdydz \frac{\partial T}{\partial t} \qquad (2-7)$$

式中，q_x，q_y，q_z 分别表示 x，y，z 方向微元体在 x，y，z 位置处的热流密度；dx，dy，dz 分别为微元体在 x，y，z 方向的长度微元；q_{x+dx}，q_{y+dy}，q_{z+dz} 分别是 x，y，z 方向微元体在 $x+dx$，$y+dy$，$z+dz$ 位置处热流密度；ρ 表示比热容；c 表示密度；$\dot{q}$ 表示热生成率；T 表示物质瞬时温度；t 表示时间变量。由于微元体的长度比较小，可近似表达 q_{x+dx}，q_{y+dy} 和 q_{z+dz}，式(2-7) 变形为

$$q_x + q_y + q_z - \left(q_x + \frac{\partial q_x}{\partial x}dx + q_y + \frac{\partial q_y}{\partial y}dy + q_z + \frac{\partial q_z}{\partial z}dz\right) + \dot{q}dxdydz = \rho c dxdydz \frac{\partial T}{\partial t} \qquad (2-8)$$

式(2-8) 简化后，可得

$$-\frac{\partial q_x}{\partial x}dx - \frac{\partial q_y}{\partial y}dy - \frac{\partial q_z}{\partial z}dz + \dot{q}dxdydz = \rho c dxdydz \frac{\partial T}{\partial t} \qquad (2-9)$$

在直角坐标系下，傅里叶定理为

$$q_x = -k_x A_x \frac{\partial T}{\partial x} = -k_x dydz \frac{\partial T}{\partial x} \qquad (2-10)$$

$$q_y = -k_y A_y \frac{\partial T}{\partial y} = -k_y dxdz \frac{\partial T}{\partial y} \qquad (2-11)$$

$$q_z = -k_z A_z \frac{\partial T}{\partial z} = -k_z dxdy \frac{\partial T}{\partial z} \qquad (2-12)$$

式中，A_x，A_y，A_z 分别表示微元体 x，y，z 方向的截面积；k_x，k_y，k_z 分别为物质 x，y，z 方向的导热率。将式(2-10) ~ 式(2-12) 代入式(2-9)，得

$$\frac{\partial}{\partial x}\left(k_x dydz \frac{\partial T}{\partial x}\right)dx + \frac{\partial}{\partial y}\left(k_y dxdz \frac{\partial T}{\partial y}\right)dy + \frac{\partial}{\partial z}\left(k_z dxdy \frac{\partial T}{\partial z}\right)dz + \dot{q}dxdydz = \rho c dxdydz \frac{\partial T}{\partial t} \qquad (2-13)$$

通过上述整理过程，则在直角坐标系下，式(2-1) 可变形为

$$k_x \frac{\partial}{\partial x}\left(\frac{\partial T}{\partial x}\right) + k_y \frac{\partial}{\partial y}\left(\frac{\partial T}{\partial y}\right) + k_z \frac{\partial}{\partial z}\left(\frac{\partial T}{\partial z}\right) + \dot{q} = \rho c \frac{\partial T}{\partial t} \qquad (2-14)$$

式(2-14) 为在直角坐标系下的三维热传导方程。当式(2-14) 等号右端大于零时，物体温度上升；小于零时，物体温度下降；等于零时，表示物体温度不随时间变化，具有稳定的温度场。

在二维情况下，式(2-14) 表达式为

$$k_x \frac{\partial}{\partial x}\left(\frac{\partial T}{\partial x}\right) + k_y \frac{\partial}{\partial y}\left(\frac{\partial T}{\partial y}\right) + \dot{q} = \rho c \frac{\partial T}{\partial t} \qquad (2-15)$$

当材料的热传导材料系数各向同性时，则式(2-14) 为

$$k\left(\frac{\partial^2 T}{\partial x^2} + \frac{\partial^2 T}{\partial y^2} + \frac{\partial^2 T}{\partial z^2}\right) + \dot{q} = \rho c \frac{\partial T}{\partial t} \qquad (2-16)$$

式中，k 为材料各向同性热传导系数。

在极坐标系下，由于面积计算过程不同，则式(2-1) 表达的热传导方程为

$$\rho c\frac{\partial T}{\partial t}\frac{1}{2}(2r+\mathrm{d}r)\,\mathrm{d}r\mathrm{d}\theta\mathrm{d}z=\left[q_r r\mathrm{d}\theta\mathrm{d}z-\left(q_r+\frac{\partial q_r}{\partial r}\mathrm{d}r\right)(r+\mathrm{d}r)\,\mathrm{d}\theta\mathrm{d}z\right]+\dot{q}\frac{1}{2}(2r+\mathrm{d}r)\,\mathrm{d}r\mathrm{d}\theta\mathrm{d}z+\left[q_\theta-\left(q_\theta+\frac{\partial q_\theta}{\partial\theta}\mathrm{d}\theta\right)\right]\mathrm{d}r\mathrm{d}z+\left[q_z-\left(q_z+\frac{\partial q_z}{\partial z}\mathrm{d}z\right)\right]\frac{1}{2}(2r+\mathrm{d}r)\,\mathrm{d}r\mathrm{d}\theta \tag{2-15}$$

式中，q_r，q_θ 分别表示 r，θ 方向微元体在 r，θ 位置处的热流密度；$\mathrm{d}r$，$\mathrm{d}\theta$ 分别是微元体在 r，θ 方向的长度微元。

在柱坐标系下的傅里叶定律为

$$q_r=-k_r\frac{\partial T}{\partial r} \tag{2-16}$$

$$q_\theta=-k_\theta\frac{\partial T}{\partial\theta} \tag{2-17}$$

$$q_z=-k_z\frac{\partial T}{\partial z} \tag{2-18}$$

式中，k_r，k_θ 分别表示物质 r，θ 方向的导热率。将式(2-16)～式(2-18)代入式(2-15)，可得在极坐标系下的热传导方程

$$\rho c\frac{\partial T}{\partial t}=k_r\frac{\partial^2 T}{\partial r^2}+\frac{1}{r}k_r\frac{\partial T}{\partial r}+\frac{1}{r}k_\theta\frac{\partial^2 T}{\partial\theta^2}+k_z\frac{\partial^2 T}{\partial z^2}+\dot{q} \tag{2-19}$$

同样可以得到在二维情况下各向异性的热传导方程

$$\rho c\frac{\partial T}{\partial t}=k_r\frac{\partial^2 T}{\partial r^2}+\frac{1}{r}k_r\frac{\partial T}{\partial r}+\frac{1}{r}k_\theta\frac{\partial^2 T}{\partial\theta^2}+\dot{q} \tag{2-20}$$

以及各向同性热传导系数在极坐标系下的热传导方程

$$\rho c\frac{\partial T}{\partial t}=k\left(\frac{\partial^2 T}{\partial r^2}+\frac{1}{r}\frac{\partial T}{\partial r}+\frac{1}{r}\frac{\partial^2 T}{\partial\theta^2}+\frac{\partial^2 T}{\partial z^2}\right)+\dot{q} \tag{2-21}$$

2.4　边界条件

边界条件一般分为以下三类：

第一类边界条件是已知物体表面 Γ_1 上任意一点所有时刻的温度，即

$$T=T_0(\Gamma_1,t)\qquad(\text{在 }\Gamma_1\text{ 边界上}) \tag{2-22}$$

式中，T_0 表示物体表面已知温度。

第二类边界条件是已知物体表面 Γ_2 上任意一点的热流密度 $\tilde{q}$，即

$$k\frac{\partial T}{\partial n}\bigg|_{\Gamma_2}=\tilde{q}\qquad(\text{在 }\Gamma_2\text{ 边界上}) \tag{2-23}$$

式中，k，n 分别为物体的热传导系数、边界面法向。当 $\tilde{q}=0$ 时为绝热边界条件。

第三类边界条件是已知物体表面 Γ_3 上任意一点的对流换热条件，即

$$k\frac{\partial T}{\partial n}\bigg|_{\Gamma_3}=h(T-T_f)\qquad(在\ \Gamma_3\ 边界上)\tag{2-24}$$

式中，h 表示对流换热系数；T_f 表示在自然对流条件下周围介质的温度，在强迫对流条件下是边界层的绝热壁温度。

2.5 热分析相关概念

与温度相关的参数有热流密度和温度梯度。热流密度（heat flux，thermal flux）也称热通量，表示单位面积的截面内单位时间通过的热量，通常用热流除以截面面积计算，即

$$q=\frac{1}{S}\frac{\mathrm{d}Q}{\mathrm{d}t}\tag{2-25}$$

式中，Q 表示热量；S 表示截面面积。热流密度是考察器件或设备散热性能的重要指标。

在具有连续温度场的物体内，任一瞬时，连接场内相同温度值的各点，就得到此时刻的等温面。沿等温面切向，温度不变，而沿其法线方向，温度的变化率最大。称过某点的最大温度变化率为该点的温度梯度，即

$$\nabla T=\boldsymbol{n}_0\frac{\partial T}{\partial n}=\boldsymbol{i}\frac{\partial T}{\partial x}+\boldsymbol{j}\frac{\partial T}{\partial y}+\boldsymbol{k}\frac{\partial T}{\partial z}\tag{2-26}$$

式中，$\boldsymbol{n}_0$ 表示单位矢量，沿等温面的法线指向增量方向。

对于连续温度场内任意一点，其最大热流密度矢量是沿等温面的法线且指向降温方向。根据热传导定律，热流密度与温度梯度成正比而方向相反，热流密度、温度梯度、导热系数三者之间的关系为

$$\boldsymbol{q}=-\lambda\nabla T=\boldsymbol{n}_0\lambda\frac{\partial T}{\partial n}\tag{2-27}$$

式中，λ 表示导热系数。

第3章　数学知识

本章主要介绍温度场研究中所需要的相关数学知识，主要涉及随机变量、随机向量、参数估计、模糊数学和随机模糊数学等部分。

3.1　随机变量及其数字特征

1. 随机变量基本概念

下面介绍随机变量的相关定义。在统计学中，如果试验结果能用一个数 ξ 来表示，这个数 ξ 随着试验结果的不同而变化，那么这个数 ξ 就是随机变量。从随机现象的可能出现的结果来看，随机变量至少有两种不同类型。一种是试验结果 ξ 所可能取的值为有限个或至多可列个，能把其可能结果一一列举出来，这种类型的随机变量称为离散型随机变量。除了离散型随机变量之外，还有一类重要的随机变量 —— 连续型随机变量。这种变量 ξ 可取某个区间 $[c,d]$ 或 $(-\infty,+\infty)$ 中的一切值[177]。

为研究随机变量，还需要的相关概念有：随机试验的结果称为样本点 ω，样本点可看做抽象点，它们的全体构成样本空间 Ω。事件的全体记为 F，它是由 Ω 的一些子集构成的集类，而且为了使讨论便于进行，还得对 F 加上某些限制：

(1) $\Omega \in F$；

(2) 若 $A \in F$，则 $\overline{A} \in F$；

(3) 若 $A_n \in F, n=1,2,\cdots$，则

$$\bigcup_{n=1}^{+\infty} A_n \in F \tag{3-1}$$

式中，$\overline{A}$ 表示全体事件上的补集。一般地，称空间 Ω 上满足上述三个要求的集类为 σ 域，亦称 σ 代数。

若 F 是由样本空间 Ω 的一些子集构成的 σ 域，则称为事件域 F。事件域 F 中的元素称为事件，Ω 称为必然事件，$\varnothing$ 称为不可能事件。

对于随机变量而言，最重要的概念就是概率，它是定义在事件域 F 上的一个集合函数 P。它满足如下三个条件：

(1) $P(A) \geqslant 0$，对一切 $A \in F$；

(2) $P(\Omega) = 1$；

(3) 若 $A_i \in F, i=1,2,\cdots$，且两两互不相容，则

$$P(\sum_{i=1}^{n} A_i) = \sum_{i=1}^{n} P(A_i) \tag{3-2}$$

由概率的三个基本条件，可以推出概率的一些重要性质：

(1) 不可能发生的事件的概率为 0，即

$$P(\varnothing) = 1 \tag{3-3}$$

(2) 概率具有有限可加性，即若 $A_i A_j = \varnothing (i \neq j)$，则

$$P(A_1 + A_2 + \cdots + A_n) = P(A_1) + P(A_2) + \cdots + P(A_n) \tag{3-4}$$

(3) 对任何事件 A，有

$$P(\overline{A}) = 1 - P(A) \tag{3-5}$$

(4) 如果 $A \supset B$，则

$$P(A - B) = P(A) - P(B) \tag{3-6}$$

(5) 对任意事件 A, B，有

$$P(A \cup B) = P(A) + P(B) - P(A \cap B) \tag{3-7}$$

称 $F(x) = P\{\xi(\omega) < x\}, -\infty < x < +\infty$ 为随机变量 $\xi(\omega)$ 的分布函数。分布函数的基本性质如下：

(1) 单调性：若 $a < b$，则

$$F(a) \leqslant F(b) \tag{3-8}$$

(2)

$$\lim_{x \to -\infty} F(x) = 0, \quad \lim_{x \to +\infty} F(x) = 1 \tag{3-9}$$

(3) 左连续性：

$$F(x - 0) = F(x) \tag{3-10}$$

将上面的概念具体化，可知对于离散型随机变量来说，设 $\{x_i\}$ 为离散型随机变量 ξ 的所有可能值，而 $p(x_i)$ 是 ξ 取 x_i 的概率，即

$$P\{\xi = x_i\} = p(x_i), \quad i = 1, 2, \cdots \tag{3-11}$$

则 $p(x_i)(i = 1, 2, \cdots)$ 称为随机变量 ξ 的概率分布，它应满足关系

$$p(x_i) \geqslant 0, \quad i = 1, 2, \cdots \tag{3-12}$$

$$\sum_{i=1}^{n} p(x_i) = 1 \tag{3-13}$$

连续型随机变量的分布函数 $F(x)$ 是绝对连续函数，即存在可积函数 $p(x)$，使得 $F(x) = \int_{-\infty}^{x} p(y) \mathrm{d}y$，称 $p(x)$ 为 ξ 的密度函数。显然 $p(x) = F'(x)$，由分布函数可知

$$p(x) \geqslant 0 \tag{3-14}$$

$$\int_{-\infty}^{+\infty} p(y) \mathrm{d}y = 1 \tag{3-15}$$

2. 随机变量的数字特征

关于随机变量的分散程度可以用分布的数字特征来描述，常用的数字特征是随机变量的数学期望、方差、各阶中心矩和各阶原点矩等。

设ξ为一离散型随机变量，它取值$x_1, x_2, x_3, \cdots, x_n$，对应的概率为$p_1, p_2, p_3, \cdots, p_n$。如果级数$\sum_{i=1}^{n} x_i p_i$绝对收敛，则称为$\xi$的数学期望，简称期望、期望值或均值，记为$E(\xi)$。

数学期望由概率分布唯一确定。数学期望刻画了随机变量取值的某种平均，有明显的直观含义。

若ξ为具有密度函数$p(x)$的连续型随机变量，当积分$\int_{-\infty}^{+\infty} x p(x) \mathrm{d}x$绝对收敛时，称为$\xi$的数学期望，记为

$$E(\xi) = \int_{-\infty}^{+\infty} x p(x) \mathrm{d}x \tag{3-16}$$

数学期望具有如下性质：

(1) 若随机变量$a \leqslant \xi \leqslant b$，则$a \leqslant E(\xi) \leqslant b$，特别地$Ec = c$，这里$a, b, c$是常数。

(2) 线性性：对任意常数$c_i (i=1,2,\cdots,n)$及b，有

$$E\left(\sum_{i=1}^{n} c_i \xi_i + b\right) = \sum_{i=1}^{n} c_i E(\xi_i) + b \tag{3-17}$$

下面讨论随机变量的函数$\eta = g(\xi)$的数学期望。若$g(x)$是一元波雷耳函数，而$\eta = g(\xi)$，则η的数学期望为

$$E(\eta) = \int_{-\infty}^{+\infty} y \mathrm{d}F_{\eta}(y) = \int_{-\infty}^{+\infty} g(x) \mathrm{d}F_{\xi}(x) \tag{3-18}$$

数学期望是随机变量的一个重要数字特征，它表示随机变量取值的平均水平，从一个角度描述了随机变量。对于随机变量的离散程度要使用方差描述。

若$E(\xi - E\xi)^2$存在，则称它为随机变量ξ的方差，并记为$D(\xi)$，而$\sqrt{D(\xi)}$称为根方差、均方差或标准差。

其性质为：

(1) 常数的方差为0。

(2) $D(\xi + c) = D(\xi)$，这里c为常数。

(3) $D(c\xi) = c^2 D(\xi)$，这里c为常数。

3. 随机向量相关概念

在许多随机现象中，每次试验的结果不能只用一个数来表示，而要同时用几个数来描述，因此需要引入随机向量的概念。

若随机变量$X_1, X_2, \cdots, X_n$定义在同一概率空间上，则称$\boldsymbol{X} = (X_1, X_2, \cdots, X_n)$构成一个$n$维随机向量。

随机向量的联合分布定义如下：设$x_1, x_2, \cdots, x_n$是n个实数，称n元函数$F(x_1, x_2, \cdots, x_n) = P\{X_1 < x_1, X_2 < x_2, \cdots, X_n < x_n\}$为随机向量$\boldsymbol{X} = (X_1, X_2, \cdots, X_n)$的联合分布函数。

n维随机向量的分布函数具有下列性质：

(1) 对任一x_i是单调不减的；

(2) 对任一 x_i 是连续的；

(3)
$$F(x_1,x_2,\cdots,x_{i-1},-\infty,x_{i+1}\cdots,x_n)=\lim_{x_i\to-\infty}F(x_1,x_2,\cdots,x_n)=0 \tag{3-19}$$

$$F(+\infty,\cdots,+\infty,\cdots,+\infty)=\lim_{\substack{x_1\to+\infty\\ \vdots \\ x_n\to+\infty}}F(x_1,x_2,\cdots,x_n)=1 \tag{3-20}$$

(4) 设 $a_i\leqslant b_i,i=1,2,\cdots,n$，则

$$F(b_1,\cdots,b_n)-\sum_{i=1}^{n}F_i+\sum_{i<j}F_{ij}-\cdots+(-1)^nF(a_1,\cdots,a_n)\geqslant 0 \tag{3-21}$$

式中，$F_{ij\cdots k}$ 是当 $x_i=a_i,x_j=a_j,\cdots,x_k=a_k$ 而其余 $x_l=b_l$ 时 $F(x_1,x_2,\cdots,x_n)$ 的值。

随机向量的分布函数也有离散型和连续型的分别。在离散型场合，概率分布集中在有限个或可列个点上。在连续型场合，存在着非负可积函数 $f(x_1,x_2,\cdots,x_n)$，使

$$F(x_1,x_2,\cdots,x_n)=\int_{-\infty}^{x_1}\cdots\int_{-\infty}^{x_n}f(y_1,y_2,\cdots,y_n)\mathrm{d}y_1\cdots\mathrm{d}y_n \tag{3-22}$$

式中，$f(x_1,x_2,\cdots,x_n)$ 称为密度函数，满足条件

$$f(x_1,x_2,\cdots,x_n)\geqslant 0 \tag{3-23}$$

$$\int_{-\infty}^{+\infty}\cdots\int_{-\infty}^{+\infty}f(x_1,x_2,\cdots,x_n)\mathrm{d}x_1\cdots\mathrm{d}x_n=1 \tag{3-24}$$

多维随机向量与随机变量不同的是，多维随机向量具有边缘分布。设 $F(x_1,x_2,\cdots,x_n)$ 是 n 元分布函数，任意保留 $k(1\leqslant k\leqslant n)$ 个 x_i，例如 $x_1,x_2,\cdots,x_k$，而令其他 x_j 都趋向于 $+\infty$，即

$$F(x_1,x_2,\cdots,x_k,+\infty,\cdots,+\infty)=\lim_{\substack{x_{k+1}\to\infty\\ \vdots \\ x_n\to\infty}}F(x_1,x_2,\cdots,x_n) \tag{3-25}$$

容易看出 $F(x_1,x_2,\cdots,x_k,+\infty,\cdots,+\infty)$ 是一个 k 元分布函数，称为 $F(x_1,x_2,\cdots,x_n)$ 的 k 元边缘分布函数。由于自 $x_1,x_2,\cdots,x_n$ 中挑选 k 个 x_i 的方法共有 C_n^k 种，故有 C_n^k 个 k 维边缘分布[178]。

如果 $F(x_1,x_2,\cdots,x_n)$ 是连续型的，有密度函数 $f(x_1,x_2,\cdots,x_n)$，那么

$$F(x_1,x_2,\cdots,x_k,+\infty,\cdots,+\infty)=\int_{-\infty}^{x_1}\cdots\int_{-\infty}^{x_k}\int_{-\infty}^{+\infty}\cdots\int_{-\infty}^{+\infty}f(y_1,y_2,\cdots,y_n)\mathrm{d}y_n\cdots\mathrm{d}y_k\cdots\mathrm{d}y_1 \tag{3-26}$$

可见，$F(x_1,x_2,\cdots,x_k,+\infty,\cdots,+\infty)$ 也是连续型的，密度为

$$f_{1,2,\cdots,k}(x_1,x_2,\cdots,x_k)=\int_{-\infty}^{+\infty}\cdots\int_{-\infty}^{+\infty}f(y_1,y_2,\cdots,y_n)\mathrm{d}y_{k+1}\cdots\mathrm{d}y_n \tag{3-27}$$

如果 $F(x_1,x_2,\cdots,x_n)$ 是离散型的，那么 $F(x_1,x_2,\cdots,x_k,+\infty,\cdots,+\infty)$ 也是离散型的。其边缘分布律可仿式(3-27)求得，只须把积分号改为求和号。

边缘分布由分布函数 $F(x_1,x_2,\cdots,x_n)$ 唯一确定，但反之不然。也就是说，不同的分布函数可以有相同的边缘分布函数。

随机变量的相互独立性是随机向量的重要概念。设 $X_1,X_2,\cdots,X_n$ 为 n 个随机变量，若对于任意的实数 $x_1,x_2,\cdots,x_n$，有

$$P\{X_1<x_1,X_2<x_2,\cdots,X_n<x_n\}=P\{X_1<x_1\}P\{X_2<x_2\}\cdots P\{X_n<x_n\} \tag{3-28}$$

则称 $X_1,X_2,\cdots,X_n$ 是相互独立的。

若 X_i 的分布函数为 $F_i(x)$，它们的联合分布函数为 $F(x_1,x_2,\cdots,x_n)$，式(3-28)等价于对一切 $x_1,x_2,\cdots,x_n$，有

$$F(x_1,x_2,\cdots,x_n)=F(x_1)F(x_2)\cdots F(x_n) \tag{3-29}$$

此时由随机变量的边缘分布函数可唯一地确定联合分布函数。

对于离散型随机变量，式(3-28)等价于对任何一组可能取值 $x_1,x_2,\cdots,x_n$，有

$$P\{X_1=x_1,X_2=x_2,\cdots,X_n=x_n\}=P\{X_1=x_1\}P\{X_2=x_2\}\cdots P\{X_n=x_n\} \tag{3-30}$$

对于连续型随机变量，$X_1,X_2,\cdots,X_n$ 相互独立的充要条件是

$$f(x_1,x_2,\cdots,x_n)=f_1(x_1)f_2(x_2)\cdots f_n(x_n) \tag{3-31}$$

式中，$f(x_1,x_2,\cdots,x_n)$ 是联合分布密度函数，而 $f_i(x_i)$ 是各随机变量的密度函数。因此，可得下面定理。

随机变量 $X_1,X_2,\cdots,X_n$ 独立的充要条件是：对任意 n 个一维波雷耳点集 $A_1,A_2,\cdots,A_n$，有

$$P\{X_1\in A_1,X_2\in A_2,\cdots,X_n\in A_n\}=\prod_{i=1}^{n}P\{X_i\in A_i\} \tag{3-32}$$

通过上述定理证明可得：若随机变量 $X_1,X_2,\cdots,X_n$ 独立，又 $g_i(x)$ 为一元波雷耳可测函数，$i=1,2,\cdots,n$，则 $g_1(X_1),g_2(X_2),\cdots,g_n(X_n)$ 也是相互独立的随机变量。

当然也可以建立 n 维随机向量 $\boldsymbol{X}$ 与 m 维随机向量 $\boldsymbol{Y}$ 相互独立的概念，这时要求

$$P\{\boldsymbol{X}\in A,\boldsymbol{Y}\in B\}=P\{\boldsymbol{X}\in A\}P\{\boldsymbol{Y}\in B\} \tag{3-33}$$

式中，A,B 分别是任意一个 n 维与 m 维波雷耳点集。

显然，若 $\boldsymbol{X}$ 与 $\boldsymbol{Y}$ 独立，则 $\boldsymbol{X}$ 的子向量与 $\boldsymbol{Y}$ 的子向量是相互独立的。此外，若 $X_1,X_2,\cdots,X_n$ 相互独立，则其中任意 $k(2\leqslant k<n)$ 个随机变量也相互独立。

多维随机向量也存在向量函数的分布问题，一般通过如下定理求解：$(X_1,X_2,\cdots,X_n)^{\mathrm{T}}$ 是 n 维随机向量，其密度函数为 $f(x_1,x_2,\cdots,x_n)$，若 $Y=g(X_1,X_2,\cdots,X_n)$ 的分布函数为

$$F_Y(y)=P\{g(X_1,X_2,\cdots,X_n)\leqslant y\}=\int\cdots\int_{g(x_1,x_2,\cdots,x_n)\leqslant y}f(x_1,x_2,\cdots,x_n)\mathrm{d}x_1\cdots\mathrm{d}x_n \tag{3-34}$$

则 Y 的密度函数为 $f_Y(y)=F'_Y(y)$。

若随机向量 $(X_1,X_2,\cdots,X_n)^{\mathrm{T}}$ 的密度函数为 $f(x_1,x_2,\cdots,x_n)$，$Y_1=g_1(x_1,x_2,\cdots,x_n)$，$\cdots$，$Y_n=g_n(x_1,x_2,\cdots,x_n)$ 是 $(X_1,X_2,\cdots,X_n)^{\mathrm{T}}$ 与 $(Y_1,Y_2,\cdots,Y_n)^{\mathrm{T}}$ 的一一对应变换，其反变换 $x_1=x_1(y_1,y_2,\cdots,y_n)$，$\cdots$，$x_n=x_n(y_1,y_2,\cdots,y_n)$ 存在且具有连续的一阶偏导数，则

$(Y_1,Y_2,\cdots,Y_n)^{\mathrm{T}}$ 的密度函数 $q(y_1,y_2,\cdots,y_n)$ 为

$$q(y_1,y_2,\cdots,y_n)=f(x_1(y_1,y_2,\cdots,y_n),\cdots,x_n(y_1,y_2,\cdots,y_n))|J| \tag{3-35}$$

式中,J 为坐标变换的雅可比行列式,即

$$J=\begin{vmatrix} \dfrac{\partial x_1}{\partial y_1} & \cdots & \dfrac{\partial x_1}{\partial y_n} \\ \dfrac{\partial x_2}{\partial y_1} & \cdots & \dfrac{\partial x_2}{\partial y_n} \\ \vdots & & \vdots \\ \dfrac{\partial x_n}{\partial y_1} & \cdots & \dfrac{\partial x_n}{\partial y_n} \end{vmatrix} \tag{3-36}$$

4.随机向量的数字特征

设已给 n 维随机向量 $\boldsymbol{X}=(X_1,X_2,\cdots,X_n)^{\mathrm{T}}$,如果 $E(X_i)(i=1,2,\cdots,n)$ 都存在,称 n 维随机向量$(E(X_1),E(X_2),\cdots,E(X_n))^{\mathrm{T}}$ 为 $\boldsymbol{X}=(X_1,X_2,\cdots,X_n)^{\mathrm{T}}$ 的数学期望,并记为

$$E(\boldsymbol{X})=(E(X_1),E(X_2),\cdots,E(X_n))^{\mathrm{T}} \tag{3-37}$$

如果 $\sigma_{ij}=E(X_i-E(X_i))(X_j-E(X_j))(i,j=1,2,\cdots,n)$ 存在,则称 σ_{ij} 为 X_i 与 X_j 的协方差,而 n 阶矩阵

$$\boldsymbol{\Sigma}=\begin{bmatrix} \sigma_{11} & \sigma_{11} & \cdots & \sigma_{1n} \\ \sigma_{21} & \sigma_{22} & \cdots & \sigma_{2n} \\ \vdots & \vdots & & \vdots \\ \sigma_{n1} & \sigma_{n2} & \cdots & \sigma_{nn} \end{bmatrix} \tag{3-38}$$

则称为 $\boldsymbol{X}$ 的协方差阵,它的行列式记为$|\boldsymbol{\Sigma}|$(或 $\det\boldsymbol{\Sigma}$)。注意:$\sigma_{ii}=D(X_i)$。

矩阵 $\boldsymbol{\Sigma}$ 具有下列性质:

(1) 对称性:$\sigma_{ij}=\sigma_{ji}$(对一切 $i,j=1,2,\cdots,n$)。

(2) 非负定性:对任意实数 $y_1,y_2,\cdots,y_n$,有

$$\sum_{i,j}^{n}\sigma_{ij}y_iy_j=\boldsymbol{y}^{\mathrm{T}}\boldsymbol{\Sigma}\boldsymbol{y}\geqslant 0 \tag{3-39}$$

式中,$\boldsymbol{y}=(y_1,y_2,\cdots,y_n)^{\mathrm{T}}$。

n 维随机向量 $\boldsymbol{X}=(X_1,X_2,\cdots,X_n)^{\mathrm{T}}$ 的分布函数为 $F(x_1,x_2,\cdots,x_n)$,而 $g(x_1,x_2,\cdots,x_n)$ 为 n 维波雷耳函数,则

$$E[g(x_1,x_2,\cdots,x_n)]=\int_{-\infty}^{+\infty}\cdots\int_{-\infty}^{+\infty}g(x_1,x_2,\cdots,x_n)\mathrm{d}F(x_1,x_2,\cdots,x_n) \tag{3-40}$$

特别地

$$E(X_1)=\int_{-\infty}^{+\infty}\cdots\int_{-\infty}^{+\infty}x_1\mathrm{d}F(x_1,x_2,\cdots,x_n)=\int_{-\infty}^{+\infty}x_1\mathrm{d}F_1(x_1) \tag{3-41}$$

式中,$F_1(x_1)$ 是 X_1 的分布函数。一般地,引入如下定义:

对于随机向量 $\boldsymbol{X}=(X_1,X_2,\cdots,X_n)^{\mathrm{T}}$ 的数学期望$(E(X_1),E(X_2),\cdots,E(X_n))^{\mathrm{T}}$,有

$$E(X_i)=\int_{-\infty}^{+\infty}\cdots\int_{-\infty}^{+\infty}x_i\mathrm{d}F(x_1,x_2,\cdots,x_n)=\int_{-\infty}^{+\infty}x_i\mathrm{d}F_i(x_i) \tag{3-42}$$

式中，$F_i(x_i)$ 是 X_i 的分布函数。

3.2 参数估计

参数估计属于统计推断，它是数理统计研究的核心问题。所谓统计推断，是指根据样本对总体的分布或分布的数字特征等作出合理的推断。统计推断的主要内容分为两大类：参数估计和检验假设。参数估计主要研究当总体的分布类型已知，而其中的参数未知时，如何利用样本值对这些未知参数进行估计的问题。参数估计可分为点估计和区间估计两种类型。下面主要介绍点估计量优良性的评判标准、点估计量的求法以及总体均值和方差的区间估计[178]。

3.2.1 点估计相关概念

在实际问题中经常遇到随机变量 X（或总体 X）的分布函数 $F(x;\theta_1,\theta_2,\cdots,\theta_m)$ 的形式已知，但其中参数 $\theta_i(i=1,2,\cdots,m)$ 未知，在得到了 X 的一个样本值 $(x_1,x_2,\cdots,x_n)^{\mathrm{T}}$ 后，希望利用样本值来估计 X 的某些数字特征。

所谓参数 θ 的点估计问题，就是要设法构造一个合适的统计量 $\hat{\theta}=\hat{\theta}(X_1,X_2,\cdots,X_n)$，使其能在某种优良的意义上对 θ 作出估计，称 $\hat{\theta}=\hat{\theta}(X_1,X_2,\cdots,X_n)$ 为 θ 的估计量。对应于样本 $(X_1,X_2,\cdots,X_n)^{\mathrm{T}}$ 的每一个值 $(x_1,x_2,\cdots,x_n)^{\mathrm{T}}$，估计量 $\hat{\theta}$ 的值 $\hat{\theta}=\hat{\theta}(x_1,x_2,\cdots,x_n)$ 称为 θ 的估计值。由于对不同的样本值，所得到的估计值一般不同，因此，点估计主要是要寻求未知参数 θ 估计量的方法，要求用给定的方法能够比较容易地构造出在一定优良准则下达到或接近于最优的估计。这样就首先产生了对估计量的评价问题，即以怎样的标准或准则来衡量一个估计量的优良性[178]。

1. 无偏估计

设 $\hat{\theta}=\hat{\theta}(x_1,x_2,\cdots,x_n)$ 是参数 θ 的估计量，若 $E(\hat{\theta})=\theta$，则称 $\hat{\theta}$ 是 θ 的无偏估计量。如果 $E(\hat{\theta})\neq\theta$，那么 $E(\hat{\theta}-\theta)$ 称为估计量 $\hat{\theta}$ 的偏差。若

$$\lim_{n\to\infty}E(\hat{\theta})=\theta \tag{3-43}$$

则称 $\hat{\theta}$ 是 θ 的渐近无偏估计。

无偏性是对估计量的最基本的要求。它的意义在于：当一个无偏估计量被多次重复使用时，其估计值在未知参数真值附近波动，并且这些估计值的理论平均等于被估计参数。这样，在实际应用中无偏估计保证了没有系统偏差，即用 $\hat{\theta}$ 估计 θ 不会系统地偏大或偏小。

需要说明的是，若 $\hat{\theta}$ 是 θ 的无偏估计量，$f(\hat{\theta})$ 不一定是 $f(\theta)$ 的无偏估计。无偏性虽然是评价估计量的一个重要标准，而且在许多场合是合理的、必要的，但是，有时一个参数的无偏估

计可以不存在,并且有时无偏估计可能有明显的弊病。因此,一个估计量仅有无偏性的要求是不够的。

2. 均方误差准则

一个未知参数 θ,其估计量即使是无偏估计,也可能不止一个,为此,需要有一定的准则来比较估计量的优劣。一个具有较好数学性质的准则是均方误差。

设 θ 为一个未知参数,$\hat{\theta}$ 是 θ 的一个估计量,$\hat{\theta}$ 的均方误差定义为

$$\mathrm{MSE}(\hat{\theta},\theta)=E(\hat{\theta}-\theta)^2 \tag{3-44}$$

由定义可见,均方误差反映了估计量 $\hat{\theta}$ 与被估计量 θ 的平均(二次方)误差。显然,对一个估计量,它的均方误差越小就说明估计的效果越好;反之,均方误差越大则说明估计的效果越差。那么能否找到 θ 的一个估计量 $\hat{\theta}^*$,使得对所有 θ 的估计量 $\hat{\theta}$ 有

$$\mathrm{MSE}(\hat{\theta}^*,\theta)\leqslant \mathrm{MSE}(\hat{\theta},\theta),\quad \forall\theta\in\Theta \tag{3-45}$$

遗憾的是,这样的 $\hat{\theta}^*$ 是不存在的。这是因为若这样的 $\hat{\theta}^*$ 存在,对任一 $\theta_0\in\Theta$ 取 $\hat{\theta}_0=\theta_0$,则 $\mathrm{MSE}(\hat{\theta}_0,\theta_0)=0$,从而有 $\mathrm{MSE}(\hat{\theta}^*,\theta_0)=0$,这表明 $\hat{\theta}^*=\theta_0$,由 θ_0 的任意性,故这样的 $\hat{\theta}^*$ 不存在。因此,使均方误差一致达到最小的最优估计是不存在的,但这并不妨碍人们在某一估计类中去寻找这样的最优估计。两个延伸的定义如下:

若 $\hat{\theta}_1$ 和 $\hat{\theta}_2$ 均为 θ 的无偏估计量,对任意样本容量 n,有 $D(\hat{\theta}_1)<D(\hat{\theta}_2)$,则称 $\hat{\theta}_1$ 比 $\hat{\theta}_2$ 有效。

若 $\hat{\theta}^*$ 是 θ 的无偏估计量,对于 θ 的任意一个无偏估计量 $\hat{\theta}$,有 $D(\hat{\theta}^*)<D(\hat{\theta})$,则称 $\hat{\theta}^*$ 是 θ 的最小方差无偏估计(量),简记为 MVUE。

人们不仅希望一个估计量是无偏的,且具有较小的方差,还希望当样本容量 n 无限增大时,估计量能在某种意义下收敛于被估计的参数值,这就是所谓的相合性(或一致性)的要求。

设 $\hat{\theta}_n=\hat{\theta}_n(X_1,X_2,\cdots,X_n)$ 是未知参数 θ 的估计序列,如果 $\{\hat{\theta}_n\}$ 依概率收敛于 θ,即对 $\forall\varepsilon>0$,有

$$\lim_{n\to\infty}P\{|\hat{\theta}_n-\theta|<\varepsilon\}=1 \quad 或 \quad \lim_{n\to\infty}P\{|\hat{\theta}_n-\theta|\geqslant\varepsilon\}=0 \tag{3-46}$$

则称 $\hat{\theta}_n$ 是 θ 的相合估计(量)或一致估计(量)。

相合性被认为是对估计量的一个基本要求。一个相合估计量意味着,只要样本容量足够大,就可以保证估计误差达到任意指定的要求,即可以保证估计达到任意给定的精度。如果一个估计量不是相合估计,则它就不是一个好的估计量,在应用中一般不予考虑。

如何判断一个估计量是否是相合估计,常用如下定理:设 $\hat{\theta}_n$ 是 θ 的一个估计量,同时满足

$$\lim_{n\to\infty}E(\hat{\theta}_n)=\theta,\quad \lim_{n\to\infty}D(\hat{\theta}_n)=0 \tag{3-47}$$

则 $\hat{\theta}_n$ 是 θ 的相合估计量。同时,如果 $\hat{\theta}_n$ 是 θ 的相合估计,$g(x)$ 在 $x=\theta$ 连续,则 $g(\hat{\theta}_n)$ 也是

$g(\theta)$ 的相合估计。

3. 渐近正态估计

相合性反映了当 $n \to \infty$ 时估计量的优良性质。但由于参数 θ 的相合估计可以不止一个，它们之间必然有一定的差异。那么如何来反映这种差异呢？一般地，这种差异往往可由估计量的渐近方差反映出来，而最常用的渐近分布是正态分布。

若 $\hat{\theta}_n = \hat{\theta}_n(X_1, X_2, \cdots, X_n)$ 是 θ 的估计量，如果存在一串 $\sigma_n > 0$，满足

$$\lim_{n \to \infty} \sqrt{n\sigma_n} = \sigma$$

其中 $0 < \sigma < +\infty$，使得当 $n \to +\infty$ 时，有

$$\frac{\hat{\theta}_n - \theta}{\sigma_n} \xrightarrow{L} N(0,1) \tag{3-48}$$

则称 $\hat{\theta}_n$ 是 θ 的渐近正态估计，σ_n^2 称为 $\hat{\theta}_n$ 的渐近方差。渐近正态估计一定是相合估计。

3.2.2　点估计量的求法

1. 矩估计法

矩估计法是由英国科学家 K. Pearson 在 1894 年提出的求参数点估计的方法。其理论依据是样本矩是相应总体矩的相合估计，即样本矩依概率收敛于相应的总体矩。这就是说，只要样本容量取得足够大，用样本矩作为相应总体矩的估计可以达到任意精度的程度。根据这一原理，矩估计法的基本思想就是用样本的 k 阶原点矩[178]

$$A_k = \frac{1}{n}\sum_{i=1}^{n} X_i^k \tag{3-49}$$

估计总体 X 的 k 阶原点矩 $E(X^k)$，用样本的 k 阶中心矩

$$B_k = \frac{1}{n}\sum_{i=1}^{n} (X_i - \overline{X})^k \tag{3-50}$$

估计总体 X 的 k 阶中心矩 $E(X - E(X))^k$，并由此得到未知参数的估计量。

设总体 X 的分布函数 $F(x;\theta_1,\theta_2,\cdots,\theta_m)$ 中有 m 个未知参数 $\theta_1,\theta_2,\cdots,\theta_m$，假设总体 X 的 m 阶矩存在，记总体 X 的 k 阶原点矩为 α_k，则

$$E(X^k) = \int_{-\infty}^{+\infty} x^k \mathrm{d}F(x;\theta_1,\theta_2,\cdots,\theta_m) = \alpha_k(\theta_1,\theta_2,\cdots,\theta_m) \tag{3-51}$$

式中，$k = 1,2,\cdots,m$。现用样本 k 阶原点矩作为总体 k 阶原点矩的估计，即令

$$\frac{1}{n}\sum_{i=1}^{n} X_i^k = \alpha_k(\theta_1,\theta_2,\cdots,\theta_m) \tag{3-52}$$

解上述方程得

$$\hat{\theta}_k = \hat{\theta}_k(X_1,X_2,\cdots,X_n) \qquad k = 1,2,\cdots,m$$

并以 $\hat{\theta}_k$ 作为参数 θ_k 的估计量，则称 $\hat{\theta}_k$ 为未知参数 θ_k 的矩估计量。这种求点估计量的方法称

为矩估计法。若 $\hat{\theta}_k$ 为未知参数 θ_k 的矩估计量，$g(\theta)$ 为连续函数，则也称 $g(\hat{\theta}_k)$ 为未知参数 $g(\theta_k)$ 的矩估计。

矩估计法直观而又简便，特别是在对总体的数学期望及方差等数字特征作估计时，并不一定要知道总体的分布函数。此外，矩估计都是相合估计且在一般情况下都是渐近正态估计。矩估计法的缺点是，当样本不是简单随机样本或总体的原点矩不存在时，矩估计法不能使用。另外，矩估计法可能不唯一[178]。

2. 最大似然估计

最大似然估计作为一种点估计方法是由英国统计学家 R. A. Fisher 于 1912 年提出的，随后又做进一步发展成为一种普遍采用的重要方法。此法有许多优良性质，因此，当总体分布类型已知时，最好采用最大似然估计法来估计总体的未知参数。

对于最大似然估计来说，最重要的概念就是似然函数。若总体 X 是连续型随机变量，其分布密度为 $f(x,\boldsymbol{\theta})$，其中 $\boldsymbol{\theta}=(\theta_1,\theta_2,\cdots,\theta_m)^{\mathrm{T}}$ 是未知参数。若 $(X_1,X_2,\cdots,X_n)^{\mathrm{T}}$ 是总体 X 的一个样本，则样本 $(X_1,X_2,\cdots,X_n)^{\mathrm{T}}$ 的联合分布密度为

$$\prod_{i=1}^{n} f(x_i,\boldsymbol{\theta}) \tag{3-53}$$

在取定 $x_1,x_2,\cdots,x_n$ 后，它只是参数 $\boldsymbol{\theta}=(\theta_1,\theta_2,\cdots,\theta_m)^{\mathrm{T}}$ 的函数，记为 $L(\boldsymbol{\theta})$，即

$$L(\boldsymbol{\theta})=\prod_{i=1}^{n} f(x_i,\boldsymbol{\theta}) \tag{3-54}$$

这个函数 L 称为似然函数。即似然函数就是样本的联合分布密度。

因此可知，最大似然估计是让似然函数取得最大值时参数的估计值。其数学定义如下：设总体 X 分布密度(或分布律)是 $f(x,\boldsymbol{\theta})$，其中 $\boldsymbol{\theta}=(\theta_1,\theta_2,\cdots,\theta_m)^{\mathrm{T}}$ 为未知参数。如果似然函数式(3-54)成立，在 $\hat{\boldsymbol{\theta}}=(\hat{\theta}_1,\hat{\theta}_2,\cdots,\hat{\theta}_m)^{\mathrm{T}}$ 达到最大值时，则称 $\hat{\theta}_1,\hat{\theta}_2,\cdots,\hat{\theta}_m$ 分别为 $\theta_1,\theta_2,\cdots,\theta_m$ 的最大似然函数估计值。

需要注意的是，最大似然估计值 $\hat{\theta}_i(i=1,2,\cdots,m)$ 依赖于样本值。若 $(x_1,x_2,\cdots,x_n)^{\mathrm{T}}$ 是 X 的一个样本值，则

$$\hat{\theta}_i=\hat{\theta}_i(x_1,x_2,\cdots,x_n) \qquad i=1,2,\cdots,m \tag{3-55}$$

若在式(3-55)中将样本值 $(x_1,x_2,\cdots,x_n)^{\mathrm{T}}$ 换成样本 $(X_1,X_2,\cdots,X_n)^{\mathrm{T}}$，则所得到的 $\hat{\theta}_i=\hat{\theta}_i(X_1,X_2,\cdots,X_n)(i=1,2,\cdots,m)$ 分别称为 $\hat{\theta}_i(i=1,2,\cdots,m)$ 的最大似然估计，简称为 ML 估计。

3. 次序统计量估计参数的方法

样本中位数和样本极差都是次序统计量的函数，它们计算简单。无论总体 X 服从何种分布，都可用样本中位数 $\tilde{X}$ 作为样本总体均值 $E(X)$ 的估计量，用样本极差 R 作为总体标准差 $\sqrt{D(X)}$ 的估计量，不过这种估计一般来说比较粗糙[178]。

3.2.3　区间估计

在参数的点估计中，当 $\hat{\theta}(X_1, X_2, \cdots, X_n)$ 是未知参数 θ 的一个估计量时，对于一个样本值 $(x_1, x_2, \cdots, x_n)^{\mathrm{T}}$ 就得到 θ 的一个估计值 $\hat{\theta}(x_1, x_2, \cdots, x_n)$。估计值虽能给人们一个明确的数量概念，但似乎还不够，因为它只是 θ 的一个近似值，与 θ 总有一个正的或负的偏差。而点估计本身既没有反映近似值的精确度，又不知道它的偏差范围。为了弥补点估计在这方面的不足，可采用另一种估计方式 —— 区间估计[178]。

设总体 X 是分布函数 $F(x, \boldsymbol{\theta})$，其中 $\boldsymbol{\theta} = (\theta_1, \theta_2, \cdots, \theta_m)^{\mathrm{T}}$ 为未知参数。$X_1, X_2, \cdots, X_n$ 是来自总体 X 的样本。如果存在两个统计量 $\hat{\theta}_1(X_1, X_2, \cdots, X_n)$ 和 $\hat{\theta}_2(X_1, X_2, \cdots, X_n)$，对于给定的 $\alpha(0 < \alpha < 1)$，使得

$$P\{\hat{\theta}_1(X_1, X_2, \cdots, X_n) < \theta < \hat{\theta}_2(X_1, X_2, \cdots, X_n)\} = 1 - \alpha \tag{3-56}$$

则称区间 $(\hat{\theta}_1, \hat{\theta}_2)$ 为 θ 的置信度为 $1 - \alpha$ 的置信区间，$\hat{\theta}_1$ 是置信下限，$\hat{\theta}_2$ 是置信上限。

所谓 θ 区间估计就是要在给定 α 的前提下，去寻找两个统计量 $\hat{\theta}_1$ 和 $\hat{\theta}_2$，使式(3-56)成立，从而使得 θ 落在区间 $(\hat{\theta}_1, \hat{\theta}_2)$ 中的概率为 $1-\alpha$，故也称 $(\hat{\theta}_1, \hat{\theta}_2)$ 为 θ 的区间估计。由于 $\hat{\theta}_1$ 和 $\hat{\theta}_2$ 皆为统计量，因而是随机变量，所以区间 $(\hat{\theta}_1, \hat{\theta}_2)$ 是随机区间。式(3-56)的含义是指在每次抽样下，针对样本值 $(x_1, x_2, \cdots, x_n)^{\mathrm{T}}$ 就得到一个区间 $(\hat{\theta}_1(X_1, X_2, \cdots, X_n), \hat{\theta}_2(X_1, X_2, \cdots, X_n))$，重复多次抽样就得到许多个不同区间，在所有这些区间中，大约有 $1 - \alpha$ 的区间包含着未知参数 θ，而不包含 θ 的区间约占 α。由于 α 通常给得较小，这就意味着式(3-56)的概率较大。因此，置信度 $1 - \alpha$ 表达了区间估计的可靠度，它是区间估计的可靠概率，α 表达了区间估计的不可靠概率；而区间估计的精确度一般可用置信区间的平均长度 $E[\hat{\theta}_2 - \hat{\theta}_1]$ 来表示。给定样本容量 n 后，可靠度和精确度相互制约着。即：提高了可靠度，必然增加了置信区间的长度，从而降低了精确度；反之，增加了精确度，必然降低了可靠度。因此，实际应用中常采用一种折中方案：在使得置信度达到一定要求的前提下，寻找精确度尽可能高的区间估计。

3.3　模糊数性质及定理

康托创立的经典集合论是经典数学的基础，它以逻辑真值为 $\{0,1\}$ 的数学逻辑为基础，善于描述属性分明的事物；L. A. Zadeh 创立的模糊集合是模糊数学的基础，它以逻辑真值为 $[0,1]$ 的模糊逻辑为基础，善于描述属性不分明的事物，它是对经典集合的开拓[179]。

概括地说，模糊数学就是把客观世界中的模糊性现象作为研究对象，从中找出数量规则，然后用精确的数学方法来处理的一门新的数学分支。它为人们研究那些复杂的、难以用精确数学描述的问题，提供了一种简捷而有效的方法。

模糊数学产生后，在客观世界中，人们所遇到的事物从量上可划分为两大类，即确定性的

量和不确定性的量；不确定性的量又可分为随机性和模糊性两种[180]，如图 3 - 1 所示。

- 确定性 —— 经典数学
- 不确定性
  - 随机性 —— 统计数学
  - 模糊性 —— 模糊数学

图 3 - 1　量的划分

研究这些量所采用的方法是不同的。对于确定性的量，运用经典数学；对于随机性的不确定量，运用概率论；而对于模糊性的不确定量，则运用模糊数学。

这里须指出，随机性和模糊性尽管都是对事物不确定性的描述，但二者是有区别的。概率论研究和处理随机现象，所研究的事件本身有着明确的含义，只是由于条件不充分，在条件与事件之间不能出现决定性的因果关系。这种在事件的出现与否上表现出的不确定性称为随机性。在[0,1] 上取值的概率分布函数就描述了这种随机性。

3.3.1　模糊集合的基本概念

模糊数学是研究模糊现象的数学，而模糊集合是模糊数学的理论基础。此处介绍模糊集合的一些基本概念，包括模糊集合的定义、运算、性质以及它与普通集合的联系。

在普通集合中，用特征函数 $A(u)$ 来表示集合 A。$A(u)=1$，表明元素 u 属于集合 A；而 $A(u)=0$，则表明元素 u 不属于集合 A。在这里，特征函数值只取 0 和 1 两个值就已足够。换言之，普通集合 A 可用由它到集合$\{0,1\}$ 上的映射 $A(u)$ 来描述。由此可得到启示：如果不再用二值逻辑的规定，把特征函数值的范围从集合$\{0,1\}$ 扩充到在区间[0,1] 上连续取值，那么一对象符合某概念的程度，就可以用区间[0,1] 内的数来表示了，对象所对应的数值愈靠近 1，表示该对象符合概念的程度愈大，反之愈小。这样一来，普通集 A 就相应地扩充为一个带有不分明边界的模糊集了，从而模糊概念也就可用这样的模糊集来表达了[180]。

基于上述想法，下面给出模糊集的定义。设在论域 U 上给定了映射

$$\mu_{\underset{\sim}{A}}:U\rightarrow[0,1],\quad u\mapsto\mu_{\underset{\sim}{A}}(u) \tag{3-57}$$

则称 μ 确定了 U 上的一个模糊子集，记为 $\underset{\sim}{A}$（在 A 下加“～”以区别于普通集 A）。μ 称为模糊子集 $\underset{\sim}{A}$ 的隶属函数，记 $\mu_{\underset{\sim}{A}}$ 以强调是 $\underset{\sim}{A}$ 的隶属函数，$\mu_{\underset{\sim}{A}}$ 在 $u\in U$ 点处的值 $\mu_{\underset{\sim}{A}}(u)$ 称为 u 对 $\underset{\sim}{A}$ 的隶属度，它表示 u 属于 $\underset{\sim}{A}$ 的程度或“资格”。为方便起见，通常将模糊子集简称为模糊集，且把 $\mu_{\underset{\sim}{A}}$ 与 $\mu_{\underset{\sim}{A}}(u)$ 均简记为 $\underset{\sim}{A}(u)$。

模糊集 $\underset{\sim}{A}$ 完全由其隶属函数所描述，即只要给定隶属函数 $\underset{\sim}{A}(u)$，那么模糊集 $\underset{\sim}{A}$ 也就完全确定了，不同的隶属函数确定着不同的模糊集。同一个论域 U 上可以有多个模糊集。

对 $\forall u\in U$ 及 U 上的模糊集，一般不能说 u 是否隶属于 $\underset{\sim}{A}$，只能说 u 在多大程度上隶属于 $\underset{\sim}{A}$，这正是模糊集与普通集的本质区别。

特别地，当 $\underset{\sim}{A}(u)$ 的值取[0,1] 的两个端点（即 0，1 两个值）时，隶属函数便退化为特征函数，模糊集 $\underset{\sim}{A}$ 就退化为一个普通集了。这表明普通子集是模糊子集的特殊形态。此外，若

$\forall u \in U, \underset{\sim}{A}(u)=0$，则 $\underset{\sim}{A}$ 称为空集 $\varnothing$；若 $\forall u \in U, \underset{\sim}{A}(u)=1$，则 $\underset{\sim}{A}$ 称为全集 U。

模糊幂集是模糊研究中的一个重要概念。若 U 为给定的论域，U 上的模糊子集的全体称为模糊幂集，记为 $F(U)$，即

$$F(U)=\{\underset{\sim}{A} \mid \underset{\sim}{A}(u): U \rightarrow [0,1]\} \tag{3-58}$$

因为任何一个普通子集都是特殊的模糊子集，所以

$$P(U) \subseteq F(U) \tag{3-59}$$

由于每一个普通集和每一个模糊集与 $F(U)$ 的关系都是 $\in$ 或 $\notin$ 的关系，因此 $F(U)$ 也是一个普通集合。

3.3.2　模糊集的表示方法[180]

对于有限集 $U=\{u_1, u_2, \cdots, u_n\}$，模糊集通常采用如下四种表示方法：

(1)Zadeh 表示法。

$$\underset{\sim}{A}=\frac{\underset{\sim}{A}(u_1)}{u_1}+\frac{\underset{\sim}{A}(u_2)}{u_2}+\cdots+\frac{\underset{\sim}{A}(u_n)}{u_n} \tag{3-60}$$

式中，$\underset{\sim}{A}(u_i)/u_i$ 不表示分数，而是 U 中的元素 u_i 与其隶属于 $\underset{\sim}{A}$ 的程度之间的对应关系；"+"也不表示求和，而是表示模糊集在论域 U 上的整体，且当某元素的隶属度为零时，可略去不写。

(2) 序偶表示法。

$$\underset{\sim}{\mathbf{A}}=\{(\underset{\sim}{A}(u_1), u_1), (\underset{\sim}{A}(u_2), u_2), \cdots, (\underset{\sim}{A}(u_n), u_n)\} \tag{3-61}$$

这种表示法是由普通集合的列举法演变过来的，它由元素和它的隶属度组成有序对(前者是隶属度，后者是元素)一一列出。

(3) 向量表示法。

$$\underset{\sim}{\mathbf{A}}=(\underset{\sim}{A}(u_1), \underset{\sim}{A}(u_2), \cdots, \underset{\sim}{A}(u_n)) \tag{3-62}$$

这种表示法是借助于 n 维数组来实现的，即当论域 U 中的元素先后次序排定时，按此顺序记载各元素的隶属度(此时隶属度为 0 的项不能舍弃)，这时 $\underset{\sim}{\mathbf{A}}$ 也称为模糊向量，简记为

$$\mathbf{A}=(\underset{\sim}{A}(u_1), \underset{\sim}{A}(u_2), \cdots, \underset{\sim}{A}(u_n)) \tag{3-63}$$

(4)Zadeh 与向量式的结合表示法。

$$\underset{\sim}{\mathbf{A}}=\left(\frac{\underset{\sim}{A}(u_1)}{u_1}, \frac{\underset{\sim}{A}(u_2)}{u_2}, \cdots, \frac{\underset{\sim}{A}(u_n)}{u_n}\right) \tag{3-64}$$

无限可列集是指与自然数集 $\mathbf{N}=\{1,2,\cdots,n,\cdots\}$ 存在着一一对应的集合，如 $U=\{2,4,6,\cdots\}$。对无限可列集的表示方法通常借鉴于有限集的表示方法，例如，无限可列集 $U=\{u_1, u_2, \cdots, u_n, \cdots\}$，$\underset{\sim}{A} \in F(U)$，其隶属函数为

$$\underset{\sim}{A}(u_n)=\frac{1}{n}(n=1,2,\cdots), \quad u_n \in U \tag{3-65}$$

则 $\underset{\sim}{A}$ 的 Zadeh 式

$$\underset{\sim}{A}=\frac{1/1}{u_1}+\frac{1/2}{u_2}+\cdots+\frac{1/n}{u_n}+\cdots \tag{3-66}$$

$\underset{\sim}{A}$ 的向量式

$$\underset{\sim}{\boldsymbol{A}}=\left(1,\frac{1}{2},\cdots,\frac{1}{n},\cdots\right) \tag{3-67}$$

$\underset{\sim}{A}$ 的序偶式

$$\underset{\sim}{\boldsymbol{A}}=\left\{(1,u_1),\left(\frac{1}{2},u_2\right),\cdots,\left(\frac{1}{n},u_n\right),\cdots\right\} \tag{3-68}$$

$\underset{\sim}{A}$ 的结合式

$$\underset{\sim}{\boldsymbol{A}}=\left(\frac{1}{u_1},\frac{1/2}{u_2},\cdots,\frac{1/n}{u_n},\cdots\right) \tag{3-69}$$

无限不可列集指非无限可列集的无限集，如由 3 与 4 间的全体实数组成的集合(3,4) 就是非无限可列集。无限不可列集的表示如下：

$$\underset{\sim}{A}=\int_U\frac{\underset{\sim}{A}(u)}{u} \tag{3-70}$$

式中，$\underset{\sim}{A}(u)/u$ 不是被积分式，更不是分数，只是元素 u 与其隶属度之间的对应；符号“$\int$”既不表示积分，也不表示求和，而是表示论域U上的元素与其隶属度对应关系的一个总括。此记号对 U 的各种情况都适用。例如：对于隶属度函数，模糊不可列集

$$\underset{\sim}{Y}(u)=\begin{cases}1 & 0\leqslant u\leqslant 25\\ \left[1+\left(\dfrac{u-25}{5}\right)^2\right] & 25<u\leqslant 200\end{cases} \tag{3-71}$$

可表示为

$$\underset{\sim}{Y}=\int_{0\leqslant u\leqslant 25}\frac{1}{u}+\int_{25<u\leqslant 200}\left\{\left[1+\left(\frac{u-25}{5}\right)^2\right]^{-1}\Big/u\right\} \tag{3-72}$$

由上述易见，模糊集的表示方法与普通集的表示方法有本质区别，前者强调的是元素 u 的隶属程度，而后者只须指明 u 的归属就行了。

3.3.3 模糊集的运算及其性质

1. 模糊集的运算

普通集间的运算和关系与其特征函数间的运算和关系是一致的。而模糊集是由推广的特征函数 —— 隶属函数 —— 来定义的，因此借助于隶属函数来定义模糊集间运算和关系，就是十分自然的事了。

1. 模糊集之间的包含与相等关系

若 $\underset{\sim}{A},\underset{\sim}{B}\in F(U)$，如果对于 $\forall u\in U$，都有 $\underset{\sim}{A}(u)\geqslant\underset{\sim}{B}(u)$ 成立，则称 $\underset{\sim}{A}$ 包含 $\underset{\sim}{B}$，记为 $\underset{\sim}{A}\supseteq\underset{\sim}{B}$。$\underset{\sim}{A}\supseteq\underset{\sim}{B}$ 的实质是 U 中的任一元素 u 隶属于 $\underset{\sim}{A}$ 的程度都高于隶属于 $\underset{\sim}{B}$ 的程度。

若 $\underset{\sim}{A},\underset{\sim}{B}\in F(U)$，如果对于 $\forall u\in U$，都有 $\underset{\sim}{A}(u)=\underset{\sim}{B}(u)$，则称 $\underset{\sim}{A}$ 与 $\underset{\sim}{B}$ 相等，记为 $\underset{\sim}{A}=\underset{\sim}{B}$。$\underset{\sim}{A}=\underset{\sim}{B}$ 的含义是 U 中任一元素隶属于 $\underset{\sim}{A}$ 与 $\underset{\sim}{B}$ 的程度是相同的。

容易证明，$\underset{\sim}{A}=\underset{\sim}{B}\Leftrightarrow\underset{\sim}{A}\subseteq\underset{\sim}{B}$ 且 $\underset{\sim}{A}\supseteq\underset{\sim}{B}$。

2. 模糊集的并、交、补运算

若 $\underset{\sim}{A},\underset{\sim}{B},\underset{\sim}{C}\in F(U)$，如果对于 $\forall u\in U$，都有 $\underset{\sim}{C}(u)=\underset{\sim}{A}(u)\vee\underset{\sim}{B}(u)$，则称 $\underset{\sim}{C}$ 为 $\underset{\sim}{A}$ 与 $\underset{\sim}{B}$ 的并，记为 $\underset{\sim}{C}=\underset{\sim}{A}\cup\underset{\sim}{B}$，式中"∨"表示取大运算。

$$\mu_{\underset{\sim}{A}}(u)\vee\mu_{\underset{\sim}{B}}(u)=\max\{\mu_{\underset{\sim}{A}}(u),\mu_{\underset{\sim}{B}}(u)\}\tag{3-73}$$

如果对于 $\forall u\in U$，都有 $\underset{\sim}{C}(u)=\underset{\sim}{A}(u)\wedge\underset{\sim}{B}(u)$，则称 $\underset{\sim}{C}$ 为 $\underset{\sim}{A}$ 与 $\underset{\sim}{B}$ 的交，记做 $\underset{\sim}{C}=\underset{\sim}{A}\cap\underset{\sim}{B}$，"∧"表示取小运算。

$$\mu_{\underset{\sim}{A}}(u)\wedge\mu_{\underset{\sim}{B}}(u)=\min\{\mu_{\underset{\sim}{A}}(u),\mu_{\underset{\sim}{B}}(u)\}\tag{3-74}$$

设 $\underset{\sim}{A},\underset{\sim}{B}\in F(U)$，如果对于 $\forall u\in U$，都有 $\underset{\sim}{B}(u)=1-\underset{\sim}{A}(u)$，则称 $\underset{\sim}{B}$ 为 $\underset{\sim}{A}$ 的补集，记为 $\underset{\sim}{B}=\underset{\sim}{A}^c$。

任给 $0\leqslant a\vee b\leqslant 1$，由于 $0\leqslant a\vee b\leqslant 1$，$0\leqslant a\wedge b\leqslant 1$ 及 $0\leqslant 1-a\leqslant 1$，因此对于任意的 $\underset{\sim}{A},\underset{\sim}{B}\in F(U)$，上述定义二者的并（$\underset{\sim}{A}\cup\underset{\sim}{B}$）、交（$\underset{\sim}{A}\cap\underset{\sim}{B}$）以及 $\underset{\sim}{A}$ 的补集（$\underset{\sim}{A}^c$），运算都是有意义的。

由定义可知，两模糊集间的运算实际上就是逐点对隶属度作相应的运算。类似的模糊集的并、交运算还可推广到任意多个模糊集上。

设 $\underset{\sim}{A}_1,\underset{\sim}{A}_2,\cdots,\underset{\sim}{A}_n$ 为 U 上的 n 个模糊集，定义它们的并（记为 $\bigcup\limits_{i=1}^{n}\underset{\sim}{A}_i$）具有隶属函数，即

$$\left(\bigcup_{i=1}^{n}\underset{\sim}{A}_i\right)(u)=\bigvee_{i=1}^{n}\underset{\sim}{A}_i(u)=\max\{\underset{\sim}{A}_1(u),\underset{\sim}{A}_2(u),\cdots,\underset{\sim}{A}_n(u)\}\tag{3-75}$$

定义它们的交（记为 $\bigcap\limits_{i=1}^{n}\underset{\sim}{A}_i$）具有隶属函数，即

$$\left(\bigcap_{i=1}^{n}\underset{\sim}{A}_i\right)(u)=\bigwedge_{i=1}^{n}\underset{\sim}{A}_i(u)=\min\{\underset{\sim}{A}_1(u),\underset{\sim}{A}_2(u),\cdots,\underset{\sim}{A}_n(u)\}\tag{3-76}$$

3. 模糊子集的代数运算[179]

模糊集的代数运算主要指模糊集之间的代数积、代数和与环和。

模糊集合 $\underset{\sim}{A}$ 和 $\underset{\sim}{B}$ 的代数积为 $\underset{\sim}{A}\cdot\underset{\sim}{B}$，其隶属函数 $\mu_{\underset{\sim}{A}\cdot\underset{\sim}{B}}$ 为

$$\mu_{\underset{\sim}{A}\cdot\underset{\sim}{B}}=\mu_{\underset{\sim}{A}}\cdot\mu_{\underset{\sim}{B}}\tag{3-77}$$

模糊集合 $\underset{\sim}{A}$ 和 $\underset{\sim}{B}$ 的代数和为 $\underset{\sim}{A}+\underset{\sim}{B}$，其隶属函数 $\mu_{\underset{\sim}{A}+\underset{\sim}{B}}$ 为

$$\mu_{\underset{\sim}{A}+\underset{\sim}{B}}=\begin{cases}\mu_{\underset{\sim}{A}}+\mu_{\underset{\sim}{B}} & \mu_{\underset{\sim}{A}}+\mu_{\underset{\sim}{B}}\leqslant 1\\ 1 & \mu_{\underset{\sim}{A}}+\mu_{\underset{\sim}{B}}>1\end{cases}\tag{3-78}$$

模糊集合 $\underset{\sim}{A}$ 和 $\underset{\sim}{B}$ 的环和记做 $\underset{\sim}{A}\oplus\underset{\sim}{B}$，其隶属函数 $\mu_{\underset{\sim}{A}\oplus\underset{\sim}{B}}$ 为

$$\mu_{\underset{\sim}{A}\oplus\underset{\sim}{B}}=\mu_{\underset{\sim}{A}}+\mu_{\underset{\sim}{B}}-\mu_{\underset{\sim}{A}\cdot\underset{\sim}{B}}\tag{3-79}$$

4. 模糊子集运算的基本性质

(1) 幂等律

$$\underset{\sim}{A}\cup\underset{\sim}{A}=\underset{\sim}{A},\quad \underset{\sim}{A}\cap\underset{\sim}{A}=\underset{\sim}{A}$$

(2) 交换律

$$\underset{\sim}{A}\cup\underset{\sim}{B}=\underset{\sim}{B}\cup\underset{\sim}{A},\quad \underset{\sim}{A}\cap\underset{\sim}{B}=\underset{\sim}{B}\cap\underset{\sim}{A}$$

(3) 结合律

$$(\underset{\sim}{A}\cup\underset{\sim}{B})\cup\underset{\sim}{C}=\underset{\sim}{A}\cup(\underset{\sim}{B}\cup\underset{\sim}{C}),\quad (\underset{\sim}{A}\cap\underset{\sim}{B})\cap\underset{\sim}{C}=\underset{\sim}{A}\cap(\underset{\sim}{B}\cap\underset{\sim}{C})$$

(4) 分配律

$$(\underset{\sim}{A}\cup\underset{\sim}{B})\cap\underset{\sim}{C}=(\underset{\sim}{A}\cap\underset{\sim}{C})\cup(\underset{\sim}{B}\cap\underset{\sim}{C}),\quad (\underset{\sim}{A}\cap\underset{\sim}{B})\cup\underset{\sim}{C}=(\underset{\sim}{A}\cup\underset{\sim}{C})\cap(\underset{\sim}{B}\cup\underset{\sim}{C})$$

(5) 吸收律

$$(\underset{\sim}{A}\cup\underset{\sim}{B})\cap\underset{\sim}{A}=\underset{\sim}{A},\quad (\underset{\sim}{A}\cap\underset{\sim}{B})\cup\underset{\sim}{A}=\underset{\sim}{A}$$

(6) 同一律

$$\underset{\sim}{A}\cup U=U,\underset{\sim}{A}\cap U=\underset{\sim}{A},\quad \underset{\sim}{A}\cup\varnothing=\underset{\sim}{A},\underset{\sim}{A}\cap\varnothing=\varnothing$$

(7) 复原律

$$(\underset{\sim}{A}^c)^c=\underset{\sim}{A}$$

(8) 对偶律

$$(\underset{\sim}{A}\cup\underset{\sim}{B})^c=\underset{\sim}{A}^c\cap\underset{\sim}{B}^c,\quad (\underset{\sim}{A}\cap\underset{\sim}{B})^c=\underset{\sim}{A}^c\cup\underset{\sim}{B}^c$$

上述性质模糊集合与经典集合是相同的。但须指出，模糊集合不再满足互补律，其原因是模糊子集 $\underset{\sim}{A}$ 没有明确的边界，$\underset{\sim}{A}^c$ 也无明确的边界。正是这一点，使模糊集合比经典集合能更客观地反映实际情况，因为在实际问题中，存在着许多模棱两可的情形。

3.3.4 模糊集的截集

模糊集合能较客观地反映现实中存在着的模糊概念，但在处理实际问题过程中，要最后作出判断或决策时，往往又需要将模糊集合变成各种不同的普通集合。把这一思想抽象为一个概念，用数学形式给出，就是 λ 截集(或 λ 水平集) 的概念[180]。

设 $\underset{\sim}{A}\in F(U)$，对于任意 $\lambda\in[0,1]$，记

$$(\underset{\sim}{A})_\lambda=A_\lambda=\{u\mid \underset{\sim}{A}(u)\geqslant\lambda\}\tag{3-80}$$

A_λ 称为 $\underset{\sim}{A}$ 的 λ 截集(或 λ 水平集)，λ 称为阈值或置信水平。

$$A_{\dot{\lambda}}=\{u\mid \underset{\sim}{A}(u)>\lambda\}\tag{3-81}$$

称为 $\underset{\sim}{A}$ 的 λ 强截集，相应地 A_λ 也称为 $\underset{\sim}{A}$ 的 λ 弱截集。

$\underset{\sim}{A}$ 的 λ 截集 A_λ 是一个普通集，它是通过对 $\underset{\sim}{A}$ 的截取得到的。截取模糊集 $\underset{\sim}{A}$ 的 λ 截集 A_λ，就是将 $\underset{\sim}{A}$ 的隶属函数按下式转化成特征函数，即

$$A_\lambda(u)=\begin{cases}1 & \underset{\sim}{A}(u)\geqslant\lambda\\0 & \underset{\sim}{A}(u)<\lambda\end{cases}\tag{3-82}$$

λ 截集的性质主要有以下几点：

(1) $(\underset{\sim}{A}\cup\underset{\sim}{B})_\lambda=A_\lambda\cup B_\lambda$，$(\underset{\sim}{A}\cap\underset{\sim}{B})_\lambda=A_\lambda\cap B_\lambda$；

(2) 设 $\lambda,\gamma\in[0,1]$，且 $\lambda\leqslant\gamma$，则 $A_\lambda\supseteq A_\gamma$，特别地 $A_0=U$；

(3) $(\underset{\sim}{A}^c)_\lambda=(A_{1-\dot{\lambda}})^c$，$(\underset{\sim}{A}^c)_{\dot{\lambda}}=(A_{1-\lambda})^c$。

设 $\lambda \in [0,1]$，$\underset{\sim}{A} \in F(U)$，定义 $(\lambda \underset{\sim}{A}) \in F(U)$ 的隶属函数为

$$(\lambda \underset{\sim}{A})(u) = \lambda \wedge \underset{\sim}{A}(u) \tag{3-83}$$

模糊集 $\lambda \underset{\sim}{A}$ 称为数 λ 与模糊集 $\underset{\sim}{A}$ 的乘积。

3.3.5　相关定理

1. 分解定理

分解定理是模糊数学理论发展的重要组成部分，它给出如何把模糊集分解成普通集，从而可把模糊集里的问题转化成普通集问题来讨论。前面介绍的 λ 截集概念，实际上就给出了一种把模糊集转化为普通集的方法[180]。

若 $\underset{\sim}{A} \in F(U)$，对给定的 $\lambda_0 \in [0,1]$，就得到一个普通集 $A_{\lambda 0}$，如果让 λ 取遍 $[0,1]$ 内所有的值，就可得到无穷多个 A_λ。

反之，若把 $A_{\lambda 0}$ 乘以 λ_0，就得到一个模糊集 $\lambda_0 A_{\lambda 0}$，其隶属函数为

$$(\lambda_0 A_{\lambda 0})(u) = \begin{cases} \lambda_0 & u \in \lambda_0 \\ 0 & u \notin \lambda_0 \end{cases} \tag{3-84}$$

同样，若用 λ 分别乘以上述的无穷多个 A_λ，就会得到无穷多个模糊集 λA_λ，它们的隶属函数为

$$(\lambda A_\lambda)(u) = \begin{cases} \lambda & u \in \lambda \\ 0 & u \notin \lambda \end{cases} \tag{3-85}$$

这样，如果把得到的所有模糊集求并集，就得到原来的模糊集 $\underset{\sim}{A}$。把上述过程用数学形式写出来，就是下面的分解定理。

分解定理 Ⅰ：设 $\underset{\sim}{A} \in F(U)$，则有

$$\underset{\sim}{A} = \bigcup_{\lambda \in [0,1]} \lambda A_\lambda \quad 或 \quad \underset{\sim}{A}(u) = \Big(\bigcup_{\lambda \in [0,1]} \lambda A_\lambda\Big)(u) = \bigvee_{\lambda \in [0,1]} (\lambda \wedge A_\lambda(u)) \tag{3-86}$$

式中，$A_\lambda(u)$ 是 A_λ 的特征函数。

分解定理是模糊数学的基本定理之一，它反映了模糊集与普通集的密切联系。此处略去证明过程。类似地，有分解定理Ⅱ。

分解定理 Ⅱ：设 $\underset{\sim}{A} \in F(U)$，则有

$$\underset{\sim}{A} = \bigcup_{\lambda \in [0,1]} \lambda A_{\underset{\cdot}{\lambda}} \tag{3-87}$$

分解定理 Ⅲ：设 $\underset{\sim}{A} \in F(U)$，令

$$H: [0,1] \to P(U), \lambda \mapsto H(\lambda) \tag{3-88}$$

对 $\forall \lambda \in [0,1]$，满足 $A_{\underset{\cdot}{\lambda}} \subseteq H(\lambda) \subseteq A_\lambda$，可得如下结论：

(1) $\underset{\sim}{A} = \bigcup_{\lambda \in [0,1]} \lambda H(\lambda)$；

(2) 对 $\forall \lambda_1, \lambda_2 \in [0,1]$，若 $\lambda_1 < \lambda_2$，则 $H(\lambda_1) \supseteq H(\lambda_2)$；

(3) 对 $\forall \lambda \in [0,1]$，有

$$A_\lambda = \bigcap_{\alpha < \lambda} H(\alpha), \quad \lambda \neq 0$$

$$A_{\underset{\cdot}{\lambda}} = \bigcup_{\alpha > \lambda} H(\alpha), \quad \lambda \neq 1$$

分解定理 Ⅰ 与 Ⅱ 给出了如何用λ-截集来构造模糊集的方法，而分解定理 Ⅲ 则进一步给出了如何用满足一定条件的集合(不一定是截集)来构造模糊集的方法，因此它比前面两个分解定理具有更广泛的实用价值。

2. 表现定理

表现定理与分解定理一样，也是模糊数学的最基本的定理之一，它从另一个角度来阐明模糊集是由普通集扩充而成的。

首先引进集合套的概念。令 $H:[0,1]\to P(U),\lambda\mapsto H(\lambda)$，且对 $\forall\lambda_1,\lambda_2\in[0,1]$，若 $\lambda_1<\lambda_2$，均有 $H(\lambda_1)\supseteq H(\lambda_2)$，则 H 称为 U 上的集合套。

比如分解定理 Ⅲ 中的映射 H，就是 U 上的一个集合套。特别地，对于任一 $\underset{\sim}{A}\in F(U)$，截集族 $\{A_\lambda\mid\lambda\in[0,1]\}$ 以及 $\{A_{\underset{\cdot}{\lambda}}\mid\lambda\in[0,1]\}$ 都是 U 上的集合套。

分解定理 Ⅲ 告诉人们，一个模糊集可由一个集合套"拼成"；而表现定理则告诉人们，任何一个集合套是否都能"拼成"一个模糊集。

表现定理：设 H 是 U 上的任意一个集合套，则 $\bigcup\limits_{\lambda\in[0,1]}\lambda H(\lambda)$ 是 U 上一个模糊集，记为 $\underset{\sim}{A}$，且对 $0\leqslant\lambda\leqslant1$，有：

(1) $A_\lambda=\bigcap\limits_{\alpha<\lambda}H(\alpha)$；

(2) $A_{\underset{\cdot}{\lambda}}=\bigcap\limits_{\alpha>\lambda}H(\alpha)$。

推论：设 H 是 U 上的集合套，记 $\underset{\sim}{A}=\bigcup\limits_{\lambda\in[0,1]}\lambda H(\lambda)$，则对 $\forall\lambda\in[0,1]$，有

$$A_{\underset{\cdot}{\lambda}}\subseteq H(\lambda)\subseteq A_\lambda$$

3. 扩张原则

设映射 $f:X\to Y$，那么可以扩张成为 $\tilde{f}:\underset{\sim}{A}\to\tilde{f}(\underset{\sim}{A})$，这里 $\tilde{f}$ 叫做 f 的扩张。当 $\underset{\sim}{A}$ 通过映射 $\tilde{f}$ 映射成 $\tilde{f}(\underset{\sim}{A})$ 时，规定它的隶属函数的值保持不变。在不会误解的情况下，$\tilde{f}$ 可记为 f。

分解定理和扩张原则是模糊数学的理论支柱。分解定理是联系模糊数学和普通数学的纽带，而扩张原则是把普通的数学方法扩展到模糊数学中的有力工具。

3.3.6 模糊集的均值与方差

仿照概率统计中的均值与方差的概念，可给出实数域上模糊集的均值与方差的概念。

设有实数域 $X=\{x_1,x_2,\cdots,x_n\}$(或 $X=[\alpha,\beta]$)，且 $\underset{\sim}{A}\in F(X)$，称

$$E(\underset{\sim}{A})=\frac{\sum\limits_{i=1}^{n}\underset{\sim}{A}(x_i)x_i}{\sum\limits_{i=1}^{n}\underset{\sim}{A}(x_i)}$$

或

$$E(\underset{\sim}{A})=\frac{\int_\alpha^\beta\underset{\sim}{A}(x)x\,\mathrm{d}x}{\int_\alpha^\beta\underset{\sim}{A}(x)\,\mathrm{d}x},\quad\int_\alpha^\beta\underset{\sim}{A}(x)\,\mathrm{d}x\neq0\tag{3-89}$$

为模糊集 $\underset{\sim}{A}$ 的均值，而称

$$\operatorname{var}(\underset{\sim}{A})=\frac{\sum_{i=1}^{n}\underset{\sim}{A}(x_i)\left(x_i-E(\underset{\sim}{A})\right)^2}{\sum_{i=1}^{n}\underset{\sim}{A}(x_i)}$$

或

$$\operatorname{var}(\underset{\sim}{A})=\frac{\int_{\alpha}^{\beta}\underset{\sim}{A}(x)\left(x-E(\underset{\sim}{A})\right)^2\mathrm{d}x}{\int_{\alpha}^{\beta}\underset{\sim}{A}(x)\mathrm{d}x},\quad \int_{\alpha}^{\beta}\underset{\sim}{A}(x)\mathrm{d}x\neq 0 \tag{3-90}$$

为模糊集 $\underset{\sim}{A}$ 的方差。

可见，均值 $E(\underset{\sim}{A})$ 描述的是 $\underset{\sim}{A}$ 的“集中的位置”，而方差 $\operatorname{var}(\underset{\sim}{A})$ 则描述了 $\underset{\sim}{A}$ 的“分散位置”。

3.3.7　模糊度

模糊度是描述模糊集的模糊程度的数量指标。不同模糊集的模糊程度是不一样的，即使是同一论域上的模糊集，它们的模糊程度也可能有较大区别，因此寻求一个数量指标来描述模糊集的模糊程度是很必要的。那么用一个怎样的数量来描述模糊集的模糊程度呢？一种自然的想法是，普通集是不模糊的，标志它的模糊程度的数量应该为零。可定义模糊度如下[180]：

若映射 $d:F(U)\rightarrow[0,1]$，满足：

(1) $d(\underset{\sim}{A})=0\Leftrightarrow \underset{\sim}{A}\in \mathrm{F}(U)$；

(2) $d(\underset{\sim}{A})=1\Leftrightarrow \underset{\sim}{A}(u)=0.5$，对 $\forall u\in U$；

(3) 若对 $\forall u\in U$，都有 $\underset{\sim}{A}(u)\geqslant B(u)\geqslant 0.5$，或 $\underset{\sim}{A}(u)\leqslant B(u)\leqslant 0.5$，则 $d(\underset{\sim}{A})\leqslant d(\underset{\sim}{B})$；

(4) $d(\underset{\sim}{A})=d(\underset{\sim}{A}^c)$。

则 $d(\underset{\sim}{A})$ 称为模糊集 $\underset{\sim}{A}$ 的模糊度。

这是一个公理化的定义，只给出了模糊度最基本的要求，不适用于计算，在实用中还需给出其具体的形式。由定义可知，模糊度的具体形式不是唯一的。

设 $\underset{\sim}{A}\in F(U)$，记

$$L(\underset{\sim}{A})=\frac{2}{n}\sum_{i=1}^{n}\left|\underset{\sim}{A}(u_i)-A_{0.5}(u_i)\right| \tag{3-91}$$

$L(\underset{\sim}{A})$ 称为 $\underset{\sim}{A}$ 的 L-模糊度。下面介绍度量模糊集的模糊程度的另一具体形式。

设 $\underset{\sim}{A}\in F(U)$，记

$$H(\underset{\sim}{A})=k\sum_{i=1}^{n}S(\underset{\sim}{A}(u_i)) \tag{3-92}$$

$H(\underset{\sim}{A})$ 称为 $\underset{\sim}{A}$ 的模糊熵，其中

$$k=1/(n\ln 2),\quad S(X)=-x\ln x-(1-x)\ln(1-x)$$

容易验证，$H(\underset{\sim}{A})$ 满足模糊度的定义，故可以 $H(\underset{\sim}{A})$ 作为模糊度的另一种度量工具。

3.3.8 两模糊集的距离和贴近度

1. 模糊集的距离

仿照距离公式，可以定义两模糊集的距离。设 $\underset{\sim}{A},\underset{\sim}{B}\in F(U)$，记

$$d_{\mathrm{M}}(\underset{\sim}{A},\underset{\sim}{B})=\left[\sum_{i=1}^{n}|\underset{\sim}{A}(u_i)-\underset{\sim}{B}(u_i)|^{p}\right]^{\frac{1}{p}} \quad 或 \quad d_{\mathrm{M}}(\underset{\sim}{A},\underset{\sim}{B})=\left[\int_a^b|\underset{\sim}{A}(u)-\underset{\sim}{B}(u)|^{p}\mathrm{d}u\right]^{\frac{1}{p}} \tag{3-93}$$

此时 U 为 X 上的有限区间，称为 $\underset{\sim}{A}$ 与 $\underset{\sim}{B}$ 间的 Minkowski 距离（p 为正实数）。当 $p=2$ 时，称为 Euclid 距离，记为 $d_{\mathrm{E}}(\underset{\sim}{A},\underset{\sim}{B})$。当 $p=1$ 时，称为 Hamming 距离，记为 $d_{\mathrm{H}}(\underset{\sim}{A},\underset{\sim}{B})$。

在实用中常用所谓“相对 Hamming 距离”，“加权 Hamming 距离”和“加权相对 Hamming 距离”。它们的定义分别为

$$\delta(\underset{\sim}{A},\underset{\sim}{B})=\frac{1}{n}d_{\mathrm{H}}(\underset{\sim}{A},\underset{\sim}{B}) \tag{3-94}$$

$$d_{\omega}(\underset{\sim}{A},\underset{\sim}{B})=\sum_{i=1}^{n}\omega(u_i)|\underset{\sim}{A}(u_i)-\underset{\sim}{B}(u_i)| \tag{3-95}$$

$$\delta_{\omega}(\underset{\sim}{A},\underset{\sim}{B})=\frac{1}{n}\sum_{i=1}^{n}\omega(u_i)|\underset{\sim}{A}(u_i)-\underset{\sim}{B}(u_i)| \tag{3-96}$$

其中，$\omega(u_i)(i=1,2,\cdots,n)$ 是加于 u_i 上的权数，一般要求能满足归一条件，即

$$\frac{1}{n}\sum_{i=1}^{n}\omega(u_i)=1 \tag{3-97}$$

2. 模糊集的贴近度

贴近度是度量两模糊集接近程度的数量指标，下面给出其定义。设映射 $D:F(u)\times F(u)\rightarrow[0,1]$，满足条件：

(1) $D(\underset{\sim}{A},\underset{\sim}{B})=D(\underset{\sim}{B},\underset{\sim}{A})$；

(2) $D(\underset{\sim}{A},\underset{\sim}{A})=1$；

(3) 若 $\underset{\sim}{A}\supseteq\underset{\sim}{B}\supseteq\underset{\sim}{C}$ 或 $\underset{\sim}{A}\subseteq\underset{\sim}{B}\subseteq\underset{\sim}{C}$，则 $D(\underset{\sim}{A},\underset{\sim}{B})\geqslant D(\underset{\sim}{A},\underset{\sim}{C})$。

那么，$D(\underset{\sim}{A},\underset{\sim}{B})$ 称为 $\underset{\sim}{A}$ 与 $\underset{\sim}{B}$ 的贴近度。这也是一个公理化的定义。为满足应用上的需要，下面给出几个具体的贴近度。

(1) Hamming 贴近度

$$D_{\mathrm{H}}(\underset{\sim}{A},\underset{\sim}{B})=1-\frac{1}{n}\sum_{i=1}^{n}|\underset{\sim}{A}(u_i)-\underset{\sim}{B}(u_i)| \quad 或 \quad D_{\mathrm{H}}(\underset{\sim}{A},\underset{\sim}{B})=1-\frac{1}{b-a}\int_a^b|\underset{\sim}{A}(u)-\underset{\sim}{B}(u)|\mathrm{d}u \tag{3-98}$$

(2) Euclid 贴近度

$$D_{\mathrm{E}}(\underset{\sim}{A},\underset{\sim}{B})=1-\frac{1}{\sqrt{n}}\sqrt{\sum_{i=1}^{n}(\underset{\sim}{A}(u_i)-\underset{\sim}{B}(u_i))^{2}} \tag{3-99}$$

$$D_E(\underset{\sim}{A},\underset{\sim}{B})=1-\frac{1}{\sqrt{b-a}}\left(\int_a^b(\underset{\sim}{A}(u)-\underset{\sim}{B}(u))^2\mathrm{d}u\right)^{1/2} \tag{3-100}$$

(3) 最大最小贴近度

$$D(\underset{\sim}{A},\underset{\sim}{B})=\frac{\sum_{i=1}^{n}\min(\underset{\sim}{A}(u_i),\underset{\sim}{B}(u_i))}{\sum_{i=1}^{n}\max(\underset{\sim}{A}(u_i),\underset{\sim}{B}(u_i))} \tag{3-101}$$

(4) 算术平均最小贴近度

$$D(\underset{\sim}{A},\underset{\sim}{B})=\frac{2\sum_{i=1}^{n}\min(\underset{\sim}{A}(u_i),\underset{\sim}{B}(u_i))}{\sum_{i=1}^{n}\underset{\sim}{A}(u_i)+\sum_{i=1}^{n}\underset{\sim}{B}(u_i)} \tag{3-102}$$

容易验证上述各式均符合贴近度的条件。

3.4　L-R 型模糊数和区间数的数学描述

1. 模糊数的 L-R 表示法

当 $L(x)$ 和 $R(x)$ 满足下列三个条件时，被称为模糊数的基准函数。

(1) $L(x)=L(-x)$，$R(x)=R(-x)$；

(2) $L(0)=1$，$R(0)=1$；

(3) $L(x)$ 和 $R(x)$ 在 $0\leqslant x\leqslant+\infty$ 上不增。

任意 L-R 型模糊数 $\underset{\sim}{M}$ 满足：

$$\mu_{\underset{\sim}{M}}(x)=\begin{cases}L[(m-x)/\alpha] & x\leqslant m,\alpha>0\\ R[(x-m)/\beta] & x\geqslant m,\beta>0\end{cases} \tag{3-103}$$

式中，$L(x)$ 表示左基准；$R(x)$ 表示右基准；m 表示 $\underset{\sim}{M}$ 的均值；α,β 分别表示 $\underset{\sim}{M}$ 的左、右展形。用符号简记为 $\underset{\sim}{M}=(m,\alpha,\beta)_{LR}$。当展形为零时，$\underset{\sim}{M}$ 退化为非模糊数 m，并且随着展形的增大，$\underset{\sim}{M}$ 会变得越来越模糊。当左、右基准如式(3-104)、式(3-105)时，$\underset{\sim}{M}$ 如图 3-1 所示。

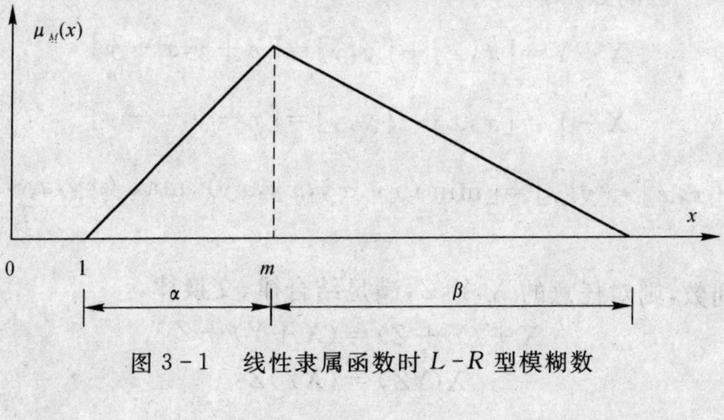

图 3-1　线性隶属函数时 L-R 型模糊数

$$L(x)=\max\left(0,1-\frac{m-x}{\alpha}\right)\quad x\leqslant m,\alpha>0 \tag{3-104}$$

$$R(x)=\max\left(0,1-\frac{x-m}{\beta}\right)\quad x\geqslant m,\beta>0 \tag{3-105}$$

2. $L-R$ 型模糊数的运算

设 $\underset{\sim}{M}=(m,\alpha,\beta)_{LR}$，$\underset{\sim}{N}=(n,\gamma,\delta)_{LR}$，$\underset{\sim}{P}=(n,\delta,\gamma)_{LR}$，$\lambda$ 为实数，则下面各式成立：

$$\underset{\sim}{M}+\underset{\sim}{N}=(m,\alpha,\beta)_{LR}+(n,\gamma,\delta)_{LR}=(m+n,\alpha+\gamma,\beta+\delta)_{LR} \tag{3-106}$$

$$\lambda\underset{\sim}{M}=\lambda(m,\alpha,\beta)_{LR}=\begin{cases}(\lambda m,\lambda\alpha,\lambda\beta)_{LR} & \lambda>0\\(\lambda m,-\lambda\beta,-\lambda\alpha)_{LR} & \lambda<0\end{cases} \tag{3-107}$$

若 L 与 R 为相同的函数，则

$$\underset{\sim}{M}-\underset{\sim}{P}=\underset{\sim}{M}+(-\underset{\sim}{P})=(m-n,\alpha+\delta,\beta+\gamma)_{LR} \tag{3-108}$$

$$\underset{\sim}{M}\cdot\underset{\sim}{N}=(mn,m\gamma+n\alpha,m\delta+n\beta)_{LR} \tag{3-109}$$

$$\frac{\underset{\sim}{M}}{\underset{\sim}{P}}=\left(\frac{m}{n},\frac{m\delta+n\alpha}{n^2},\frac{m\gamma+n\beta}{n^2}\right)_{LR}\quad n\neq 0 \tag{3-110}$$

$$(m,\alpha,\beta)_{LR}^{-1}=(m^{-1},\beta m^{-2},\alpha m^{-2})_{LR} \tag{3-111}$$

3. 区间数的定义

用有界闭实数集 $[a,b]=\{x\mid a\leqslant x\leqslant b\}$ 表示一个数，则称为区间数。也就是说，如果 X 是一个区间数，就可以用 $\underline{x}$，$\overline{x}$ 表示它的两个端点值，此时区间数可以表示为 $X=[\underline{x},\overline{x}]$。

以区间数 $[\underline{a}_{ij},\overline{a}_{ij}]$ 作为矩阵元素的矩阵 $\boldsymbol{A}_{n\times n}^{I}$，称为 n 阶区间矩阵。其中，上标 I 表示该量为区间量。

如果两区间阵 $\boldsymbol{A}_{n\times n}^{I}$，$\boldsymbol{B}_{n\times n}^{I}$ 满足 $\boldsymbol{A}^{I}\boldsymbol{B}^{I}=\boldsymbol{B}^{I}\boldsymbol{A}^{I}=\boldsymbol{I}_{n\times n}$（$\boldsymbol{I}$ 为单位阵），则称 $\boldsymbol{B}^{I}$ 为 $\boldsymbol{A}^{I}$ 的逆阵，可记为 $(\boldsymbol{A}^{I})^{-1}$。

区间分析理论和方法的研究对误差分析发挥了重要作用。模糊数的 λ 水平截集就是一个区间数。因此，利用区间数的运算规则，是求解模糊数运算的有效途径之一[181]。

4. 区间数的运算法则

设 X 和 Y 是两个区间数，则

$$X+Y=[\underline{x},\overline{x}]+[\underline{y},\overline{y}]=[\underline{x}+\underline{y},\overline{x}+\overline{y}] \tag{3-112}$$

$$X-Y=[\underline{x},\overline{x}]-[\underline{y},\overline{y}]=[\underline{x}-\overline{y},\overline{x}-\underline{y}] \tag{3-113}$$

$$X\cdot Y=[\underline{x},\overline{x}]\cdot[\underline{y},\overline{y}]=[\min(\underline{x}\underline{y},\underline{x}\overline{y},\overline{x}\underline{y},\overline{x}\overline{y}),\max(\underline{x}\underline{y},\underline{x}\overline{y},\overline{x}\underline{y},\overline{x}\overline{y})] \tag{3-114}$$

设 Z 也是区间数，则对任意的 X,Y,Z，满足结合律、交换律。

$$X+(Y+Z)=(X+Y)+Z \tag{3-115}$$

$$X(YZ)=(XY)Z \tag{3-116}$$

$$X+Y=Y+X \tag{3-117}$$

$$XY=YX \tag{3-118}$$

不满足分配律

$$X(Y+Z)\subseteq XY+XZ \tag{3-119}$$

若 $YZ>0$，则

$$X(Y+Z)=XY+XZ \tag{3-120}$$

任意一个区间数能够分解为一个实数和一个对称区间数之和，即

$$X=m+W \tag{3-121}$$

式中

$$\left.\begin{aligned} m(x)&=(\underline{x}+\overline{x})/2 \\ W&=\frac{1}{2}[-1,1]w(x) \\ w(x)&=\overline{x}-\underline{x} \end{aligned}\right\} \tag{3-122}$$

式中，$m(x)$ 表示区间数 X 的中点；$w(x)$ 表示区间数 X 的宽度。可以证明区间数的上述分解形式是唯一的。将式(3-122)代入式(3-121)，则 X 的表达式为[181]

$$X=[\underline{x},\overline{x}]=\frac{\overline{x}+\underline{x}}{2}+\frac{\overline{x}-\underline{x}}{2}[-1,1] \tag{3-123}$$

3.5　模糊随机参数的数学描述

模糊随机变量的定义方法有多种。其中由 Kwakemak 引入的模糊随机变量的定义如下：设(Ω,A,P)为概率测定空间，模糊集值映射 $X:\Omega\to F_0(R)=\{\underset{\sim}{A}\mid \underset{\sim}{A}$ 为有界闭模糊数$\}$ 称为模糊随机变量[181]。

(1) 对 $\forall\lambda\in(0,1]$，$\underline{X}_\lambda(\omega),\overline{X}_\lambda(\omega)$ 为(Ω,A,P)上的随机变量，即上、下确界为随机变量。

(2) 对 $\forall\lambda\in(0,1]$，$\underline{X}_\lambda(\omega),\overline{X}_\lambda(\omega)\in X_\lambda(\omega)$，即保证水平截集为闭区间。其中

$$\underline{X}_\lambda(\omega)=\inf X_\lambda(\omega)=\inf\{X\in R\mid \underset{\sim}{X}(\omega)(x)\geqslant\lambda\}$$

$$\overline{X}_\lambda(\omega)=\sup X_\lambda(\omega)=\sup\{X\in R\mid \underset{\sim}{X}(\omega)(x)\geqslant\lambda\}$$

$X_\lambda(\omega)$ 表示 $\underset{\sim}{X}(\omega)$ 的 λ 水平截集；$\underset{\sim}{X}(\omega)(x)$ 表示 $\underset{\sim}{X}(\omega)$ 的隶属函数。由该定义可知，若 $\underset{\sim}{X}$ 是模糊随机变量，则对 $\forall\lambda\in(0,1]$，$X_\lambda(\omega)=[\underline{X}_\lambda(\omega),\overline{X}_\lambda(\omega)]$，不仅是一个闭区间数，而且是一个随机区间，即 $\underline{X}_\lambda(\omega),\overline{X}_\lambda(\omega)$ 都是(Ω,A,P)上的随机变量。

向量 $\underset{\sim}{\boldsymbol{X}}=[\underset{\sim}{x}_1\ \underset{\sim}{x}_2\ \cdots\ \underset{\sim}{x}_n]$ 为概率测度空间(Ω,A,P)上的 n 维模糊随机向量的充要条件是每一个 $\underset{\sim}{x}_i(i=1,2,\cdots,n)$ 均为(Ω,A,P)上的模糊随机变量。

与普通随机变量和随机向量的数字特征相对应，模糊随机变量和随机向量也可用其数字特征来描述。

设 $\underset{\sim}{X}$ 是概率测度空间(Ω,A,P)上的模糊随机变量，如果 $\underset{\sim}{X}$ 在 Ω 上关于 P 可积，则 $\underset{\sim}{X}$ 在 Ω 上的积分称为 $\underset{\sim}{X}$ 的数学期望，记做

$$E(\underset{\sim}{X})=\int_{\Omega}\underset{\sim}{X}(\omega)P\mathrm{d}\omega \tag{3-124}$$

可以证明，$E(\underset{\sim}{X})$ 仍是一有界闭模糊数，其 λ 水平截集为

$$E_\lambda(\underset{\sim}{X})=E(\underset{\sim}{X}_\lambda)=[E(\underline{X}_\lambda),E(\overline{X}_\lambda)] \tag{3-125}$$

式中，$\lambda\in(0,1]$。

由模糊分解定理可知

$$E(\underset{\sim}{X})=\bigcup_{\lambda\in(0,1]}\lambda[E(\underset{\sim}{X}_\lambda),E(\tilde{X}_\lambda)] \tag{3-126}$$

对于概率空间(Ω,A,P)上的 n 维模糊随机向量，$\underset{\sim}{\boldsymbol{X}}(\omega)=[\underset{\sim}{x}_1(\omega)\ \cdots\ \underset{\sim}{x}_n(\omega)]$。如果每一个 $E[\underset{\sim}{x}_i(\omega)](i=1,2,\cdots,n)$ 都存在，则称$[E[\underset{\sim}{x}_1(\omega)],\cdots,E[\underset{\sim}{x}_n(\omega)]]$ 为 $\underset{\sim}{\boldsymbol{X}}$ 的数学期望，即

$$E(\underset{\sim}{\boldsymbol{X}})=[E[\underset{\sim}{x}_1],\cdots,E[\underset{\sim}{x}_n]] \tag{3-127}$$

其 λ 水平截集为

$$E_\lambda(\underset{\sim}{\boldsymbol{X}})=E(\underset{\sim}{\boldsymbol{X}}_\lambda)=[E[\underset{\sim}{x}_{1,\lambda}],\cdots,E[\underset{\sim}{x}_{n,\lambda}]] \tag{3-128}$$

定义

$$\underset{\sim}{k}(j,k)\overset{\text{def}}{=\!=}E[[\underset{\sim}{x}(j)-E[\underset{\sim}{x}(j)]][\underset{\sim}{x}(k)-E[\underset{\sim}{x}(k)]]] \tag{3-129}$$

为 $\underset{\sim}{\boldsymbol{X}}$ 的协方差，n 阶矩阵

$$\underset{\sim}{\boldsymbol{K}}=\begin{bmatrix}\underset{\sim}{k}(1,1) & \underset{\sim}{k}(1,2) & \cdots & \underset{\sim}{k}(1,n)\\ \underset{\sim}{k}(2,1) & \underset{\sim}{k}(2,2) & \cdots & \underset{\sim}{k}(2,n)\\ \vdots & \vdots & & \vdots\\ \underset{\sim}{k}(n,1) & \underset{\sim}{k}(n,2) & \cdots & \underset{\sim}{k}(n,n)\end{bmatrix}$$

称为 $\underset{\sim}{\boldsymbol{X}}$ 的协方差矩阵，$\underset{\sim}{k}(j,k)$ 的 λ 水平截集计算公式为

$$\begin{aligned}[\underset{\sim}{k}(j,k)]_\lambda=k_\lambda(j,k)=E\Big[&[\underline{x}_\lambda(j)-E[\overline{x}_\lambda(j)],\overline{x}_\lambda(j)-E[\underline{x}_\lambda(j)]]\times\\ &[\underline{x}_\lambda(k)-E[\overline{x}_\lambda(k)],\overline{x}_\lambda(k)-E[\underline{x}_\lambda(k)]]\Big]\end{aligned} \tag{3-130}$$

第4章　刹车副瞬态温度场模型的建立

本章主要建立刹车副瞬态温度场有限元计算的数学模型。考虑到盘式刹车装置结构形状和工作环境的复杂性和特殊性，在一定假设条件下，采用对弯曲边界条件适应性比较强的四面体划分网格单元，权衡工程实际对计算量与精度的要求，在单元内部采用一次函数作为逼近函数。运用有限元法中实用性很强的迦辽金法，针对C/C刹车材料热物理参数的各向异性，建立三维热传导方程的计算模型。通过引入形状因数，将遵守Stefan-Boltzmann定律的热辐射边界条件转化为净热流，与热对流边界条件一并作为有限元方程的定解边界条件。根据实际情况研究影响刹车副温度场的热量，热量的产生与刹车系统的控制模式有关。目前，刹车系统的控制多以滑移率为控制对象，采用PBM加速度偏差控制，结合飞机制动过程机体模型、机轮模型等，得到热生成率。研究内容还涉及总刚度矩阵的计算，求取毕奥数和傅里叶数获得时间步长，用后向欧拉方程进行时间积分，进行高斯-勒让德积分计算。在各个单元内部得到了一个以节点温度为变量的代数方程组描述系统，因此可求得节点在各离散时间点上的温度，以及下一时刻各个节点的温度值，进而获得刹车副整体的三维瞬态温度场分布。

4.1　数值算法研究概况

刹车副瞬态温度场可通过解析法、数值法和试验等方法获得。解析法能获得比较精确的解，但受到几何形状和边界条件的限制，仅适用于几何形状和边界条件比较简单的情况。对于盘式刹车装置复杂的传热问题，由于其微分方程组的复杂性，以及难以确定的初边值条件，所以很难用解析法求解刹车副温度分布，即使得到结果，也难免有很大误差。因此，工程上对于这类问题使用各种数值解法予以求解，特别是计算机技术的迅速发展，使数值方法的应用得到了快速的发展。差分法、变分法、有限元等方法都是使用较多的数值解法。

解析解在系统中的任何点上都是精确的，而数值解只是在称为“节点”的离散点上才近似等于解析解。任何数值解法的第一步都是离散化，也就是说，要将待求解的对象细分成许多小的区域和节点。数值解法常分为两大类：有限差分法和有限元法。

差分方法简单实用、应用面广，使用时间较长。该方法在实际应用时通常将研究对象进行等间距或不等距划分网格，把基本方程和边界条件近似地改用代数方程来计算。也就是说，用差分代替偏微分，针对每一节点写出微分方程，从而得到一组联立的线性方程组。有限差分方法对于较简单的问题，比如说对于确定的边界条件及确定的几何尺寸比例关系的对象而言是较好的解决方法，也是易于理解和应用的；但是使用该方法难以解决带有复杂几何条件和复杂边界条件的问题，并且对于几何尺寸比例关系任意的弹性体（形体尺寸不确定），要求解一定的边界条件下的形变，该法有较大难度，主要是网格划分困难。此外，按差分法理论，差分法的计算精度和划分网格数有关，划分网格数越多，计算精度就越高，因此若想提高计算精度，必然带来计算量的增加[182]。

相比较而言，有限元方法是常用于求解工程中各类问题的数值方法。该方法使用积分技术建立系统的代数方程，采用一个连续的函数来近似描述每一个单元的解。由于内部单元的边界是连续的，因此，整个问题的解可以通过各单元的解获得。

现代有限元方法的起源可以追溯到20世纪初，当时有一些研究人员利用离散的等价弹性杆来近似模拟连续的弹性体，然而人们公认Courant是有限元方法的奠基人。在20世纪40年代，Courant发表了一篇论文，他使用多边形分段插值而不是三角剖分方法来研究扭转问题。

在20世纪50年代，Boeing及后来者采用了三角形应力单元来建立飞机机翼的模型，极大地推动了有限元方法的发展，然而直到20世纪60年代，Clough才使人们广为接受"有限元"这一术语。在20世纪60年代，研究人员开始将有限元方法应用到工程中的其他领域，例如热传导和地下渗流问题。Zienkiewicz和Cheung于1967年编写了第一本有关有限元的专著，1971年首次发布了ANSYS。

有限元几乎适用于求解所有连续介质和场的问题，它把连续体理想化为由有限个单元集合而成。这些单元仅在有限个节点上连续，即用有限个单元的集合体代替原来具有无限个自由度的连续体。有限单元的分割和节点的配置比较灵活，即使边界比较复杂，也可使边界节点落在实际边界上，给出边界较好的逼近，且可以在场变量较剧烈的区域配置较多的节点以提高解的精度。有限元有力地促进了数值计算的发展，成为和理论、实验并列的第三手段[183]。

随着有限元技术的不断发展，利用计算机对刹车副温度场和应力场进行数值仿真，是目前研究盘式刹车装置的主要手段。对于盘式刹车装置，有限元分析已经开始获得普遍运用和认可。因盘式刹车装置结构形状和工作环境的复杂性与特殊性，建立相应的有限元分析模型时，需要仔细考虑各种边界条件。刹车装置作为整机的一个部件，其承受的热负荷受制动过程、飞机总体参数和跑道附着条件等多因素的影响，应从系统分析的观点出发，建立它们之间的联系，以确保初始条件和边界条件的合理性[184]。

目前，所用有限元法研究盘式刹车装置刹车副温度场，普遍采用二维计算模型。这种模型基于轴对称基本假设，认为多盘式刹车装置的几何形状和所受载荷均对称于中心轴，所以温度场的分布也关于中心轴对称，这样就可以取刹车副沿径向任意截面进行分析计算。

典型的二维有限元计算模型除了轴对称假设外，还做了如下基本假设：

(1) 不同刹车盘间载荷平均分配，每组刹车盘的热流输入都相同，因此可以只分析一组刹车盘。

(2) 只考虑单一边界条件。在摩擦面上只考虑热生成率边界条件；在刹车副内外径处柱面上只考虑热对流，忽略热辐射边界。

(3) 相邻两刹车盘在摩擦表面满足温度连续条件和热流守恒条件。

二维有限元模型最大的优点是模型简单、计算量小，但其缺陷是显而易见的。由于二维有限元模型是基于轴对称基本假设的，这就决定了其自身无法克服的缺点。众所周知，盘式制动器刹车盘一般都不是绝对对称的，摩擦面上同一半径处圆周上的温度并不绝对相同，但这一点却无法在二维模型中表现出来。为了体现刹车副温度场在轴向的变化，更加真实地模拟刹车副的温度场，必须对所有的刹车盘建立有限元计算模型。

本章建立摩擦副三维有限元数学模型，所采用的方法是迦辽金法，它是加权余量（余数）法中的特例。加权余量法是有限元常用方法之一，它在能量法可以应用的场合能得到和能量法同样的结果。当泛函（如势能）不容易得到的时候，加权余量法使有限元方法可以直接应用于任何微分方程。该方法建立在微分方程假设一个近似解的基础上，这个假设的近似解必须满足给定的初始条件和边界条件。由于假设解并不是精确的，将它代入微分方程会产生一定的余差，即误差。简单来说，任何余差方法都要求误差在一定的间隔内或某些节点上消失。迦辽金（Galerkin）法要求误差相对于某些权函数是正交的，即在各个单元内，近似函数跟权函数在此单元上积分值为零。在有限元的计算中，常会选择形函数作为权函数，这使得构造计算模型简单。当微分方程比较复杂时，迦辽金法在保证精度的前提下，使得有限元模型的建立相对简单。本章采用该方法建立刹车副瞬态温度场计算模型。

需要说明的是，本章所建立计算模型和后续的研究均认为，相邻两刹车盘在摩擦表面相接触处满足温度连续条件和热流守恒条件。

4.2　热传导有限元模型

单元内部可以用一次函数、二次函数甚至高次函数来近似温度值。当逼近函数由一次升为二次时，解的精度提高不大，但计算量却大大提高了。此处所建立的刹车副瞬态温度场有限元计算模型，采用一次函数作为逼近函数计算温度值。也就是说，在单元内部温度函数值沿三个坐标轴（x,y,z 轴）呈线性变化，即 $T=T(x,y,z)$ 可写成[185]

$$T=a_1+a_2x+a_3y+a_4z \tag{4-1}$$

式中，T 是坐标为点（x,y,z）的温度值；a_1,a_2,a_3 和 a_4 表示温度与坐标相关的系数，与坐标值无关，只依赖于线性温度函数本身。

将式（4-1）写成向量形式为

$$\boldsymbol{T}=\begin{bmatrix}1 & x & y & z\end{bmatrix}\begin{bmatrix}a_1\\a_2\\a_3\\a_4\end{bmatrix} \tag{4-2}$$

由于主要针对刹车副进行三维瞬态温度场计算，所以采用能够较好满足弯曲边界条件的四面体单元划分网格。将其中一个四面体单元的 4 个顶点记做节点 i、节点 j、节点 k 与节点 l，所对应的温度值分别为 T_i,T_j,T_k 与 T_l，则此 4 个节点温度满足式（4-1），有

$$T_i = a_1 + a_2 x_i + a_3 y_i + a_4 z_i \tag{4-3}$$

$$T_j = a_1 + a_2 x_j + a_3 y_j + a_4 z_j \tag{4-4}$$

$$T_k = a_1 + a_2 x_k + a_3 y_k + a_4 z_k \tag{4-5}$$

$$T_l = a_1 + a_2 x_l + a_3 y_l + a_4 z_l \tag{4-6}$$

将式(4-3)～式(4-6)写成向量形式为

$$\begin{bmatrix} T_i \\ T_j \\ T_k \\ T_l \end{bmatrix} = \begin{bmatrix} 1 & x_i & y_i & z_i \\ 1 & x_j & y_j & z_j \\ 1 & x_k & y_k & z_k \\ 1 & x_l & y_l & z_l \end{bmatrix} \begin{bmatrix} a_1 \\ a_2 \\ a_3 \\ a_4 \end{bmatrix} \tag{4-7}$$

当四面体4个节点的位置和温度值已知时，由式(4-7)可以求出温度与位置的相关系数 a_1, a_2, a_3 和 a_4，可表示成如下形式：

$$\begin{bmatrix} a_1 \\ a_2 \\ a_3 \\ a_4 \end{bmatrix} = \begin{bmatrix} 1 & x_i & y_i & z_i \\ 1 & x_j & y_j & z_j \\ 1 & x_k & y_k & z_k \\ 1 & x_l & y_l & z_l \end{bmatrix}^{-1} \begin{bmatrix} T_i \\ T_j \\ T_k \\ T_l \end{bmatrix} \tag{4-8}$$

将式(4-8)代入式(4-2)，则可得四面体内任意一点的温度表达式是

$$\boldsymbol{T} = [1 \quad x \quad y \quad z] \begin{bmatrix} 1 & x_i & y_i & z_i \\ 1 & x_j & y_j & z_j \\ 1 & x_k & y_k & z_k \\ 1 & x_l & y_l & z_l \end{bmatrix}^{-1} \begin{bmatrix} T_i \\ T_j \\ T_k \\ T_l \end{bmatrix} \tag{4-9}$$

现定义形函数 $\boldsymbol{S}$ 如下：

$$\boldsymbol{S} = [1 \quad x \quad y \quad z] \begin{bmatrix} 1 & x_i & y_i & z_i \\ 1 & x_j & y_j & z_j \\ 1 & x_k & y_k & z_k \\ 1 & x_l & y_l & z_l \end{bmatrix}^{-1} \tag{4-10}$$

将形函数用行向量表达为

$$\boldsymbol{S} = [S_i \quad S_j \quad S_k \quad S_l] \tag{4-11}$$

将式(4-11)代入式(4-9)，得温度表达式

$$\boldsymbol{T} = [S_i \quad S_j \quad S_k \quad S_l] \begin{bmatrix} T_i \\ T_j \\ T_k \\ T_l \end{bmatrix} \tag{4-12}$$

由以上推导过程可知，点(x, y, z)的温度值 T 为

$$T = \boldsymbol{S} \cdot \boldsymbol{\Phi} \tag{4-13}$$

式中，$\boldsymbol{\Phi}=[T_i \quad T_j \quad T_k \quad T_l]^{\mathrm{T}}$。式(4－13)将坐标和时间两个影响温度的因素分开，$\boldsymbol{S}$仅为坐标 x，y 与 z 的函数，与时间无关；而 $\boldsymbol{\Phi}$ 仅与时间 t 相关，与节点坐标无关。因此，当温度 T 对坐标微分时，只对 $\boldsymbol{S}$ 作用；而当温度 T 对时间 t 微分时，只对 $\boldsymbol{\Phi}$ 作用。即

$$\frac{\partial T}{\partial x}=\frac{\partial \boldsymbol{S}}{\partial x}\boldsymbol{\Phi} \tag{4-14}$$

$$\frac{\partial T}{\partial y}=\frac{\partial \boldsymbol{S}}{\partial y}\boldsymbol{\Phi} \tag{4-15}$$

$$\frac{\partial T}{\partial z}=\frac{\partial \boldsymbol{S}}{\partial z}\boldsymbol{\Phi} \tag{4-16}$$

而

$$\frac{\partial T}{\partial t}=\boldsymbol{S}\,\frac{\mathrm{d}\boldsymbol{\Phi}}{\mathrm{d}t}=\boldsymbol{S}\dot{\boldsymbol{\Phi}} \tag{4-17}$$

根据四面体的几何性质，形函数可表示为

$$\boldsymbol{S}=[S_i \quad S_j \quad S_k \quad S_l]=\begin{bmatrix}\frac{V_i}{V} & \frac{V_j}{V} & \frac{V_k}{V} & \frac{V_l}{V}\end{bmatrix}=\begin{bmatrix}\frac{|\Delta_{i\to p}|}{|\Delta|} & \frac{|\Delta_{j\to p}|}{|\Delta|} & \frac{|\Delta_{k\to p}|}{|\Delta|} & \frac{|\Delta_{l\to p}|}{|\Delta|}\end{bmatrix} \tag{4-18}$$

式中，V 表示由节点 i、节点 j、节点 k 与节点 l 构成的四面体体积；V_i 表示以此四面体内一点 P，坐标为 (x,y,z)，代替节点 i 与其他各点形成体的体积，依此类推，可得 V_j，V_k，V_l 的含义；$|\Delta_{i\to p}|$，$|\Delta_{j\to p}|$，$|\Delta_{k\to p}|$，$|\Delta_{l\to p}|$和$|\Delta|$表示由相应节点按照一定规律构成行列式的计算值，具体表达式为

$$|\Delta_{i\to p}|=\begin{vmatrix}1 & x & y & z\\ 1 & x_j & y_j & z_j\\ 1 & x_k & y_k & z_k\\ 1 & x_l & y_l & z_l\end{vmatrix}=6V_i,\quad |\Delta_{j\to p}|=\begin{vmatrix}1 & x_i & y_i & z_i\\ 1 & x & y & z\\ 1 & x_k & y_k & z_k\\ 1 & x_l & y_l & z_l\end{vmatrix}=6V_j$$

$$|\Delta_{k\to p}|=\begin{vmatrix}1 & x_i & y_i & z_i\\ 1 & x_j & y_j & z_j\\ 1 & x & y & z\\ 1 & x_l & y_l & z_l\end{vmatrix}=6V_k,\quad |\Delta_{l\to p}|=\begin{vmatrix}1 & x_i & y_i & z_i\\ 1 & x_j & y_j & z_j\\ 1 & x_k & y_k & z_k\\ 1 & x & y & z\end{vmatrix}=6V_l$$

$$|\Delta|=\begin{vmatrix}1 & x_i & y_i & z_i\\ 1 & x_j & y_j & z_j\\ 1 & x_k & y_k & z_k\\ 1 & x_l & y_l & z_l\end{vmatrix}=6V$$

现说明各行列式的计算过程，首先计算$|\Delta_{i\to p}|$，令

$$\begin{vmatrix}x_j & y_j & z_j\\ x_k & y_k & z_k\\ x_l & y_l & z_l\end{vmatrix}=|XYZ|_i,\quad \begin{vmatrix}1 & y_j & z_j\\ 1 & y_k & z_k\\ 1 & y_l & z_l\end{vmatrix}=|YZ|_i$$

$$\begin{vmatrix} 1 & x_j & z_j \\ 1 & x_k & z_k \\ 1 & x_l & z_l \end{vmatrix} = |XZ|_i, \quad \begin{vmatrix} 1 & x_j & y_j \\ 1 & x_k & y_k \\ 1 & x_l & y_l \end{vmatrix} = |XY|_i$$

则

$$|\Delta_{i\to p}| = \begin{vmatrix} 1 & x & y & z \\ 1 & x_j & y_j & z_j \\ 1 & x_k & y_k & z_k \\ 1 & x_l & y_l & z_l \end{vmatrix} = (-1)^{1+1} \begin{vmatrix} x_j & y_j & z_j \\ x_k & y_k & z_k \\ x_l & y_l & z_l \end{vmatrix} + (-1)^{1+2} x \begin{vmatrix} 1 & y_j & z_j \\ 1 & y_k & z_k \\ 1 & y_l & z_l \end{vmatrix} +$$

$$(-1)^{1+3} y \begin{vmatrix} 1 & x_j & z_j \\ 1 & x_k & z_k \\ 1 & x_l & z_l \end{vmatrix} + (-1)^{1+4} z \begin{vmatrix} 1 & x_j & y_j \\ 1 & x_k & y_k \\ 1 & x_l & y_l \end{vmatrix} \tag{4-19}$$

即

$$|\Delta_{i\to p}| = |XYZ|_i - x|YZ|_i + y|XZ|_i - z|XY|_i \tag{4-20}$$

同理可得

$$|\Delta_{j\to p}| = -|XYZ|_j + x|YZ|_j - y|XZ|_j + z|XY|_j \tag{4-21}$$

$$|\Delta_{k\to p}| = |XYZ|_k - x|YZ|_k + y|XZ|_k - z|XY|_k \tag{4-22}$$

$$|\Delta_{l\to p}| = -|XYZ|_l + x|YZ|_l - y|XZ|_l + z|XY|_l \tag{4-23}$$

式中，$|XYZ|_j$，$|XYZ|_k$，$|XYZ|_l$，$|YZ|_j$，$|YZ|_k$，$|YZ|_l$，$|XZ|_j$，$|XZ|_k$，$|XZ|_l$，$|XY|_j$，$|XY|_k$ 和 $|XY|_l$ 所代表的行列式意义与上述行列式的表达意义相似。将式(4-20) ~ 式(4-23) 代入式(4-18)，可得形函数 $\boldsymbol{S}$ 表达式为

$$\boldsymbol{S}^{\mathrm{T}} = \frac{1}{|\Delta|} \begin{bmatrix} |XYZ|_i - x|YZ|_i + y|XZ|_i - z|XY|_i \\ -|XYZ|_j + x|YZ|_j - y|XZ|_j + z|XY|_j \\ |XYZ|_k - x|YZ|_k + y|XZ|_k - z|XY|_k \\ -|XYZ|_l + x|YZ|_l - y|XZ|_l + z|XY|_l \end{bmatrix} \tag{4-24}$$

由式(4-24) 可得形函数的计算方法，因此在知道四面体节点温度之后，可根据式(4-13) 求得任意点的温度值。下面建立求取节点温度的计算模型。

根据迦辽金法，对于各向异性物质，可得单元内部温度场计算余差方程为

$$R^e = \iiint_V \boldsymbol{S}^{\mathrm{T}} \left[k_x \frac{\partial}{\partial x}\left(\frac{\partial T}{\partial x}\right) + k_y \frac{\partial}{\partial y}\left(\frac{\partial T}{\partial y}\right) + k_z \frac{\partial}{\partial z}\left(\frac{\partial T}{\partial z}\right) + \dot{q} \right] \mathrm{d}V \tag{4-25}$$

将式(4-25) 展开，得

$$R^e = \iiint_V k_x \boldsymbol{S}^{\mathrm{T}} \frac{\partial^2 T}{\partial x^2} \mathrm{d}V + \iiint_V k_y \boldsymbol{S}^{\mathrm{T}} \frac{\partial^2 T}{\partial y^2} \mathrm{d}V + \iiint_V k_z \boldsymbol{S}^{\mathrm{T}} \frac{\partial^2 T}{\partial z^2} \mathrm{d}V + \iiint_V \dot{q} \mathrm{d}V \tag{4-26}$$

由偏导的链式法，可知

$$\frac{\partial}{\partial x}\left(\boldsymbol{S}^{\mathrm{T}} \frac{\partial T}{\partial x}\right) = \frac{\partial \boldsymbol{S}^{\mathrm{T}}}{\partial x} \frac{\partial T}{\partial x} + \boldsymbol{S}^{\mathrm{T}} \frac{\partial^2 T}{\partial x^2} \tag{4-27}$$

$$\frac{\partial}{\partial y}\left(\boldsymbol{S}^{\mathrm{T}}\frac{\partial T}{\partial y}\right)=\frac{\partial \boldsymbol{S}^{\mathrm{T}}}{\partial y}\frac{\partial T}{\partial y}+\boldsymbol{S}^{\mathrm{T}}\frac{\partial^2 T}{\partial y^2} \tag{4-28}$$

$$\frac{\partial}{\partial z}\left(\boldsymbol{S}^{\mathrm{T}}\frac{\partial T}{\partial z}\right)=\frac{\partial \boldsymbol{S}^{\mathrm{T}}}{\partial z}\frac{\partial T}{\partial z}+\boldsymbol{S}^{\mathrm{T}}\frac{\partial^2 T}{\partial z^2} \tag{4-29}$$

将式(4-27)～式(4-29)代入式(4-26)，可得

$$R^e=\iiint_V k_x\left[\frac{\partial}{\partial x}\left(\boldsymbol{S}^{\mathrm{T}}\frac{\partial T}{\partial x}\right)-\frac{\partial \boldsymbol{S}^{\mathrm{T}}}{\partial x}\frac{\partial T}{\partial x}\right]\mathrm{d}V+\iiint_V k_y\left[\frac{\partial}{\partial y}\left(\boldsymbol{S}^{\mathrm{T}}\frac{\partial T}{\partial y}\right)-\frac{\partial \boldsymbol{S}^{\mathrm{T}}}{\partial y}\frac{\partial T}{\partial y}\right]\mathrm{d}V+$$
$$\iiint_V k_z\left[\frac{\partial}{\partial z}\left(\boldsymbol{S}^{\mathrm{T}}\frac{\partial T}{\partial z}\right)-\frac{\partial \boldsymbol{S}^{\mathrm{T}}}{\partial z}\frac{\partial T}{\partial z}\right]\mathrm{d}V+\iiint_V \dot{q}\,\mathrm{d}V \tag{4-30}$$

即

$$R^e=\iiint_V k_x\frac{\partial}{\partial x}\left(\boldsymbol{S}^{\mathrm{T}}\frac{\partial T}{\partial x}\right)\mathrm{d}V+\iiint_V k_y\frac{\partial}{\partial y}\left(\boldsymbol{S}^{\mathrm{T}}\frac{\partial T}{\partial y}\right)\mathrm{d}V+\iiint_V k_z\frac{\partial}{\partial z}\left(\boldsymbol{S}^{\mathrm{T}}\frac{\partial T}{\partial z}\right)\mathrm{d}V+$$
$$\iiint_V \dot{q}\,\mathrm{d}V-\iiint_V k_x\frac{\partial \boldsymbol{S}^{\mathrm{T}}}{\partial x}\frac{\partial T}{\partial x}\mathrm{d}V-\iiint_V k_y\frac{\partial \boldsymbol{S}^{\mathrm{T}}}{\partial y}\frac{\partial T}{\partial y}\mathrm{d}V-\iiint_V k_z\frac{\partial \boldsymbol{S}^{\mathrm{T}}}{\partial z}\frac{\partial T}{\partial z}\mathrm{d}V \tag{4-31}$$

式(4-31)中前三项由高斯公式变换如下：

$$\iiint_V\left[k_x\frac{\partial}{\partial x}\left(\boldsymbol{S}^{\mathrm{T}}\frac{\partial T}{\partial x}\right)+k_y\frac{\partial}{\partial y}\left(\boldsymbol{S}^{\mathrm{T}}\frac{\partial T}{\partial y}\right)+k_z\frac{\partial}{\partial z}\left(\boldsymbol{S}^{\mathrm{T}}\frac{\partial T}{\partial z}\right)\right]\mathrm{d}V=$$
$$\iiint_V\left[\frac{\partial}{\partial x}\left(k_x\boldsymbol{S}^{\mathrm{T}}\frac{\partial T}{\partial x}\right)+\frac{\partial}{\partial y}\left(k_y\boldsymbol{S}^{\mathrm{T}}\frac{\partial T}{\partial y}\right)+\frac{\partial}{\partial z}\left(k_z\boldsymbol{S}^{\mathrm{T}}\frac{\partial T}{\partial z}\right)\right]\mathrm{d}V=$$
$$\iint_S\left[\left(k_x\boldsymbol{S}^{\mathrm{T}}\frac{\partial T}{\partial x}\right)\cos(\boldsymbol{n},x)+\left(k_y\boldsymbol{S}^{\mathrm{T}}\frac{\partial T}{\partial y}\right)\cos(\boldsymbol{n},y)+\left(k_z\boldsymbol{S}^{\mathrm{T}}\frac{\partial T}{\partial z}\right)\cos(\boldsymbol{n},z)\right]\mathrm{d}S \tag{4-32}$$

式中，$\boldsymbol{n}$ 表示构成体积 V 的边界曲面 S 的外法线方向；$\mathrm{d}S$ 表示边界曲面的面积微元；$\cos(\boldsymbol{n},x)$，$\cos(\boldsymbol{n},y)$ 和 $\cos(\boldsymbol{n},z)$ 分别表示曲面的法线与 x 轴、y 轴和 z 轴的夹角余弦。将式(4-32)代入式(4-31)，整理得

$$R^e=\iint_S\left[\left(k_x\boldsymbol{S}^{\mathrm{T}}\frac{\partial T}{\partial x}\right)\cos(\boldsymbol{n},x)+\left(k_y\boldsymbol{S}^{\mathrm{T}}\frac{\partial T}{\partial y}\right)\cos(\boldsymbol{n},y)+\left(k_z\boldsymbol{S}^{\mathrm{T}}\frac{\partial T}{\partial z}\right)\cos(\boldsymbol{n},z)\right]\mathrm{d}S+$$
$$\iiint_V \dot{q}\,\mathrm{d}V-\iiint_V k_x\frac{\partial \boldsymbol{S}^{\mathrm{T}}}{\partial x}\frac{\partial T}{\partial x}\mathrm{d}V-\iiint_V k_y\frac{\partial \boldsymbol{S}^{\mathrm{T}}}{\partial y}\frac{\partial T}{\partial y}\mathrm{d}V-\iiint_V k_z\frac{\partial \boldsymbol{S}^{\mathrm{T}}}{\partial z}\frac{\partial T}{\partial z}\mathrm{d}V \tag{4-33}$$

将式(4-14)～式(4-16)代入式(4-33)，有

$$R^e=k_x\iint_S\left(\boldsymbol{S}^{\mathrm{T}}\frac{\partial \boldsymbol{S}}{\partial x}\right)\cos(\boldsymbol{n},x)\,\mathrm{d}S\boldsymbol{\Phi}+k_y\iint_S\left(\boldsymbol{S}^{\mathrm{T}}\frac{\partial \boldsymbol{S}}{\partial y}\right)\cos(\boldsymbol{n},y)\,\mathrm{d}S\boldsymbol{\Phi}+$$
$$k_z\iint_S\left(\boldsymbol{S}^{\mathrm{T}}\frac{\partial \boldsymbol{S}}{\partial z}\right)\cos(\boldsymbol{n},z)\,\mathrm{d}S\boldsymbol{\Phi}+\iiint_V \dot{q}\,\mathrm{d}V-k_x\iiint_V\frac{\partial \boldsymbol{S}^{\mathrm{T}}}{\partial x}\frac{\partial \boldsymbol{S}}{\partial x}\mathrm{d}V\boldsymbol{\Phi}-$$
$$k_y\iiint_V\frac{\partial \boldsymbol{S}^{\mathrm{T}}}{\partial y}\frac{\partial \boldsymbol{S}}{\partial y}\mathrm{d}V\boldsymbol{\Phi}-k_z\iiint_V\frac{\partial \boldsymbol{S}^{\mathrm{T}}}{\partial z}\frac{\partial \boldsymbol{S}}{\partial z}\mathrm{d}V\boldsymbol{\Phi} \tag{4-34}$$

由式(4－34)可以看出，除了$\iiint_V \dot{q}\mathrm{d}V$外，其他各积分项仅与微元体的形函数相关，记

$$\boldsymbol{M}_{XV} \stackrel{\text{def}}{=} \iiint_V \frac{\partial \boldsymbol{S}^{\mathrm{T}}}{\partial x}\frac{\partial \boldsymbol{S}}{\partial x}\mathrm{d}V \tag{4-35}$$

$$\boldsymbol{M}_{YV} \stackrel{\text{def}}{=} \iiint_V \frac{\partial \boldsymbol{S}^{\mathrm{T}}}{\partial y}\frac{\partial \boldsymbol{S}}{\partial y}\mathrm{d}V \tag{4-36}$$

$$\boldsymbol{M}_{ZV} \stackrel{\text{def}}{=} \iiint_V \frac{\partial \boldsymbol{S}^{\mathrm{T}}}{\partial z}\frac{\partial \boldsymbol{S}}{\partial z}\mathrm{d}V \tag{4-37}$$

$$\boldsymbol{M}_{XS} \stackrel{\text{def}}{=} \iint_S \left(\boldsymbol{S}^{\mathrm{T}}\frac{\partial \boldsymbol{S}}{\partial x}\right)\cos(\boldsymbol{n},x)\mathrm{d}S \tag{4-38}$$

$$\boldsymbol{M}_{YS} \stackrel{\text{def}}{=} \iint_S \left(\boldsymbol{S}^{\mathrm{T}}\frac{\partial \boldsymbol{S}}{\partial y}\right)\cos(\boldsymbol{n},y)\mathrm{d}S \tag{4-39}$$

$$\boldsymbol{M}_{ZS} \stackrel{\text{def}}{=} \iint_S \left(\boldsymbol{S}^{\mathrm{T}}\frac{\partial \boldsymbol{S}}{\partial z}\right)\cos(\boldsymbol{n},z)\mathrm{d}S \tag{4-40}$$

将式(4－35)～式(4－40)代入式(4－34)，可得

$$R^e = k_x\boldsymbol{M}_{XS}\boldsymbol{\Phi} + k_y\boldsymbol{M}_{YS}\boldsymbol{\Phi} + k_z\boldsymbol{M}_{ZS}\boldsymbol{\Phi} - k_x\boldsymbol{M}_{XV}\boldsymbol{\Phi} - k_y\boldsymbol{M}_{YV}\boldsymbol{\Phi} - k_z\boldsymbol{M}_{ZV}\boldsymbol{\Phi} + \iiint_V \dot{q}\mathrm{d}V \tag{4-41}$$

下面依次计算式(4－35)～式(4－37)中各矩阵值。式(4－24)对x进行微分，得

$$\frac{\partial \boldsymbol{S}^{\mathrm{T}}}{\partial x} = \frac{\partial}{\partial x}\left(\frac{1}{|\Delta|}\begin{bmatrix} |XYZ|_i - x|YZ|_i + y|XZ|_i - z|XY|_i \\ -|XYZ|_j + x|YZ|_j - y|XZ|_j + z|XY|_j \\ |XYZ|_k - x|YZ|_k + y|XZ|_k - z|XY|_k \\ -|XYZ|_l + x|YZ|_l - y|XZ|_l + z|XY|_l \end{bmatrix}\right) = \frac{1}{|\Delta|}\begin{bmatrix} -|YZ|_i \\ |YZ|_j \\ -|YZ|_k \\ |YZ|_l \end{bmatrix} \tag{4-42}$$

将式(4－42)代入式(4－35)，可得

$$\boldsymbol{M}_{XV} = \iiint_V \frac{\partial \boldsymbol{S}^{\mathrm{T}}}{\partial x}\frac{\partial \boldsymbol{S}}{\partial x}\mathrm{d}V = \iiint_V \frac{1}{|\Delta|^2}\begin{bmatrix} -|YZ|_i \\ |YZ|_j \\ -|YZ|_k \\ |YZ|_l \end{bmatrix}\begin{bmatrix} -|YZ|_i & |YZ|_j & -|YZ|_k & |YZ|_l \end{bmatrix}\mathrm{d}V \tag{4-43}$$

进一步整理，有

$$k_x\boldsymbol{M}_{XV}\boldsymbol{\Phi} = \frac{k_x}{6|\Delta|}\begin{bmatrix} |XZ|_i^2 & -|YZ|_i|YZ|_j & |YZ|_i|YZ|_k & -|YZ|_i|YZ|_l \\ -|YZ|_j|YZ|_i & |YZ|_j^2 & -|YZ|_j|YZ|_k & |YZ|_j|YZ|_l \\ |YZ|_k|YZ|_i & -|YZ|_l|YZ|_j & -|YZ|_l|YZ|_k & |YZ|_l^2 \end{bmatrix}\boldsymbol{\Phi} \stackrel{\text{def}}{=} \boldsymbol{A}\boldsymbol{\Phi} \tag{4-44}$$

由式(4－43)和式(4－44)可知，$\boldsymbol{M}_{XV}$，$\boldsymbol{A}$均为4×4阶常数矩阵；$\boldsymbol{M}_{XV}$的值仅由微元体自身节点坐标值决定；而矩阵$\boldsymbol{A}$除了含有微元体结构信息，还包含传导物质的热物理参数。

至此可知式(4－41)的第四项、第五项、第六项可计算为

$$k_x \boldsymbol{M}_{XV}\boldsymbol{\Phi} + k_y \boldsymbol{M}_{YV}\boldsymbol{\Phi} + k_z \boldsymbol{M}_{ZV}\boldsymbol{\Phi} = \boldsymbol{A}\boldsymbol{\Phi} + \boldsymbol{B}\boldsymbol{\Phi} + \boldsymbol{C}\boldsymbol{\Phi} \overset{\text{def}}{=} \boldsymbol{D}\boldsymbol{\Phi} \tag{4-45}$$

式中

$$\boldsymbol{M}_{YV} = \frac{1}{6|\Delta|}\begin{bmatrix} |XZ|_i^2 & -|XZ|_i|XZ|_j & |XZ|_i|XZ|_k & -|XZ|_i|XZ|_l \\ -|XZ|_j|XZ|_i & |XZ|_j^2 & -|XZ|_j|XZ|_k & |XZ|_j|XZ|_l \\ |XZ|_k|XZ|_i & -|XZ|_k|XZ|_j & |XZ|_k^2 & -|XZ|_k|XZ|_l \\ -|XZ|_l|XZ|_i & |XZ|_l|XZ|_j & -|XZ|_l|XZ|_k & |XZ|_l^2 \end{bmatrix} \tag{4-46}$$

$$\boldsymbol{M}_{YV} = \frac{1}{6|\Delta|}\begin{bmatrix} |XY|_i^2 & -|XY|_i|XY|_j & |XY|_i|XY|_k & -|XY|_i|XY|_l \\ -|XY|_j|XY|_i & |XY|_j^2 & -|XY|_j|XY|_k & |XY|_j|XY|_l \\ |XY|_k|XY|_i & -|XY|_k|XY|_j & |XY|_k^2 & -|XY|_k|XY|_l \\ -|XY|_l|XY|_i & |XY|_l|XY|_j & -|XY|_l|XY|_k & |XY|_l^2 \end{bmatrix} \tag{4-47}$$

$$\boldsymbol{B} \overset{\text{def}}{=} k_y \boldsymbol{M}_{YV} \tag{4-48}$$

$$\boldsymbol{C} \overset{\text{def}}{=} k_z \boldsymbol{M}_{ZV} \tag{4-49}$$

根据式(4－46)、式(4－47)，可知 M_{YV}，M_{ZV} 均为由四面体单元节点坐标所确定的 4×4 阶常数矩阵。现已求得式(4－35)～式(4－37)，下面计算式(4－38)～式(4－40)，其可变形为

$$\boldsymbol{M}_{XS} = \iint_{S_i+S_j+S_k+S_l}\left(\boldsymbol{S}^{\mathrm{T}}\frac{\partial T}{\partial x}\right)\cos\,(\boldsymbol{n},x)\,\mathrm{d}S \tag{4-50}$$

$$\boldsymbol{M}_{YS} = \iint_{S_i+S_j+S_k+S_l}\left(\boldsymbol{S}^{\mathrm{T}}\frac{\partial T}{\partial y}\right)\cos\,(\boldsymbol{n},y)\,\mathrm{d}S \tag{4-51}$$

$$\boldsymbol{M}_{ZS} = \iint_{S_i+S_j+S_k+S_l}\left(\boldsymbol{S}^{\mathrm{T}}\frac{\partial T}{\partial z}\right)\cos\,(\boldsymbol{n},z)\,\mathrm{d}S \tag{4-52}$$

式(4-50)～式(4-52)需要在微元体的表面进行积分，由(x_j, y_j, z_j)，(x_k, y_k, z_k)和(x_l, y_l, z_l)构成的平面用 S_i 表示，则 S_i 的解析表达式为

$$\begin{vmatrix} x-x_j & y-y_j & z-z_j \\ x_k-x_j & y_k-y_j & z_k-z_j \\ x_l-x_j & y_l-y_j & z_l-z_j \end{vmatrix} = 0 \tag{4-53}$$

整理可得

$$x\begin{vmatrix} y_k-y_j & z_k-z_j \\ y_l-y_j & z_l-z_j \end{vmatrix} - y\begin{vmatrix} x_k-x_j & z_k-z_j \\ x_l-x_j & z_l-z_j \end{vmatrix} + z\begin{vmatrix} x_k-x_j & y_k-y_j \\ x_l-x_j & y_l-y_j \end{vmatrix} - x_j\begin{vmatrix} y_k-y_j & z_k-z_j \\ y_l-y_j & z_l-z_j \end{vmatrix} + y_j\begin{vmatrix} x_k-x_j & z_k-z_j \\ x_l-x_j & z_l-z_j \end{vmatrix} - z_j\begin{vmatrix} x_k-x_j & y_k-y_j \\ x_l-x_j & y_l-y_j \end{vmatrix} = 0 \tag{4-54}$$

将式(4-54)写成平面标准型为

$$Ax+By+Cz+D=0 \tag{4-55}$$

式中

$$A=\begin{vmatrix} y_k-y_j & z_k-z_j \\ y_l-y_j & z_l-z_j \end{vmatrix},\quad B=-\begin{vmatrix} x_k-x_j & z_k-z_j \\ x_l-x_j & z_l-z_j \end{vmatrix},\quad C=\begin{vmatrix} x_k-x_j & y_k-y_j \\ x_l-x_j & y_l-y_j \end{vmatrix}$$

$$D=-x_j\begin{vmatrix} y_k-y_j & z_k-z_j \\ y_l-y_j & z_l-z_j \end{vmatrix}+y_j\begin{vmatrix} x_k-x_j & z_k-z_j \\ x_l-x_j & z_l-z_j \end{vmatrix}-z_j\begin{vmatrix} x_k-x_j & y_k-y_j \\ x_l-x_j & y_l-y_j \end{vmatrix}$$

此平面的法向量为 $\boldsymbol{n}=(A,B,C)$,则

$$\cos(\boldsymbol{n},x)=\pm\frac{A}{|\boldsymbol{n}|},\quad \cos(\boldsymbol{n},y)=\pm\frac{B}{|\boldsymbol{n}|},\quad \cos(\boldsymbol{n},z)=\pm\frac{C}{|\boldsymbol{n}|} \tag{4-56}$$

式中,$|\boldsymbol{n}|=\sqrt{A^2+B^2+C^2}$,正负号的选择依赖于外法线的方向。

将式(4-56)代入式(4-50)~式(4-52),得

$$\boldsymbol{M}_{XS}=\pm\frac{A}{|\boldsymbol{n}|}\iint_{S_i}\left(\boldsymbol{S}^{\mathrm{T}}\frac{\partial T}{\partial x}\right)\mathrm{d}S+\iint_{S_j+S_k+S_l}\left(\boldsymbol{S}^{\mathrm{T}}\frac{\partial T}{\partial x}\right)\cos(\boldsymbol{n},x)\mathrm{d}S \tag{4-57}$$

$$\boldsymbol{M}_{YS}=\pm\frac{B}{|\boldsymbol{n}|}\iint_{S_i}\left(\boldsymbol{S}^{\mathrm{T}}\frac{\partial T}{\partial y}\right)\mathrm{d}S+\iint_{S_j+S_k+S_l}\left(\boldsymbol{S}^{\mathrm{T}}\frac{\partial T}{\partial y}\right)\cos(\boldsymbol{n},y)\mathrm{d}S \tag{4-58}$$

$$\boldsymbol{M}_{ZS}=\pm\frac{C}{|\boldsymbol{n}|}\iint_{S_i}\left(\boldsymbol{S}^{\mathrm{T}}\frac{\partial T}{\partial z}\right)\mathrm{d}S+\iint_{S_j+S_k+S_l}\left(\boldsymbol{S}^{\mathrm{T}}\frac{\partial T}{\partial z}\right)\cos(\boldsymbol{n},z)\mathrm{d}S \tag{4-59}$$

式(4-57)~式(4-59)需在 S_i 表面进行积分,根据前面推导可得,计算结果为仅与微元体的节点相关的常数矩阵。同理,在其他方向上、在其他表面上计算相应积分,所得到的结果也为常数矩阵,因此 $\boldsymbol{M}_{XS}$,$\boldsymbol{M}_{YS}$,$\boldsymbol{M}_{ZS}$ 均为常数矩阵,可得

$$k_x\boldsymbol{M}_{XS}\boldsymbol{\Phi}+k_y\boldsymbol{M}_{YS}\boldsymbol{\Phi}+k_z\boldsymbol{M}_{ZS}\boldsymbol{\Phi}\overset{\text{def}}{=\!=}\boldsymbol{F}\boldsymbol{\Phi} \tag{4-60}$$

将式(4-45)、式(4-60)代入余差方程式(4-41),令余差为零,记 $\boldsymbol{\Theta}=\boldsymbol{F}-\boldsymbol{D}$,$\boldsymbol{Y}=-\iiint_V\dot{q}\mathrm{d}V$,可得

$$\boldsymbol{\Theta}\boldsymbol{\Phi}=\boldsymbol{Y} \tag{4-61}$$

4.3 边界条件有限元化

下面进行边界条件的有限元化。

4.3.1 热辐射边界条件

物体表面热辐射遵循 Stefan-Boltzmann 定律,即

$$q/A=\sigma T^4 \tag{4-62}$$

式中,T 表示物体表面的绝对温度;σ 表示 Stefan-Boltzmann 常数;q 为物体表面散失的热量;

A 是辐射表面面积。

当 N 个物体之间相互发生热辐射时，Siegal 和 Howell[186] 给出了与表面能量损失相关的能量平衡方程

$$\sum_{i=1}^{N}\left(\frac{\delta_{ji}}{\varepsilon_i}-F_{ji}\frac{1-\varepsilon_j}{\varepsilon_i}\right)\frac{Q_i}{A_i}=\sum_{i=1}^{N}(\delta_{ji}-F_{ji})\sigma T_i^4 \tag{4-63}$$

式中，δ_{ji} 为克罗内克符号（$i=j$ 值为 1，否则为 0）；ε_i 表示表面 i 的辐射率；F_{ji} 表示形状因数；A_i 表示表面 i 的面积；Q_i 为表面 i 的能量损失；T_i 表示表面 i 的热力学温度。

当只有两个表面之间进行辐射换热时，式(4-63)可以简化为

$$Q_i=\frac{1}{\left(\dfrac{1-\varepsilon_i}{A_i\varepsilon_i}+\dfrac{1}{A_iF_{ij}}+\dfrac{1-\varepsilon_j}{A_j\varepsilon_j}\right)}\sigma(T_i^4-T_j^4) \tag{4-64}$$

如果 $A_j\gg A_i$，式(4-64)可以写成

$$Q_i=A_i\varepsilon_iF'_{ij}\sigma(T_i^4-T_j^4) \tag{4-65}$$

式中

$$F'_{ij}=\frac{F_{ij}}{F_{ij}(1-\varepsilon_i)+\varepsilon_i}$$

对于表面 i，重新整理式(4-64)，有

$$\sum_{j=1}^{N}[\delta_{ij}-(1-\varepsilon_i)F_{ij}]q_j^0=\varepsilon_i\sigma T_i^4 \tag{4-66}$$

$$q_i=q_i^0-\sum_{j=1}^{N}F_{ij}q_j^0 \tag{4-67}$$

式中，q_j^0 表示输出辐射量(radiosity)；q_i 表示净热流。式(4-66)可以 q_j^0 为未知量，构成线性代数方程组，形如

$$\bar{\boldsymbol{A}}\boldsymbol{q}^0=\bar{\boldsymbol{D}} \tag{4-68}$$

式中，$\bar{\boldsymbol{A}}$ 由 $\bar{A}_{ij}$ 构成，$\bar{A}_{ij}=\delta_{ij}-(1-\varepsilon_i)F_{ij}$，$\boldsymbol{q}^0$ 由 q_j^0 构成，$\bar{\boldsymbol{D}}$ 由 $\bar{D}_i=\varepsilon_i\sigma T_i^4$ 构成。

由于形状系数和辐射系数的关系，矩阵 $\mathbf{A}$ 是满秩的，且为温度的函数。式(4-68)可通过 Newton-Raphson 方法求解，得辐射量 $\boldsymbol{q}^0$。然后由式(4-67)计算 q_i，再使用亚松弛迭代格式得出净热流值

$$q_i^{\text{net}}=\varphi q_i^{k+1}+(1-\varphi)q_i^k \tag{4-69}$$

式中，φ 表示松弛系数；k 为迭代次数。

通过计算可得每一个面上的辐射净热流，为接下来进行有限元计算热传导分析提供边界条件。改变时间步，通过式(4-68)和式(4-69)可以得到新的热流边界条件，从而计算出新的温度分布。

4.3.2　热对流边界条件

对于边界表面，若存在热对流现象，即式(2-24)成立，则辐射换热也会发生，也就是说，热

辐射现象会伴随对流换热同时发生。因此,对边界条件的处理,需要先对辐射边界条件按照上节所述将其转化为各表面净热流,然后将净热流和热对流边界条件一并为有限元计算刹车副温度场分布提供边界条件。

当边界表面Γ同时发生热对流和热辐射现象时,按照上述研究思路,将式(4-69)所得辐射的净热流代入式(2-24),并按坐标轴方向进行分解,则边界约束的数学表达式应为

$$-\boldsymbol{k}\left.\frac{\partial T}{\partial \boldsymbol{n}}\right|_{\Gamma}=\boldsymbol{h}(T-T_f)+\boldsymbol{q}^{\mathrm{net}} \tag{4-70}$$

式中,$\boldsymbol{k}$表示物质各方向热传导系数所构成的向量;$\boldsymbol{h}$为换流热系数各方向映射分量所构成的向量;$\boldsymbol{q}^{\mathrm{net}}$表示由边界表面上热辐射产生的净热流各方向映射分量所构成的向量;$\boldsymbol{n}$为边界表面的外法线方向。式(4-70)分量表达为

$$\left.\begin{aligned}-k_x\left.\frac{\partial T}{\partial x}\right|_{\Gamma}&=h_x(T-T_f)+q_x^{\mathrm{net}}\\-k_y\left.\frac{\partial T}{\partial y}\right|_{\Gamma}&=h_y(T-T_f)+q_y^{\mathrm{net}}\\-k_z\left.\frac{\partial T}{\partial z}\right|_{\Gamma}&=h_z(T-T_f)+q_z^{\mathrm{net}}\end{aligned}\right\}\quad(\Gamma\text{为边界曲面}) \tag{4-71}$$

需要说明的是,当用四面体划分网格时,可以有多个面是边界面,为说明如何处理边界条件,在后续的研究中,假设四面体仅有一个面是边界面。

4.3.3 边界模型的建立

有边界约束的单元与无边界约束的单元相比,余差方程的计算模型略有不同。根据前面的推导过程可知,迦辽金法余差方程的计算涉及体积积分和表面积分两部分。当边界表面具有约束式(4-71)时,其体积积分部分没有改变,而表面积分需要有所改变,即对于式(4-50)~式(4-52)的计算有所变化。

由于假设四面体中只有一个面是边界面,因此不妨设由节点j、节点k与节点l所构成的面S_i为边界曲面Γ,则当表面存在边界条件时,仅考虑式(4-50)~式(4-52)在S_i上积分的项,其他表面积分项与无边界约束时相同。因此,式(4-50)~式(4-52)需要重新计算的项为

$$\iint_{S_i}\left(k_x\boldsymbol{S}^{\mathrm{T}}\frac{\partial T}{\partial x}\right)\cos(\boldsymbol{n},x)\mathrm{d}S \tag{4-72}$$

$$\iint_{S_i}\left(k_y\boldsymbol{S}^{\mathrm{T}}\frac{\partial T}{\partial y}\right)\cos(\boldsymbol{n},y)\mathrm{d}S \tag{4-73}$$

$$\iint_{S_i}\left(k_z\boldsymbol{S}^{\mathrm{T}}\frac{\partial T}{\partial z}\right)\cos(\boldsymbol{n},z)\mathrm{d}S \tag{4-74}$$

除式(4-72)~式(4-74)外,式(4-50)~式(4-52)的其他部分计算没有变化。现以式(4-74)为例,说明计算过程。

将边界条件式(4-71)代入式(4-74),则

$$\iota \stackrel{\text{def}}{=} \iint_{S_i}\left(k_z\boldsymbol{S}^{\mathrm{T}}\frac{\partial T}{\partial z}\right)\cos(\boldsymbol{n},z)\mathrm{d}S=-\iint_{S_i}\boldsymbol{S}^{\mathrm{T}}(h_z(T-T_f)+q_z^{\mathrm{net}})\cos(\boldsymbol{n},z)\mathrm{d}S=$$
$$\iint_{S_i}(\boldsymbol{S}^{\mathrm{T}}h_zT_f-\boldsymbol{S}^{\mathrm{T}}q_z^{\mathrm{net}})\cos(\boldsymbol{n},z)\mathrm{d}S-\iint_{S_i}\boldsymbol{S}^{\mathrm{T}}h_zT\cos(\boldsymbol{n},z)\mathrm{d}S \tag{4-75}$$

将表面的方向余弦式(4-56)代入式(4-75)，可得

$$\iota=\pm\frac{C}{|\boldsymbol{n}|}\iint_{S_i}(\boldsymbol{S}^{\mathrm{T}}h_zT_f-\boldsymbol{S}^{\mathrm{T}}q_z^{\mathrm{net}})\mathrm{d}S\mp\frac{C}{|\boldsymbol{n}|}\iint_{S_i}\boldsymbol{S}^{\mathrm{T}}h_zT\mathrm{d}S \tag{4-76}$$

式中，± 符号的选择依赖于该平面外法线的方向。

再由式(4-13)，可知

$$\mp\frac{C}{|\boldsymbol{n}|}\iint_{S_i}h_z\boldsymbol{S}^{\mathrm{T}}T\mathrm{d}S=\mp\frac{C}{|\boldsymbol{n}|}h_z\left(\iint_{S_i}\boldsymbol{S}^{\mathrm{T}}\boldsymbol{S}\mathrm{d}S\right)\boldsymbol{\Phi} \tag{4-77}$$

式中，$\boldsymbol{S}^{\mathrm{T}}$，$\boldsymbol{S}$ 分别表示与坐标相关的四维列、行向量，则$\iint_{S_i}\boldsymbol{S}^{\mathrm{T}}\boldsymbol{S}\mathrm{d}S$ 是由节点位置确定的 4×4 阶常数矩阵，式(4-77)为

$$\frac{C}{|\boldsymbol{n}|}h_z\left(\iint_{S_i}\boldsymbol{S}^{\mathrm{T}}\boldsymbol{S}\mathrm{d}S\right)\boldsymbol{\Phi}\stackrel{\text{def}}{=}\boldsymbol{P\Phi} \tag{4-78}$$

式中，$\boldsymbol{P}$ 表示 4×4 阶常数矩阵，可得式(4-75)计算结果是

$$\iint_{S_i}\left(k_z\boldsymbol{S}^{\mathrm{T}}\frac{\partial T}{\partial z}\right)\cos(\boldsymbol{n},z)\mathrm{d}S=\pm\frac{C}{|\boldsymbol{n}|}\iint_{S_i}(\boldsymbol{S}^{\mathrm{T}}h_zT_f-\boldsymbol{S}^{\mathrm{T}}q_z^{\mathrm{net}})\mathrm{d}S\mp\boldsymbol{P\Phi} \tag{4-79}$$

同理，式(4-72)、式(4-73)经过计算为

$$\iint_{S_i}\left(k_x\boldsymbol{S}^{\mathrm{T}}\frac{\partial T}{\partial x}\right)\cos(\boldsymbol{n},x)\mathrm{d}S=\pm\frac{A}{|\boldsymbol{n}|}\iint_{S_i}(\boldsymbol{S}^{\mathrm{T}}h_xT_f-\boldsymbol{S}^{\mathrm{T}}q_x^{\mathrm{net}})\mathrm{d}S\mp\boldsymbol{Q\Phi} \tag{4-80}$$

$$\iint_{S_i}\left(k_y\boldsymbol{S}^{\mathrm{T}}\frac{\partial T}{\partial y}\right)\cos(\boldsymbol{n},y)\mathrm{d}S=\pm\frac{B}{|\boldsymbol{n}|}\iint_{S_i}(\boldsymbol{S}^{\mathrm{T}}h_yT_f-\boldsymbol{S}^{\mathrm{T}}q_y^{\mathrm{net}})\mathrm{d}S\mp\boldsymbol{R\Phi} \tag{4-81}$$

式中，$\boldsymbol{Q}$，$\boldsymbol{R}$ 所表示的含义与 $\boldsymbol{P}$ 相似。

当单元包含边界面时，由式(4-75)、式(4-79) ~ 式(4-81)，可得余差方程式(4-26)，可以整理成

$$R^e=\iint_{S_j+S_k+S_l}\left[\left(k_x\boldsymbol{S}^{\mathrm{T}}\frac{\partial T}{\partial x}\right)\cos(\boldsymbol{n},x)+\left(k_y\boldsymbol{S}^{\mathrm{T}}\frac{\partial T}{\partial y}\right)\cos(\boldsymbol{n},y)+\left(k_z\boldsymbol{S}^{\mathrm{T}}\frac{\partial T}{\partial z}\right)\cos(\boldsymbol{n},z)\right]\mathrm{d}s\pm$$
$$\frac{C}{|\boldsymbol{n}|}\iint_{S_i}(\boldsymbol{S}^{\mathrm{T}}h_zT_f-\boldsymbol{S}^{\mathrm{T}}q_z^{\mathrm{net}})\mathrm{d}S\pm\frac{A}{|\boldsymbol{n}|}\iint_{S_i}(\boldsymbol{S}^{\mathrm{T}}h_xT_f-\boldsymbol{S}^{\mathrm{T}}q_x^{\mathrm{net}})\mathrm{d}S\pm$$
$$\frac{B}{|\boldsymbol{n}|}\iint_{S_i}(\boldsymbol{S}^{\mathrm{T}}h_yT_f-\boldsymbol{S}^{\mathrm{T}}q_y^{\mathrm{net}})\mathrm{d}S+\iiint_V\dot{q}\mathrm{d}V-\boldsymbol{D\Phi}\mp\boldsymbol{P\Phi}\mp\boldsymbol{Q\Phi}\mp\boldsymbol{R\Phi} \tag{4-82}$$

由之前的叙述可知，对于不在边界表面积分的项，有

$$\iint_{S_j}\left[\left(k_x\boldsymbol{S}^{\mathrm{T}}\frac{\partial T}{\partial x}\right)\cos(\boldsymbol{n},x)+\left(k_y\boldsymbol{S}^{\mathrm{T}}\frac{\partial T}{\partial y}\right)\cos(\boldsymbol{n},y)+\left(k_z\boldsymbol{S}^{\mathrm{T}}\frac{\partial T}{\partial z}\right)\cos(\boldsymbol{n},z)\right]\mathrm{d}S=\boldsymbol{U\Phi} \tag{4-83}$$

$$\iint_{S_k}\left[\left(k_x\boldsymbol{S}^{\mathrm{T}}\frac{\partial T}{\partial x}\right)\cos\left(\boldsymbol{n},x\right)+\left(k_y\boldsymbol{S}^{\mathrm{T}}\frac{\partial T}{\partial y}\right)\cos\left(\boldsymbol{n},y\right)+\left(k_z\boldsymbol{S}^{\mathrm{T}}\frac{\partial T}{\partial z}\right)\cos\left(\boldsymbol{n},z\right)\right]\mathrm{d}S=\boldsymbol{V\Phi} \tag{4-84}$$

$$\iint_{S_l}\left[\left(k_x\boldsymbol{S}^{\mathrm{T}}\frac{\partial T}{\partial x}\right)\cos\left(\boldsymbol{n},x\right)+\left(k_y\boldsymbol{S}^{\mathrm{T}}\frac{\partial T}{\partial y}\right)\cos\left(\boldsymbol{n},y\right)+\left(k_z\boldsymbol{S}^{\mathrm{T}}\frac{\partial T}{\partial z}\right)\cos\left(\boldsymbol{n},z\right)\right]\mathrm{d}S=\boldsymbol{W\Phi} \tag{4-85}$$

式中，$\boldsymbol{U}$，$\boldsymbol{V}$，$\boldsymbol{W}$ 均表示 4×4 阶常数矩阵，则式(4-26)为

$$R^e=\boldsymbol{V\Phi}+\boldsymbol{U\Phi}+\boldsymbol{W\Phi}\mp\boldsymbol{P\Phi}\mp\boldsymbol{Q\Phi}\mp\boldsymbol{R\Phi}-\boldsymbol{D\Phi}+\iiint_V\dot{q}\,\mathrm{d}V\pm\frac{C}{|\boldsymbol{n}|}\iint_{S_i}\left(\boldsymbol{S}^{\mathrm{T}}h_zT_f-\boldsymbol{S}^{\mathrm{T}}q_z^{\mathrm{net}}\right)\mathrm{d}S\pm$$
$$\frac{A}{|\boldsymbol{n}|}\iint_{S_i}\left(\boldsymbol{S}^{\mathrm{T}}h_xT_f-\boldsymbol{S}^{\mathrm{T}}q_x^{\mathrm{net}}\right)\mathrm{d}S\pm\frac{B}{|\boldsymbol{n}|}\iint_{S_i}\left(\boldsymbol{S}^{\mathrm{T}}h_yT_f-\boldsymbol{S}^{\mathrm{T}}q_y^{\mathrm{net}}\right)\mathrm{d}S \tag{4-86}$$

由式(4-86)可知，余差 R^e 的计算除了受到外界参数 $\dot{q}$，h_x，h_y，h_z，q_x^{net}，q_y^{net}，q_z^{net} 和 T_f 的影响，需要具体计算外，其余所有项均由节点的位置确定，四面体网格划分完毕，可得计算结果。式(4-26)整理得

$$R^e=\boldsymbol{H\Phi}+\iiint_V\dot{q}\,\mathrm{d}V+\iint_{S_i}h_x\boldsymbol{S}^{\mathrm{T}}T_f\cos\left(\boldsymbol{n},x\right)\mathrm{d}S+\iint_{S_i}h_y\boldsymbol{S}^{\mathrm{T}}T_f\cos\left(\boldsymbol{n},y\right)\mathrm{d}S+$$
$$\iint_{S_i}h_z\boldsymbol{S}^{\mathrm{T}}T_f\cos\left(\boldsymbol{n},z\right)\mathrm{d}S \tag{4-87}$$

式中，$\boldsymbol{H}=\boldsymbol{V}+\boldsymbol{U}+\boldsymbol{W}\mp\boldsymbol{P}\mp\boldsymbol{Q}\mp\boldsymbol{R}-\boldsymbol{D}$，为 4×4 阶常数矩阵。

令余差为零，即 $R^e=0$，记 $\boldsymbol{\Theta}=\boldsymbol{H}$，且

$$\boldsymbol{Y}=-\iiint_V\dot{q}\,\mathrm{d}V\mp\frac{C}{|\boldsymbol{n}|}\iint_{S_i}\left(\boldsymbol{S}^{\mathrm{T}}h_zT_f-\boldsymbol{S}^{\mathrm{T}}q_z^{\mathrm{net}}\right)\mathrm{d}S\mp\frac{A}{|\boldsymbol{n}|}\iint_{S_i}\left(\boldsymbol{S}^{\mathrm{T}}h_xT_f-\boldsymbol{S}^{\mathrm{T}}q_x^{\mathrm{net}}\right)\mathrm{d}S\mp$$
$$\frac{B}{|\boldsymbol{n}|}\iint_{S_i}\left(\boldsymbol{S}^{\mathrm{T}}h_yT_f-\boldsymbol{S}^{\mathrm{T}}q_y^{\mathrm{net}}\right)\mathrm{d}S \tag{4-88}$$

则式(4-87)可整理为

$$\boldsymbol{\Theta\Phi}=\boldsymbol{Y}$$

若是在其他边界面上还有第三类边界条件，也可作类似处理，得到相似的结果。

4.4 热生成率的计算

三维有限元模型求解刹车副温度分布存在一个难点：制动过程热生成率的获得。现有的研究中，利用二维有限元模型计算刹车副温度场时，普遍采用的是假设刹车压力按一定规律分布，即假设压力均匀分布、压力与半径成正比或反比，简化的计算模型很容易求出热流密度的分布。而用三维模型计算温度场时，为了更加真实模拟实际情况，不能再做这样的假设，需要从其他角度计算热流密度。

在刹车过程中，动盘和静盘在一定的制动压力下相互摩擦，消耗动能产生了热，以热流的

形式传入到相互接触的刹车副内。从摩擦功率的角度可推导出在一般情况下，摩擦面内某点热流密度 $q(t)$ 与该点径向位置 r 的关系为

$$q_r(t)=u(t)P(t)\frac{v(t)}{R(t)}r \tag{4-89}$$

式中，$u(t)$ 表示刹车副之间的摩擦因数；$P(t)$ 表示刹车压力；$v(t)$ 表示机轮的线速度；$R(t)$ 表示机轮的滚动半径；r 表示径向半径。

目前大多数的研究，假设摩擦因数、机轮半径和刹车压力为恒值，此时飞机做匀减速运动，采用能量守恒的方法求得各相关参数，则式(4-89)可以表示为

$$\bar{q}_r(t)=uP\frac{v_0-at}{R}r \tag{4-90}$$

式中，v_0 表示飞机着陆速度；a 表示恒刹车压力时，飞机机轮的恒减速率；R 表示视为常值的机轮滚动半径。

在各参数确定后，任意摩擦盘在半径 r 处的热流密度即可求出。然而，在飞机制动过程中，刹车压力并非恒定，刹车压力过小会降低飞机的刹车效率，过大有可能会引起轮胎的抱死现象，影响飞机制动安全，因此在研究飞机刹车副温度场时必须考虑刹车压力的实际情况。在实际应用中，为了实现飞机高效、安全的着陆，根据机轮的速度由控制律确定刹车压力。目前，飞机上广泛使用的是以滑移率为控制对象，采用 PBM 加速度偏差控制。滑移率的定义为

$$\sigma=\frac{V-\omega R}{V}=1-\frac{\omega R}{V} \tag{4-91}$$

式中，V 表示飞机速度；ω 表示机轮的滚动角速度。

飞机防滑控制盒模型在参考文献[187]中有详细表述。参考文献[187]结合机体模型、机轮模型进行仿真，得到飞机刹车压力、飞机机体速度、机轮速度、机轮半径和热流密度等相关数据。

4.5　总刚度矩阵的计算

之前针对单元所建立的温度计算有限元模型，没有考虑时间对温度的影响，只是对于单元内部建立的热传导方程，属于稳态温度场问题；对于瞬态温度场的计算，必须要考虑热能存储项对单元的影响，也就是说，需要考虑 $\rho c\partial T/\partial t$。由式(4-17)，得

$$\rho c\frac{\partial T}{\partial t}=\rho c\boldsymbol{S}\frac{\partial \boldsymbol{\Phi}}{\partial t} \tag{4-92}$$

令 $\rho c\boldsymbol{S}=\boldsymbol{Z}$，则单元的系统方程为

$$\boldsymbol{Z}\dot{\boldsymbol{\Phi}}+\boldsymbol{\Theta}\boldsymbol{\Phi}=\boldsymbol{Y} \tag{4-93}$$

为获得刹车副瞬态温度场，要建立包含所有节点温度的总刚度矩阵，需将单个单元刚度矩阵在维数上进行扩展，使维数等于网格划分节点数 m。由于在计算初期，对所有单元和节点均进行了编号，每个节点的温度均对应了一个下标，下标值为节点编号，所以各单个单元的刚度

矩阵延拓的 m 维矩阵，除了所对应 4 个节点标号位置元素为此单元刚度矩阵相应位置的值，其他各位置元素值均为零。以节点 i、节点 j、节点 k 与节点 l 所构成的四面体单元为例，设其计算方程为

$$\boldsymbol{J}\dot{\boldsymbol{\Phi}} + \boldsymbol{\Omega\Phi} = \boldsymbol{\eta} \tag{4-94}$$

式中，$\boldsymbol{\Phi} = [T_i \quad T_j \quad T_k \quad T_l]^{\mathrm{T}}$，$T_i$，$T_j$，$T_k$ 与 T_l 分别表示此四面体上节点 i、节点 j、节点 k 与节点 l 的温度值；$\boldsymbol{J}$，$\boldsymbol{\Omega}$ 为四阶矩阵；$\boldsymbol{\eta}$ 为四维向量。将其展开后，式(4-94)为

$$\begin{bmatrix} J_{ii} & J_{ij} & J_{ik} & J_{il} \\ J_{ji} & J_{jj} & J_{jk} & J_{jl} \\ J_{ki} & J_{kj} & J_{kk} & J_{kl} \\ J_{li} & J_{lj} & J_{lk} & J_{ll} \end{bmatrix} \begin{bmatrix} \dot{T}_i \\ \dot{T}_j \\ \dot{T}_k \\ \dot{T}_l \end{bmatrix} + \begin{bmatrix} \omega_{ii} & \omega_{ij} & \omega_{ik} & \omega_{il} \\ \omega_{ji} & \omega_{jj} & \omega_{jk} & \omega_{jl} \\ \omega_{ki} & \omega_{kj} & \omega_{kk} & \omega_{kl} \\ \omega_{li} & \omega_{lj} & \omega_{lk} & \omega_{ll} \end{bmatrix} \begin{bmatrix} T_i \\ T_j \\ T_k \\ T_l \end{bmatrix} = \begin{bmatrix} \eta_i \\ \eta_j \\ \eta_k \\ \eta_l \end{bmatrix} \tag{4-95}$$

需要指出，式(4-95)中 $\boldsymbol{J}$，$\boldsymbol{\Omega}$ 和 $\boldsymbol{\eta}$ 的元素标号是从总体角度出发的，与所在四面体节点标号相一致，而非四阶矩阵中的位置标号。形如式(4-95)的方程个数共有 n 个，其中 n 为划分的四面体数量。

现将式(4-95)延拓至 m 维，即将 $\boldsymbol{J}$，$\boldsymbol{\Omega}$ 延拓至 $m \times m$ 维，$\boldsymbol{\eta}$ 则延拓至 $m \times 1$ 维，延拓后的矩阵除了第 t 行、第 s 列的元素与原元素相同($t,s = i,j,k,l$)以外，其余元素均为零。

以 $\begin{bmatrix} \omega_{ii} & \omega_{ij} & \omega_{ik} & \omega_{il} \\ \omega_{ji} & \omega_{jj} & \omega_{jk} & \omega_{jl} \\ \omega_{ki} & \omega_{kj} & \omega_{kk} & \omega_{kl} \\ \omega_{li} & \omega_{lj} & \omega_{lk} & \omega_{ll} \end{bmatrix}$ 为例，延拓后为

$$\begin{array}{r} \\ \\ \\ \text{第 } i \text{ 列} \\ \\ \text{第 } j \text{ 列} \\ \\ \text{第 } k \text{ 列} \\ \\ \text{第 } l \text{ 列} \\ \\ \\ \end{array}
\begin{array}{c} \quad\quad \text{第 } i \text{ 列} \quad \text{第 } j \text{ 列} \quad \text{第 } k \text{ 列} \quad \text{第 } l \text{ 列} \\
\begin{bmatrix} 0 & 0 & 0 & 0 & 0 & 0 \\ & \vdots & \vdots & \vdots & \vdots & \\ 0 & \cdots \omega_{ii} & \cdots \omega_{ij} & \cdots \omega_{ik} & \cdots \omega_{il} & \cdots 0 \\ & \vdots & \vdots & \vdots & \vdots & \\ 0 & \cdots \omega_{ji} & \cdots \omega_{jj} & \cdots \omega_{jk} & \cdots \omega_{jl} & \cdots 0 \\ & \vdots & \vdots & \vdots & \vdots & \\ 0 & \cdots \omega_{ki} & \cdots \omega_{kj} & \cdots \omega_{kk} & \cdots \omega_{kl} & \cdots 0 \\ & \vdots & \vdots & \vdots & \vdots & \\ 0 & \cdots \omega_{li} & \cdots \omega_{lj} & \cdots \omega_{lk} & \cdots \omega_{ll} & \cdots 0 \\ & \vdots & \vdots & \vdots & \vdots & \\ 0 & 0 & 0 & 0 & 0 & 0 \end{bmatrix}_{m \times m} \end{array} \tag{4-96}$$

式(4-96)中所表示的矩阵,所有未标出的元素和省略号的位置均为0,此即为延拓后的整体刚度矩阵。同样可以将单元的刚度矩阵式(4-95)延拓至总刚度矩阵维数,即式(4-96)形式。之后将所有延拓后单元刚度矩阵相加,得到的即为整体刚度矩阵。将此整理后的整体系统方程仍然记做 $\boldsymbol{Z\Phi}+\boldsymbol{\Theta}\dot{\boldsymbol{\Phi}}=\boldsymbol{Y}$。解这个总刚度矩阵构成的方程组,即可获得在某一瞬时各个节点的温度值。然后根据式(4-13),求得由节点所构成四面体内任意点的温度值,得到该瞬时刹车副温度场分布。

4.6　时间步的计算

上述求解可以得到某一时刻的刹车副整体温度场分布。为获得任意时刻刹车副温度场分布,需要在离散的时间点求解式(4-93);为保障解的精确性及收敛性,需要计算毕奥数和傅里叶数,以获得合理的时间步长[188]。

毕奥数表示被冷却(或加热)固体的热阻抗与制冷(或致热)流体提供的热阻抗之比,即

$$Bi=\frac{hL_c}{k_{solid}} \tag{4-97}$$

式中,L_c 表示特征长度,一般定义为物体体积和表面积的比值;h 表示对流换热系数;k_{solid} 表示固体的热传导系数。

傅里叶数表示物体内的热传导速率与热存储速率之比,其定义为

$$Fo=\frac{\alpha\Delta t}{L_c^2} \tag{4-98}$$

式中,α 表示热扩散系数,$\alpha=k/(\rho c)$,k 表示热传导系数,ρ 表示密度,c 表示比热容;Δt 表示时间步长。

如果 $Bi<1$,则 $Fo=b$,其中 $0.1\leqslant b\leqslant 0.5$,就可以求得适当的时间步长。

$$Fo=\frac{\alpha\Delta t}{L_c^2}=b \tag{4-99}$$

解得

$$\Delta t=b\frac{L_c^2}{\alpha}\quad(0.1\leqslant b\leqslant 0.5) \tag{4-100}$$

如果 $Bi>1$,时间步长计算如下:

$$(Fo)(Bi)=\left[\frac{\alpha\Delta t}{L_c^2}\right]\left[\frac{hL_c}{k_{solid}}\right]=b \tag{4-101}$$

解得

$$\Delta t=b\frac{L_c k_{solid}}{h\alpha}=b\frac{L_c\rho c}{h}\quad(0.1\leqslant b\leqslant 0.5) \tag{4-102}$$

对于确定的时间步,一般使用欧拉方程来进行时间积分:

$$\boldsymbol{\Phi}^{p+1}=\boldsymbol{\Phi}^{p}+(1-\theta)\Delta t\dot{\boldsymbol{\Phi}}^{p}+\theta\Delta t\dot{\boldsymbol{\Phi}}^{p+1} \tag{4-103}$$

式中，θ 表示欧拉参数，$0 \leqslant \theta \leqslant 1$。根据前一时间步 p 的温度值，由式(4-103)可以求出时间步 $p+1$ 的温度值。当初始温度已知时，可从时间 $t=0$（对应的时间步 $p=0$）开始计算。对于隐式欧拉方程，式(4-103)是绝对稳定的，θ 的取值范围是 $1/2 \leqslant \theta \leqslant 1$。当 $\theta=1/2$ 时，式(4-103)称为Crank-Nicolson方程，它能为大多数瞬态热传递问题提供精确解。当 $\theta=1$ 时，式(4-103)称为后向欧拉方程。

将式(4-93)代入式(4-103)，有

$$\left(\frac{1}{\theta\Delta t}\boldsymbol{Z}+\boldsymbol{\Theta}\right)\boldsymbol{\Phi}^{p+1}=\boldsymbol{Y}+\boldsymbol{Z}\left(\frac{1}{\theta\Delta t}\boldsymbol{\Phi}^{p}+\frac{1-\theta}{\theta}\dot{\boldsymbol{\Phi}}^{p}\right) \tag{4-104}$$

式(4-104)为三维瞬态温度场系统方程，可用于求解节点在各离散时间点上的温度。

4.7 积分的计算

在上面的研究过程中，很多地方都涉及积分的计算，现在简述一下常用数值积分计算方法中的高斯-勒让德(Gauss-Legendre)积分。该方法是高斯型求积公式的特例，主要特点是当被积函数已知时，能够计算不等间距点上已知积分函数的积分，利用特定权系数乘积之和，以及一些选定点上的函数值表示积分。高斯-勒让德积分相对其他数值积分提供了一种更为有效的积分计算，用数学表达式表示三维高斯-勒让德积分为

$$I=\iiint_V f(x,y,z)\mathrm{d}v=\int_{-1}^{1}\int_{-1}^{1}\int_{-1}^{1} f(x(\xi,\eta,\gamma),y(\xi,\eta,\gamma),z(\xi,\eta,\gamma))\,|\boldsymbol{J}|\,\mathrm{d}\xi\mathrm{d}\eta\mathrm{d}\gamma=$$
$$\sum_{i=1}^{n}\sum_{j=1}^{n}\sum_{k=1}^{n}\omega_i\omega_j\omega_k f(x(\xi_i,\eta_j,\gamma_k),y(\xi_i,\eta_j,\gamma_k),z(\xi_i,\eta_j,\gamma_k))\,|\boldsymbol{J}| \tag{4-105}$$

式中，ω_i，ω_j 和 ω_k 表示权因子，(ξ_i,η_j,γ_k) 表示插值节点，对于固定节点数目来说，二者都可以通过查相关高斯-勒让德积分表而得；$|\boldsymbol{J}|$ 为变换坐标系时的雅克比行列式。

高斯-勒让德积分区间是[-1,1]，因此在计算之前，需要将函数的积分区间转化到此区间上，即进行坐标系的转化，使其属于无量纲形式的自然坐标系。由于本章所建立的计算是建立在四面体分割空间区域上的，此时具体的转化算法为：已知四面体的4个顶点及其内部任意一点 P，连接该点与四面体的4个顶点，可以构成4个新的小四面体，用点 P 代替节点 i 与节点 j、节点 k、节点 l 构成的小四面体，体积用 V_i 表示。由于节点 i、节点 j、节点 k 与节点 l 所构成的四面体体积 V 一定，对于新产生的小四面体，知道其中3个的体积，则第4个可得。因此，点 P 的自然坐标可以用其中3个构成，表示为 $(V_i/V \quad V_j/V \quad V_k/V)^{\mathrm{T}}$。对于式中 V_i，V_j，V_k 和 V 的具体计算如式(2-27)所述。对于该积分法的其他细节，可以查看数值分析或者是数值积分的书，均有详细介绍。

第5章 刹车副粗糙表面接触热阻的计算

任何物体表面都是粗糙的，对于飞机刹车副来说，制动过程仅有小部分微凸体相互摩擦产生热，一旦某一微凸体承担不适当的温度，将会引起热弹性的不稳定。这加速了摩擦材料热降解、制动器的磨损及疲劳破坏，大大降低摩擦因数，严重削弱材料的机械性能，影响飞机制动的安全性，因此研究飞机刹车副瞬态温度场时对表面形貌的处理非常重要。

刹车副接触表面在制动过程中，名义上是两个平行的固体相互接触，即在宏观上两个面是完全接触的。但实际从微观上看，由于摩擦表面的凹凸不平，两接触面只是在某些微凸峰处互相接触并产生变形，而其他矮的凸峰和凹谷处则存在空隙，并充满媒质或是真空[77]，也就是说，接触仅发生在表面离散的接触面积上。当热量传过接触面时发生热流收缩的现象[68]，造成一定的温差，这种结合面对热流的阻力称为接触热阻[77]。接触热阻是解决多层固体热传导的核心问题，广泛存在于科学研究及工程实践中[72]。

接触热阻依赖于接触介质的几何形状、尺寸大小、接触面粗糙度、所处温度及受压状态，以及在该状态下的材料热物性及力学特性[72]。但在接触物质确定以后，接触热阻研究则主要包括表面形貌描述与形变假设两个基本问题。表面形貌的研究主要是对接触表面粗糙度参数进行统计分析，得出影响接触热阻的形貌参数的一般规律；形变假设对接触点的形变情况进行研究，从而用不同的形变模型进行相关计算[73]。

本章在第2章所建立的三维瞬态温度场计算模型基础上进行研究，针对影响接触热阻的两个方面 —— 形貌描述和形变假设，建立了G－W弹性接触模型和Cantor集塑性接触模型，研究粗糙表面形貌在飞机制动过程中对刹车副温度场的影响；并给出Cantor集粗糙表面参数的估计方法，研究微凸体的排列顺序对温度分布的影响。

5.1 接触分热阻的引入

热传递在相互接触表面主要有以下几类问题[84]：

(1) 接触表面没有摩擦现象，但是存在接触热阻，该类问题主要研究接触热阻的确定方法[189]，例如接触形状[67-71]、参数选择、反求温度场分布等；

(2) 接触面有摩擦生热，而无接触热阻，此情况在一定假设下成立，大都研究摩擦产热的大小和热量分配关系[30-31,190]；

(3) 接触面既有接触热阻又有摩擦生热，此类问题比较复杂，需要同时考虑前两种情况，在制动过程中刹车副接触表面的温度分布就属于此类。接触面热流及温度情况如图5－1所示。

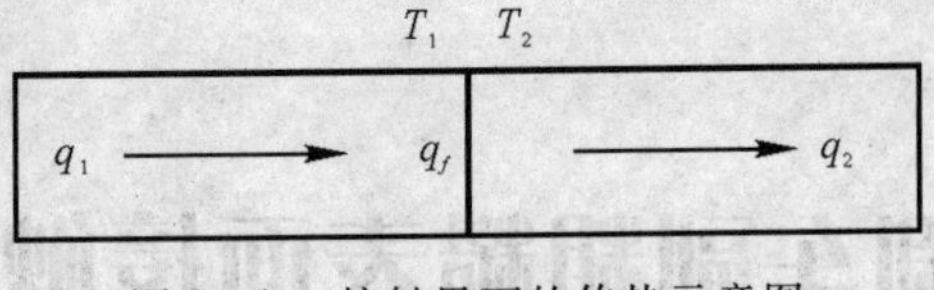

图 5-1 接触界面的传热示意图

前两类问题的接触表面温度,可描述为[84]

第 1 类:

$$\left.\begin{aligned}(T_1-T_2)/R&=q_1\\ q_1&=q_2\end{aligned}\right\}\tag{5-1}$$

第 2 类:

$$\left.\begin{aligned}T_1&=T_2\\ q_1+q_f&=q_2\end{aligned}\right\}\tag{5-2}$$

式中,q_1,q_2 分别表示接触面两侧的热流密度;q_f 表示接触面单位面积上的摩擦热量;T_1,T_2 表示接触面两侧的温度;R 表示接触热阻。由式(5-2)可知,第 1 类问题,$q_f=0$;第 2 类问题,$R=0$。

当两个固体表面相接触时,实际上仅在一些离散的接触面上发生接触,如图 5-2(a) 所示,因此热流传递发生改变,产生接触热阻。关于接触热阻的研究,通常将接触体简化为各种形状,例如长方体、圆柱、圆台等。图 5-2(b) 所示为在二维情况下,将接触面简化为矩形的情况。接触面分为接触段和非接触段,若存在摩擦热量,则仅存在于接触段的界面上。当接触面温度不同时,必然有热量从高温部分传向低温部分。

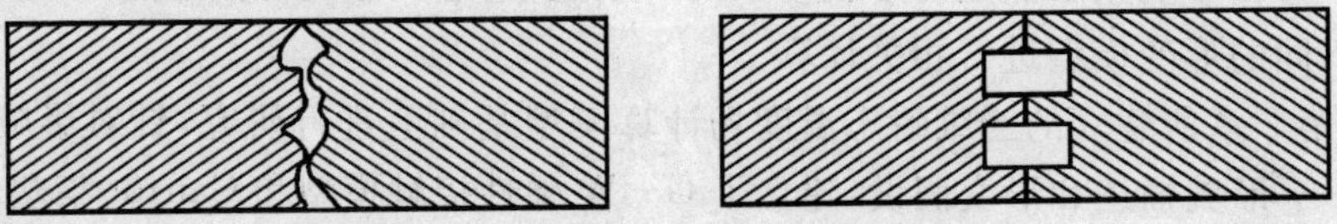

(a)　　　　(b)

图 5-2 接触界面的形状

(a) 实际接触界面; (b) 矩形接触界面

接触分热阻认为相互接触的两物质所产生的接触热阻由两部分构成:一部分是物体 1 的物性和表面状况所确定的接触分热阻 R_1,另一部分是物体 2 的物性和表面状况所确定的接触分热阻 R_2。接触热阻由接触分热阻 R_1 和 R_2 串联而成,即

$$R=R_1+R_2\tag{5-3}$$

因此,上述第 3 类问题可描述为:两接触物体表面分别具有接触分热阻 R_1 和 R_2,两分热阻间存在一虚拟温度 T_3(可认为是实际接触部分的平均温度),在虚拟温度 T_3 处,有一摩擦热量 q_f,如图 5-3 所示,此时热阻可表达为

$$\left.\begin{aligned}T_1-T_3&=q_1R_1\\ T_3-T_2&=q_2R_2\end{aligned}\right\}\tag{5-4}$$

接触分热阻概念的引入，在热分析中发挥了重要作用，使得不同材质的物体之间因为导热系数差异而引起的复杂关系得到了简化，具有较大范围的适用性，方便将接触热阻的研究应用于工程实际的各个方面。接触分热阻是由接触面接触物体的导热系数以及热流通道上的几何参数共同决定的[67]。下面就在接触分热阻的概念上，建立刹车副粗糙表面的接触模型，进而研究考虑在粗糙表面接触情况下的刹车副温度场分布。

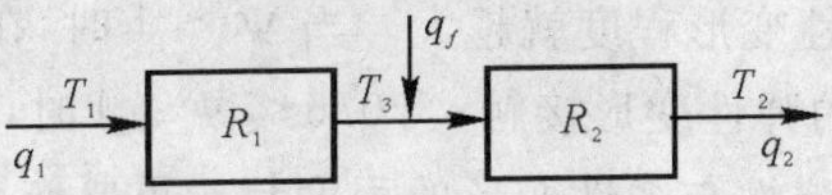

图 5-3　接触分热阻示意图

5.2　G-W 弹性接触模型

飞机制动主要靠刹车副相互摩擦实现能量转化。发生在粗糙表面的摩擦现象，不但受到粗糙形貌影响，还影响热量的生成和传递，因此研究刹车副温度场的分布情况，需要考虑刹车副表面粗糙程度对温度的影响。下面基于统计特性描述接触表面的粗糙程度，研究接触形貌对其传热规律的影响。

自从 1699 年法国工程师 Amonton 提出固体摩擦的两条定律后，人们便开始对摩擦现象进行深入的研究。经典的接触研究是将 Hertz 弹性接触理论用于单个接触点[191]，Hertz 接触模型是经典接触力学的基础，至今仍然是研究和分析表面接触问题的重要理论之一。

为了便于计算，早期的粗糙表面接触行为研究是，将两个粗糙表面间的接触看成是一个理想刚性光滑平面与一个粗糙平面接触，认为粗糙面的各微凸体是等高、受载和形变彼此独立的相同球面，即所谓的理想粗糙表面的接触模型。这种接触模型是假设所有微凸体同时产生相同的变形。显然，理想粗糙表面接触模型不能反映表面的真实接触情况，这意味着粗糙表面的微凸体按等高规律分布与实际表面轮廓不符，因此，需修改接触表面微凸体的形状和分布规律[191]。

1966 年，Williamson 和 Greenwood 提出了基于统计分析的接触模型，即 G-W 接触模型[192]。该模型采用了 5 个基本假设：① 粗糙表面是随机的；② 粗糙峰的顶端为球形；③ 所有粗糙峰顶端的直径相同，但高度是随机的；④ 粗糙峰之间的距离足够大，它们之间没有相互作用；⑤ 粗糙峰没有大的变形。G-W 模型首次将表面形貌高度分布看成随机变量。研究表明，真实接触面积、接触微凸体数和载荷均与表面轮廓高度的概率密度函数相关。当粗糙表面微凸体为球形，高度服从指数分布时，在弹性变形下真实接触面积和接触微凸体数目都与载荷成线性关系，这与实际接触情况相符。当实际粗糙表面处于塑性变形接触时，真实接触面积同样与载荷成线性关系，而与微凸体的分布状态无关[191]。

在 G-W 接触模型中，没有以绝对弹性或绝对塑性为假设，而是提出了塑性指数的概念，即

$$\Psi = E\sqrt{\frac{\sigma}{RH}} \tag{5-5}$$

式中，E 表示接触表面的综合弹性模量；σ 表示微凸体高度分布的标准差；R 表示微凸体顶端的平均曲率半径；H 表示较软材料的硬度。Williamson 和 Greenwood 用塑性指数作为衡量弹性还是塑性接触状态的判断，通过 Ψ 将材料本身的物理性能与接触面的几何形状联系起来。当载荷一定时，Ψ 越大，材料塑性变形程度就越大。当 $\Psi > 1$ 时，在各种载荷下均为完全塑性变形接触；$\Psi < 0.6$ 时，为完全的弹性变形接触；当 $0.6 \leqslant \Psi \leqslant 1$ 时，则为弹塑性接触。由此可见，表面形貌参数 σ 和 R 对决定弹性与塑性变形的程度起着重要作用。G－W 接触模型是首次考虑表面形貌参数而建立的，比此前其他接触模型更接近实际，而且在表面高度分布为高斯型时能对经典摩擦定律作出满意的解释，故其对接触理论的研究具有重要影响，至今依然被人们所接受[193]。

对于 C/C 复合材料的刹车副，飞机在制动开始时，短时间内形成稳定摩擦膜[194]。当塑性指数很高时，由弹性形变计算的结果也比较精确[195]，因此可将此弹塑性形变视为弹性形变进行分析。建立 G－W 接触模型时，使用接触分热阻的概念，认为刹车副之间的接触热阻由两刹车盘粗糙表面产生的接触分热阻串联而成。

为确定接触模型的几何参数[75]，按照弹性接触理论，进一步假设如下：① 接触表面上的微凸体曲率半径相同，高度分布为高斯分布；② 微凸体之间的接触是弹性的，即可用 Hertz 接触理论加以处理；③ 接触过程接触体侧面没有热量损失；④ 在热接触过程中，接触体的热物性参数不变；⑤ 接触点热源之间的距离与点热源的尺寸相比足够远，它们之间不存在相互作用，即每一个点源都是相互独立的；⑥ 假设在制动过程中各个微凸体虽然接触但不产生塑性形变，即刹车副每转动一圈，同一径向上微凸体相互接触一次，且沿曲面光滑运动。按照假设，粗糙表面形貌如图 5－4 所示。

设接触面上两个粗糙表面的高度服从高斯分布，$z_1 \sim N(0,\sigma_1)$，$z_2 \sim N(0,\sigma_2)$，写成密度函数为

$$f_1(z_1) = \frac{1}{\sqrt{2\pi}\,\sigma_1}\mathrm{e}^{\frac{z_1^2}{2\sigma_1^2}} \tag{5-6}$$

$$f_2(z_2) = \frac{1}{\sqrt{2\pi}\,\sigma_2}\mathrm{e}^{\frac{z_2^2}{2\sigma_2^2}} \tag{5-7}$$

式中，σ_1 和 σ_2 分别为两表面的粗糙度均方根值。

为建立粗糙表面接触模型，首先假设两个接触模型。模型 1：一光滑平面与一粗糙表面接触模型，如图 5－5 所示。模型 2：两个粗糙表面接触模型，如图 5－6 所示。

基于 G－W 粗糙表面接触模型建立思路如下：首先按照弹性接触理论，将接触面转化为等价的模型 1，计算出接触面积与粗糙峰的个数 m；然后将模型 1 转化为模型 2，模型 2 的粗糙峰的个数、实际接触面积均与模型 1 相同；最后利用接触分热阻的概念，建立刹车副粗糙表面接触模型。

图 5-4　单个粗糙表面形貌

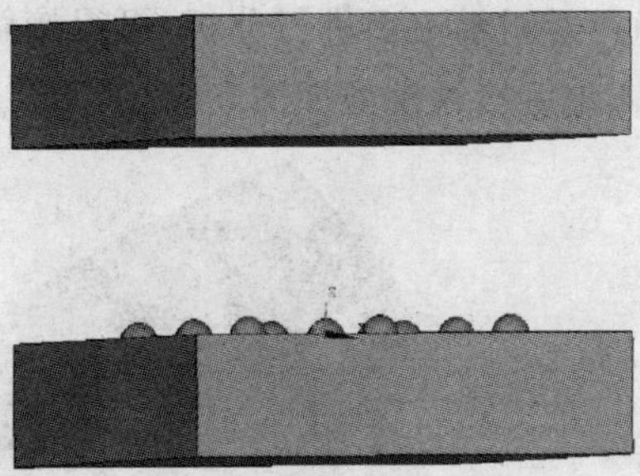

图 5-5　模型 1 效果图

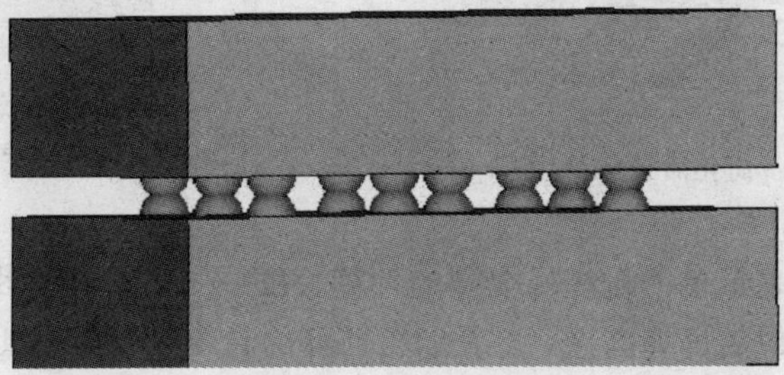

图 5-6　模型 2 效果图

粗糙度均方根值分别为 σ_1 和 σ_2 的两个表面的相互接触问题，转化为模型 1 时，由概率论知识可知，粗糙表面微凸体高度分布服从标准正态分布 $z \sim N(0,\sigma)$，其概率密度函数为

$$f(z)=\frac{1}{\sqrt{2\pi}\,\sigma}\mathrm{e}^{\frac{z^2}{2\sigma^2}} \tag{5-8}$$

式中，$\sigma=(\sigma_1^2+\sigma_2^2)^{1/2}$。

实际接触面积 A_r 为

$$A_r=\pi N\beta\int_d^{\infty}\frac{1}{\sqrt{2\pi}\,\sigma}\mathrm{e}^{-\frac{z^2}{2\sigma^2}}(z-d)\,\mathrm{d}z \tag{5-9}$$

式中，z 表示自粗糙表面某一参考面量起微凸体的高度；d 表示刚性平面受载压后与参考面之间的距离；β 表示微凸体峰顶曲率半径；N 表示名义面积内粗糙峰个数。

所承受压力载荷与 d 的关系可以用如下关系式确定：

$$P=\frac{4}{3}NE'\beta^{\frac{1}{2}}\int_d^{\infty}\frac{1}{\sqrt{2\pi}\,\sigma}\mathrm{e}^{-\frac{z^2}{2\sigma^2}}\,(z-d)^{\frac{3}{2}}\,\mathrm{d}z \tag{5-10}$$

$$\frac{1}{E'}=\frac{1}{2}\left(\frac{1-\nu_1^2}{E_1}+\frac{1-\nu_2^2}{E_2}\right) \tag{5-11}$$

式中，P 表示施加载荷；ν_1，ν_2 表示两接触物体的泊松比；E_1，E_2 表示两接触物体的弹性模量。

参与接触的粗糙峰个数 n 为

$$n=N\int_d^{\infty}\frac{1}{\sqrt{2\pi}\,\sigma}\mathrm{e}^{-\frac{z^2}{2\sigma^2}}\,\mathrm{d}z \tag{5-12}$$

通过对粗糙表面进行分析，可得接触模型所需的几何参数——接触峰的数目和实际接触面积，转化后接触模型如图 5-7 所示。

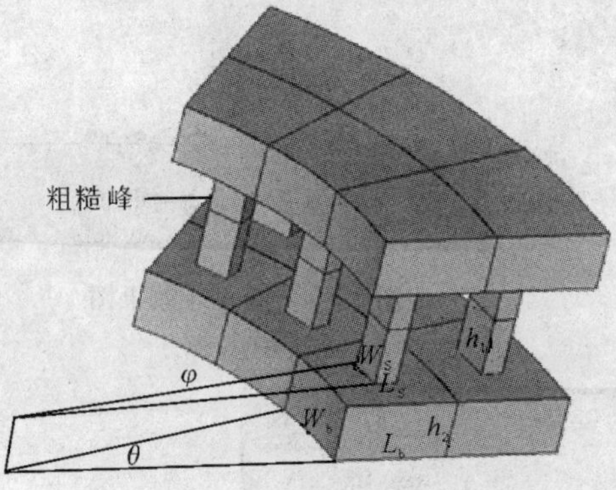

图 5-7 简化后接触峰模型

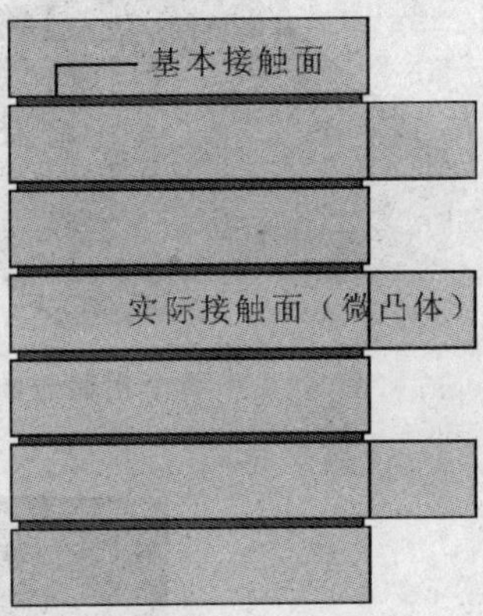

图 5-8 刹车副整体粗糙表面侧视图

在图 5-7 中，L_b 表示单个粗糙峰模型的计算长度，W_b 表示单个粗糙峰模型的计算宽度，h_2 表示单个粗糙峰模型的计算高度，L_s 表示粗糙峰的长度，W_s 表示粗糙峰的宽度，h_1 表示粗糙峰的高度，θ 表示单个粗糙峰模型所夹角度，φ 表示粗糙峰所夹角度。

为分析方便，规定

$$L_s/W_s = N_y/N_x = k$$

式中，N_x 表示名义接触面的长度；N_y 表示名义接触面的宽度。显然，k 就是微凸体的长宽比。根据前面粗糙表面分析所获得的接触峰数目 n 和实际接触面积 A_r，可得

$$A_{ri} = A_r/n$$

式中，A_{ri} 为单个粗糙峰实际接触面积，亦即热接触模型中单个粗糙峰的面积。由于有限元划分网格很小，可假设此微凸体底面扇形为矩形。

又因为 $A_{ri} = L_s W_s = A_r/n$ 和 $L_s/W_s = k$，则有

$$L_s = \sqrt{A_{ri}k}, \quad W_s = \sqrt{A_{ri}/k} \tag{5-13}$$

同理，每行粗糙峰个数 n_x 和每列粗糙峰的个数 n_y 分别为

$$n_x = \sqrt{n/k}, \quad n_y = \sqrt{nk} \tag{5-14}$$

则

$$L_b = L_s + \frac{N_x - n_x \times L_s}{n_x + 1}, \quad W_b = W_s + \frac{N_y - n_y \times W_s}{n_y + 1} \tag{5-15}$$

以 7 个刹车盘为例，建立接触模型，如图 5-8 所示。需要说明的是，这种模型建立的思想，还可以应用于转化为其他接触模型。例如，可假设微凸体形状为圆柱，则之前推导思路相同，式(5-8)～式(5-12)不变，由于接触模型的变化，单个微凸体接触面积公式发生变化，此时为

$$A_{ri} = \pi\lambda^2 \tag{5-16}$$

式中，λ 表示单个圆柱微凸体的底面半径。高度由前面计算的 d 决定。同理，可以将 G－W 弹性接触模型转化为相应的其他点模型，处理过程相似。

5.3　Cantor 集塑性接触模型

Cantor 集最早是由 G. Cantor 在 1883 年构造的，它无法用经典的 Euclid 几何语言来描述，却符合分形集合的描述。Cantor 集具有以下特点：① 它是一个无穷尽的迭代过程产生的，在任意小的尺度之下都有复杂的细节；② 具有自相似性，任意局部都与整体相似；③ 随着测量尺度的减小，会出现许多更小的微凸体，使得长度趋于无穷。由于它特殊的性质及产生的规律性，在理论上的研究一直都比较广泛[196]。近来，已经开始应用于工程实际，这是由于其构造的表面有不依赖于测量尺度的特性，既满足一定的规律性，又符合粗糙表面的分形理论，可应用于静态的接触热阻[79,197-198]和动态摩擦过程。

为了研究刹车副表面粗糙度对温度场的影响，避免热衰退现象影响刹车性能，下面将采用 Cantor 集理论描述表面形貌，按照体守恒原理建立塑性形变刹车副粗糙表面接触模型，研究其对刹车副材料热物理性能的影响。

5.3.1　分形维数的定义

任何机械加工所获得的零件表面都不可能是完全平整的表面，总是存在一定的微观几何形状偏差，其表面大都具有无标度性(Scale Independent)或自相似性(Self－similarity)，符合分形的概念范畴。

欧氏几何中的对象用整数维来描述，而描述分形的参数则是分形维数。众所周知，欧氏几何中的点、直线、平面对象的描述都具有整数维数，称之为拓扑维数，用 D_T 表示。例如，点的维数为 0，线的维数为 1，面的维数为 2，体的维数为 3。对几何体进行测量所得结果与所用的尺度有关。但是只有用非整数维的尺度去度量才能恰好地表现分形图案的复杂程度，这种非整数值的维数统称为分形维数。

分形维数与欧氏几何的拓扑数维之间有一定的联系。由零碎图案构成的几何图形属于分形，它们的分数维数包含了整数维数。整数维数只能描述几何图案的“静态”特征，而分数维数描述的是几何图案的“动态”变化。如果将上述理解拓展为自然界的动态行为或现象，那么分数维数就描述了自然现象中细小零碎的局部特征构成整体系统行为的相关性。

分形几何中常出现相似维数 D_S 和 Hausdorff 维数的概念，Hausdorff 维数定义严密，相似维数的定义比较直观易懂。

$$D_S = \frac{\ln N(r)}{\ln (1/r)} \tag{5-17}$$

式中，$N(r)$ 表示测量的尺度数；r 表示尺度。相似维数可以是整数，也可以是分数。

严格来说，确定一个对象是否属于分形，不仅要根据维数的数值来判断，而且还要对其自相似性和无标度性进行检验。

除了以上介绍的 Hausdorff 维数和相似维数，还经常出现其他一些分形维数定义，例如信息维数、关联维数、容量维数、谱维数、填充维数、分配维数、Lyapunov 维数、质量维数、微分维数、布里格维数、模糊维数、广义维数等，它们各自有不同的测度和适用对象。习惯上，人们常把相似维数是分数的对象当成分形，把 D_S 值称为分形维数 D。

5.3.2 表面轮廓的分形维数测定[191]

确定分形维数是表征表面形貌分形特征的关键问题，计算分形维数常用方法有尺码法、盒计数法、差方法、功率谱法、结构函数法、均方根法、R/S 分析法和小波分析法。

1. *尺码法*

尺码法(Yard Stick Method) 用某个选定尺码以分规方式沿着轮廓曲线测量，保持尺码分规两端的落点始终在轮廓曲线上。如此测量全部曲线后，所得曲线长度就是选定尺码与分规度量步数之积。选择 n 个尺码 $r_i(i=1,2,\cdots,n)$ 测量表面轮廓曲线，每个尺码测得的曲线长度为 L_i，因此得到一组数据 $(r_1,L_1),(r_2,L_2),\cdots,(r_n,L_n)$。在双对数坐标中，以最小二乘法原理进行尺码和曲线长度两参数的直线回归，根据回归直线的斜率就可以得到轮廓曲线分形维数的估计值，轮廓曲线的分形维数是

$$D=1-\alpha \tag{5-18}$$

式中，α 表示回归直线的斜率。

2. *盒计数法*

盒计数法(Box Counting Method) 将表面轮廓曲线用一边长等于 1 的方盒子覆盖，将此方盒分割成含有 2^n 个小方盒的网格集，小方盒的边长为 2^{-n}。用这个网格集覆盖轮廓曲线，统计出与轮廓相交的小盒子数量 $M(n)$，则曲线的分形维数为

$$D=\lim_{n\to\infty}\frac{\ln M(n)}{n\ln 2} \tag{5-19}$$

3. *变差法*

变差法(Variation Method) 是尺码法的一种变异方法，以宽为 r 的矩形框首尾相接将表面轮廓曲线覆盖起来，令第 i 个框内表面轮廓的最大值与最小值之差为 H_i，若尺度 r 很小，则 H_i 值就逼近曲线的长度。因此，等价的测度数 $V(r)$ 的表达式为

$$V(r)=\frac{\sum rH_i}{r^2}=\frac{\sum H_i}{r} \tag{5-20}$$

将 $V(r)$ 与 r 在双对数坐标中作直线回归分析，由直线斜率可以得到轮廓曲线的分形维数

$$D=2-\alpha \tag{5-21}$$

式中，α 表示回归直线的斜率。

4. *功率谱法*

功率谱法(Power Spectrum Method) 是将分形曲线以功率谱 $S(\omega)$ 为测度，以频率 ω 为尺

度，则有

$$S(\omega) \propto \omega^{-(5-2D)} \tag{5-22}$$

那么，所拟合的 $\lg S(\omega) - \lg \omega$ 直线的斜率 α 与 D 的关系为

$$D = \frac{5+\alpha}{2} \tag{5-23}$$

5. 结构函数法

结构函数法(Structure Function Method) 将表面轮廓曲线视为一个时间序列 $z(x)$，则具有分形特征的时间序列能使其采样数据的结构函数满足

$$S(\tau) = \overline{[z(x+\tau) - z(x)]^2} = c\tau^{4-2D} \tag{5-24}$$

式中，$\overline{[z(x+\tau) - z(x)]^2}$ 表示差方的算术平均值；τ 表示数据间隔的任意选择值。针对若干尺度 τ 对轮廓曲线的离散信号计算出相应的 $S(\tau)$，然后在对数坐标中得到 $\lg S - \lg \tau$ 直线的斜率 α，如此则分形维数 D 与斜率 α 的关系为

$$D = 2 - \frac{\alpha}{2} \tag{5-25}$$

6. 均方根法

均方根法(Root Mean Square Method) 是由葛世荣在 1997 年提出的，并用于加工表面的分形研究。该方法的物理意义更明确，对表面轮廓曲线有较好的表征作用。研究表明，具有分形性质的时间序列 $Z(\tau)$ 满足标度关系

$$Z(\tau) - Z(\tau_0) = \zeta \left| \tau - \tau_0 \right|^{2-D} \tag{5-26}$$

设 $\tau_0 = 0, Z(0) = 0$，则时间序列的方差或协方差为

$$\mathrm{var}(\tau) = E\left[Z(\tau) - \overline{Z(\tau)}\right]^2 \sim \tau^{4-2D} \tag{5-27}$$

式中，$\overline{Z(\tau)}$ 表示时间序列 $Z(\tau)$ 的样本均值。式(5-27) 亦可表示为

$$\sigma(\tau) = \mathrm{var}(\tau)^{1/2} = c\tau^{2-D} \tag{5-28}$$

式(5-28) 表达了时间序列的协方差与时间区间的标度律，它表明时域 τ 内的协方差与时域尺度 τ 成幂指数关系，而这个幂指数与分形维数有关。对一条数字化的表面轮廓曲线，将其视为时间序列，用 n 个时域 $\tau_i (i = 1, 2, \cdots, n)$ 来计算它的协方差 $\sigma(\tau)$，在对数坐标中回归出 $\lg \sigma - \lg \tau$ 直线，于是回归直线的斜率 α 与分形维数的转换关系为

$$D = 2 - \alpha \tag{5-29}$$

需要指出的是，只有在采样尺度小于轮廓的相关长度的时候，式(5-28) 表达的标度律关系才准确成立。因此，使用均方根法计算分形维数时，最大时域尺度以 0.9 倍相关长度为佳。

7. R/S 分析法

1951 年，赫斯特(H. E. Hurst) 研究非线性时间序列分析时，提出了一个描述随机变量的增量与时间增量的前后相关性模型，给出了经验幂律关系式

$$\frac{R}{\sigma} = cn^{H} \tag{5-30}$$

式中,R 表示调整极差;σ 表示标准差;n 表示样本容量;c 表示常数;H 表示 Hurst 指数。式(5-30)后来被用做对分数布朗运动(fBm)及自仿射分形曲线的研究,称为 R/S 分析(Rescaled Range Analysis)。Hurst 指数与时间序列曲线的分形维数有关联,因此计算出 Hurst 指数,就可以得到分形维数。Hurst 指数的计算方法如下:

考虑一个时间序列 $z(t)$,则 $z(t)$ 在区间 τ 内的均值为

$$\bar{x}_\tau = \frac{1}{\tau}\sum_{u=1}^{\tau} x_u \tag{5-31}$$

标准差为

$$S(\tau) = \left[\frac{1}{\tau}\sum_{u=1}^{\tau}\{x(u) - \bar{x}_\tau\}^2\right]^{\frac{1}{2}} \tag{5-32}$$

时间序列在区间 τ 内的累积偏差为

$$X(t,\tau) = \sum_{u=1}^{\tau}\{x(u) - \bar{x}_\tau\} \tag{5-33}$$

那么,该时间序列的极差为

$$R(\tau) = \max_{1\leqslant t\leqslant \tau} X(t,\tau) - \min_{1\leqslant t\leqslant \tau} X(t,\tau) \tag{5-34}$$

将极差与标准差之比 $R(\tau)/S(\tau)$ 表示为 R/S,赫斯特在分析 R/S 的统计规律时发现具有如下关系:

$$R/S = cn^H \tag{5-35}$$

将式(5-35)等号两边取对数,有

$$\ln(R/S) = \ln c + H\ln n \tag{5-36}$$

对于一条轮廓曲线,计算出不同区间的极差后,根据式(5-36)用最小二乘法可得到 H,则有分形维数 $D = 2 - H$。

8. 小波变换法

小波变换(Wavelet Transformation)是傅里叶分析的重要发展,它通过从大到小不同尺度的变换,在越来越小的尺度上观察越来越丰富的细节,类似于数学"放大镜",具有放大和移位功能,是分析局部奇异性的有效工具。因此,小波变换是分析分形结构的有效手段之一,它使不同尺度、不同频率的信号通过不同的频带通道分离开来。分形信号 $x(t)$ 可以分解为一组满足一定条件的不相关随机变量的小波,其分解形式为

$$x(t) = \sum_m \sum_n d_n^m \varphi_n^m(t) \tag{5-37}$$

式中,d_n^m 表示小波系数;$\varphi_n^m(t)$ 表示小波函数,它满足

$$\varphi_n^m(t) = 2^{\frac{m}{2}}\varphi(2^n t - n) \tag{5-38}$$

对于一个分形信号 $x(t)$,若其方差为 σ_x^2,则有

$$\mathrm{var}(d_n^m) = 2^{-m}\frac{1}{2\pi}\int_{-\infty}^{+\infty}\frac{\sigma_x^2}{|\omega|^r}|\varphi(\omega)|^2 \mathrm{d}\omega \tag{5-39}$$

由此可知，若对分形信号作小波变换，并求各尺度下小波系数的方差，得到的双对数曲线 $\ln\{\mathrm{var}(d_n^m)\}-\ln m$ 在理想情况下应为一条直线。对于一条轮廓曲线的随机信号，通过小波变换计算出一组 m 的小波系数之后，在双对数坐标上进行 $\mathrm{var}(d_n^m)$ 与 m 的线性回归分析，得到直线的斜率为 α，那么分形维数为 $D=2-\alpha$。

5.3.3　Cantor 集塑性接触模型

粗糙表面的接触行为对摩擦、磨损、润滑和热传导等有着重要的影响，因此一直是研究热点。由于机械摩擦副表面之间的接触都是不同粗糙程度的粗糙表面的接触，实际接触只发生在摩擦面的较高微凸体上，真实接触面积仅是名义接触面积的很小的一部分，这就给表面接触性质和应力分布的掌握以及摩擦副的承载能力设计带来困难。为了计算实际接触面积、预测接触面积随载荷的变化，传统研究把接触表面上微凸体简化为圆球体、椭球体、圆柱体、正弦波纹体、杆状体、圆锥体和角锥体等理想的光滑集合体，把微凸体的分布简化为等高的或高斯分布的。由于对表面形貌的传统简化模型过于简单，因而不能反映其非稳定随机特性、粗糙度的多重尺度特性等，使所得接触模型的预测结果不具有唯一性。与以往的接触模型相比，基于分形理论而建立的分形接触模型在科学性和客观性上又向前推进了一步[191]。

Cantor 集是接触模型中常用的典型模型之一，是单位区间内随机分布的点集。粗糙表面的接触也是随机的点接触，因此人们自然地想到用 Cantor 集来描述粗糙表面的接触问题。Borodich 和 Mosolove[200] 用 Cantor 集来模拟粗糙表面的特性。Warren 等[198,201] 又在 Borodich 和 Mosolove 研究的基础上，用 Cantor 集进行了粗糙表面的理想刚塑性和理想弹塑性接触等问题的研究[191]。

表面磨损通常分为三个阶段，每个阶段的磨损状况都与表面粗糙度变化有关系。在初期磨损阶段(也称磨合阶段)，当两个接触表面刚开始接触时，只是表面凸峰的峰尖部分相互接触，实际接触面积很小，单位面积压力很大，其应力可能超过材料的屈服极限或强度极限；随着摩擦副的相对运动，接触部分材料被撕裂、破碎或切断，凸峰很快被碾平，磨损速度较快；随后进入正常磨损阶段，随着磨合过程的进行，表面粗糙度值逐渐减小，实际接触面积增大，单位面积压力减小，在一定的时间内处于动态相对平衡，磨损将以缓慢速度进行。

本节利用 Cantor 集建立在快速滑动摩擦时塑性形变下，粗糙表面接触模型及其对热弹性物理性质的影响。

接触表面的Cantor集表面形貌如图5-9(a)所示。共生过程如下：第 n 代微凸体的厚度是第 $n-1$ 代的 f_h 倍($f_h<1$)，在径向和圆周方向上，第 n 代微凸体分别是第 $n-1$ 代的 f_r，f_θ 倍($f_r<1$，$f_\theta<1$)，均分为 s_r，s_θ 份[201]。

用数学表达式表示为

$$\left.\begin{aligned} r_n&=f_r r_{n-1}=f_r^n r_0\\ \theta_n&=f_\theta\theta_{n-1}=f_\theta^n\theta_0\\ h_n&=f_h h_{n-1}=f_h^n h_0\end{aligned}\right\}\tag{5-40}$$

式中，r_n，θ_n 和 h_n 分别表示第 n 代微凸体的径向长度、圆周角度和高度；r_0，θ_0 和 h_0 分别表示径向长度、角度和高度的初始值。

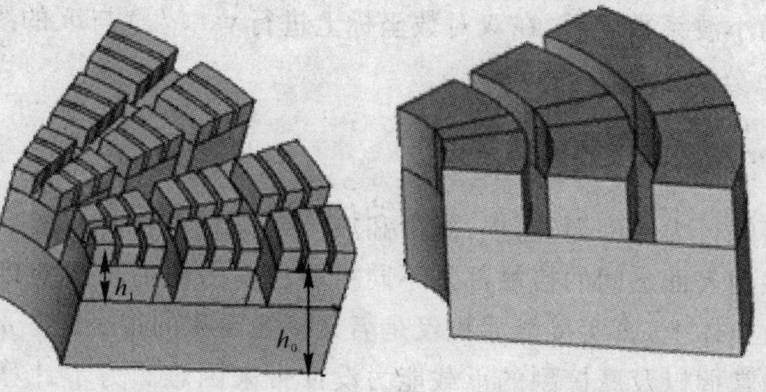

图 5-9　接触表面的 Cantor 集轮廓

1. 单个 $n-1$ 级微凸体上 n 级微凸体的面积

对于微凸体，每级在径向上、圆周方向上分别有 s_r，s_θ 个微凸体，r_{in} 表示 n 级微凸体最内层微凸体的半径，n 级微凸体一列所对应的角度为

$$\Delta\theta_n=\frac{\theta_n}{s_\theta^n}=\frac{f_\theta^n}{s_\theta^n}\theta_0 \tag{5-41}$$

则单个 $n-1$ 级微凸体上一列(对应角度为 $\Delta\theta_n$)n 级微凸体的面积和为

$$S_{n,\text{lie}}=\frac{1}{2}\Delta\theta_n\left[(r_{n,2^*s_r-1}^2-r_{n,2^*s_r-2}^2)+(r_{n,2^*s_r-3}^2-r_{n,2^*s_r-4}^2)+\cdots+(r_{n,1}^2-r_{n,0}^2)\right] \tag{5-42}$$

式中，当 $k=2k'-2$ 时，k' 为整数，$r_{n,k}$ 表示第 n 级微凸体径向上第 k' 个微凸体的起始半径；当 $k=2k'-1$ 时，k' 为整数，$r_{n,k}$ 表示第 n 级微凸体径向上第 k' 个微凸体的终止半径。式(5-42)可变形为

$$\begin{aligned}S_{n,\text{lie}}=&\frac{1}{2}\Delta\theta_n[(r_{n,2^*s_r-1}-r_{n,2^*s_r-2})(r_{n,2^*s_r-1}+r_{n,2^*s_r-2})+\\&(r_{n,2^*s_r-3}-r_{n,2^*s_r-4})(r_{n,2^*s_r-3}+r_{n,2^*s_r-4})+\cdots+(r_{n,1}-r_{n,0})(r_{n,1}+r_{n,0})]=\\&\frac{1}{2}\Delta\theta_n\left[\Delta_n(r_{n,2*s_r-1}+r_{n,2*s_r-2})+\Delta_n(r_{n,2^*s_r-3}+r_{n,2^*s_r-4})+\cdots+\Delta_n(r_{n,1}+r_{n,0})\right]\end{aligned} \tag{5-43}$$

式中，Δ_n 表示单个微凸体两端半径之差，即第 n 代微凸体的长度。

$$\Delta_n=\frac{f_r^n}{s_r^n}r_0 \tag{5-44}$$

由式(5-43)可得单个 $n-1$ 级微凸体上一列 n 级微凸体的面积和 $S_{n,\text{lie}}$ 为

$$S_{n,\text{lie}}=\frac{1}{2}\Delta\theta_n\Delta_n\left[r_{n,0}+r_{n,1}+r_{n,2}+r_{n,3}+\cdots+r_{n,2^*s_r-2}+r_{n,2^*s_r-1}\right] \tag{5-45}$$

第 n 代微凸体径向上各微凸体之间的长度 Ξ_n 为

$$\Xi_n = \frac{f_r^{n-1} - f_r^n}{(s_r - 1)^n} r_0 \tag{5-46}$$

由 $r_{n,i}$ 与 $r_{n,0}$，Δ_n，Ξ_n 的关系，式(5-45) 可变形为

$$S_{n,\mathrm{lie}} = \frac{1}{2}\Delta\theta_n\Delta_n\{r_{n,0} + (r_{n,0} + \Delta_n) + (r_{n,0} + \Delta_n + \Xi_n) + (r_{n,0} + 2\Delta_n + \Xi_n) + \cdots + [r_{n,0} + (s_r - 1)\Delta_n + (s_r - 2)\Xi_n] + [r_{n,0} + s_r\Delta_n + (s_r - 1)\Xi_n]\} \tag{5-47}$$

对式(5-47) 进行整理，可得

$$S_{n,\mathrm{lie}} = \frac{1}{2}\Delta\theta_n\Delta_n\{2s_r r_{n,0} + (s_r - 1)s_r\Delta_n + s_r\Delta_n + (s_r - 1)s_r\Xi_n\} \tag{5-48}$$

单个 $n-1$ 级微凸体上一列 n 级微凸体的面积和 $S_{n,\mathrm{lie}}$ 为

$$S_{n,\mathrm{lie}} = \frac{1}{2}\frac{f_\theta^n}{s_\theta^n}\theta_0\frac{f_r^n}{s_r^n}r_0\left[2s_r r_{n,0} + \frac{f_r^n}{s_r^{n-2}}r_0 + s_r\frac{f_r^{n-1} - f_r^n}{(s_r - 1)\,n-1}r_0\right] \tag{5-49}$$

由式(5-49) 可得单个 $n-1$ 级微凸体上共有 n 级微凸体的总面积 $S_{n,\mathrm{dan},n-1}$ 是

$$S_{n,\mathrm{dan},n-1} = S_{n,\mathrm{lie}}s_\theta = \frac{1}{2}\frac{f_\theta^n}{s_\theta^{n-1}}\theta_0\frac{f_r^n}{s_r^n}r_0\left[2s_r r_{n,0} + \frac{f_r^n}{s_r^{n-2}}r_0 + s_r\frac{f_r^{n-1} - f_r^n}{(s_r - 1)^{n-1}}r_0\right] \tag{5-50}$$

由式(5-50) 可知，$S_{n,\mathrm{dan},n-1}$ 仅与该微凸体 $r_{n,0}$ 有关，其他均为Cantor集表面形貌参数，$r_{n,0}$ 表示 $s_r \times s_\theta$ 个 n 级微凸体最小起始处的半径，即为所在 $n-1$ 级微凸体起始半径。

2. $n-1$ 级微凸体上 n 级微凸体的面积

每个 $n-1$ 级微凸体上 n 级微凸体的面积均为 $S_{n,\mathrm{dan},n-1}$，由起始半径确定。对于所有 $n-1$ 级微凸体，每一列上 n 级微凸体的面积和 $S_{n,n-1,\mathrm{lie}}$ 为

$$S_{n,n-1,\mathrm{lie}} = \frac{1}{2}\frac{f_\theta^n}{s_\theta^{n-1}}\frac{f_r^n}{s_r^n}r_0\theta_0\left\{\left[2s_r r_{n,n-1,1} + \frac{f_r^n}{s_r^{n-2}}r_0 + s_r\frac{f_r^{n-1} - f_r^n}{(s_r - 1)\,n-1}r_0\right] + \left[2s_r r_{n,n-1,2} + \frac{f_r^n}{s_r^{n-2}}r_0 + s_r\frac{f_r^{n-1} - f_r^n}{(s_r - 1)^{n-1}}r_0\right] + \cdots + \left[2s_r r_{n,n-1,s_r} + \frac{f_r^n}{s_r^{n-2}}r_0 + s_r\frac{f_r^{n-1} - f_r^n}{(s_r - 1)^{n-1}}r_0\right]\right\} \tag{5-51}$$

式中，$r_{n,n-1,i}(i=1,\cdots,s_r)$ 表示径向上第 i 个 $n-1$ 级微凸体上所有 n 级微凸体的起始半径。

对式(5-51) 进行整理可得

$$S_{n,n-1,\mathrm{lie}} = \frac{1}{2}\frac{f_\theta^n}{s_\theta^{n-1}}\frac{f_r^n}{s_r^n}r_0\theta_0\left\{2s_r(r_{n,n-1,1} + \cdots + r_{n,n-1,s_r}) + \mathrm{s}_r\left[\frac{f_r^n}{s_r^{n-2}}r_0 + s_r\frac{f_r^{n-1} - f_r^n}{(s_r - 1)^{n-1}}r_0\right]\right\} \tag{5-52}$$

由 $r_{n,n-1,i}$ 与 $r_{n,n-1,1}$ 的关系，式(5-52) 可变形为

$$S_{n,n-1,\mathrm{lie}} = \frac{1}{2}\frac{f_\theta^n}{s_\theta^{n-1}}\theta_0\frac{f_r^n}{s_r^n}r_0\left\{2s_r^2 r_{n,n-1,1} + r_0\frac{f_r^{n-1}}{s_r^{n-4}} + r_0\frac{f_r^n - f_r^{n-1}}{s_r^{n-3}} + r_0 s_r^2\frac{f_r^{n-2} - f_r^{n-1}}{(s_r - 1)^{n-2}} + r_0 s_r^2\frac{f_r^{n-1} - f_r^n}{(s_r - 1)^{n-1}}\right\} \tag{5-53}$$

由式(5-53)可得，所有 $n-1$ 级微凸体上 n 级微凸体的面积和 $S_{n,n-1}$ 为

$$S_{n,n-1}=S_{n,n-1,\text{lie}}s_\theta=\frac{1}{2}\frac{f_\theta^n}{s_\theta^{n-2}}\theta_0\frac{f_r^n}{s_r^n}r_0\left\{2s_r^2r_{n,n-1,1}+r_0\frac{f_r^{n-1}}{s_r^{n-4}}+r_0\frac{f_r^n-f_r^{n-1}}{s_r^{n-3}}+r_0s_r^2\frac{f_r^{n-2}-f_r^{n-1}}{(s_r-1)^{n-2}}+r_0s_r^2\frac{f_r^{n-1}-f_r^n}{(s_r-1)^{n-1}}\right\} \tag{5-54}$$

3. $n-2$ 级微凸体上所有 n 级微凸体的面积

每个 $n-2$ 级微凸体上 n 级微凸体的面积 $S_{n,n-1}$ 可通过 $n-1$ 级微凸体求得，由式(5-54)可知，仅与起始半径相关。依上面推导过程，每一列 $n-2$ 级微凸体上 n 级微凸体的面积和 $S_{n,n-2,\text{lie}}$ 为

$$\begin{aligned}S_{n,n-2,\text{lie}}=\frac{1}{2}\frac{f_\theta^n}{s_\theta^{n-2}}\theta_0\frac{f_r^n}{s_r^n}r_0\Bigg\{&\left[2s_r^2r_{n,n-2,1}+r_0\frac{f_r^{n-1}}{s_r^{n-4}}+r_0\frac{f_r^n}{s_r^{n-3}}-r_0\frac{f_r^{n-1}}{s_r^{n-3}}+r_0s_r^2\frac{f_r^{n-2}-f_r^{n-1}}{(s_r-1)^{n-2}}+\right.\\&\left.r_0s_r^2\frac{f_r^{n-1}-f_r^n}{(s_r-1)^{n-1}}\right]+\left[2s_r^2r_{n,n-2,2}+r_0\frac{f_r^{n-1}}{s_r^{n-4}}+r_0\frac{f_r^n}{s_r^{n-3}}-r_0\frac{f_r^{n-1}}{s_r^{n-3}}+r_0s_r^2\frac{f_r^{n-2}-f_r^{n-1}}{(s_r-1)^{n-2}}+\right.\\&\left.r_0s_r^2\frac{f_r^{n-1}-f_r^n}{(s_r-1)^{n-1}}\right]+\cdots+\left[2s_r^2r_{n,n-2,s_r}+r_0\frac{f_r^{n-1}}{s_r^{n-4}}+r_0\frac{f_r^n}{s_r^{n-3}}-r_0\frac{f_r^{n-1}}{s_r^{n-3}}+\right.\\&\left.r_0s_r^2\frac{f_r^{n-2}-f_r^{n-1}}{(s_r-1)^{n-2}}+r_0s_r^2\frac{f_r^{n-1}-f_r^n}{(s_r-1)^{n-1}}\right]\Bigg\}\end{aligned} \tag{5-55}$$

整理式(5-55)，可得

$$\begin{aligned}S_{n,n-2,\text{lie}}=\frac{1}{2}\frac{f_\theta^n}{s_\theta^{n-2}}\theta_0\frac{f_r^n}{s_r^n}r_0\Bigg[&2s_r^3r_{n,n-2,1}+r_0\frac{f_r^{n-2}}{s_r^{n-6}}+r_0\frac{f_r^{n-1}}{s_r^{n-5}}+r_0\frac{f_r^n}{s_r^{n-4}}+\\&s_r^3r_0\frac{f_r^{n-3}-f_r^{n-2}}{(s_r-1)^{n-3}}+s_r^3r_0\frac{f_r^{n-2}-f_r^{n-1}}{(s_r-1)^{n-2}}+s_r^3r_0\frac{f_r^{n-1}-f_r^n}{(s_r-1)^{n-1}}-r_0\frac{f_r^{n-1}}{s_r^{n-4}}-r_0\frac{f_r^{n-2}}{s_r^{n-5}}\Bigg]\end{aligned} \tag{5-56}$$

对于所有 $n-2$ 级微凸体上 n 级微凸体的面积和 $S_{n,n-2}$ 为

$$\begin{aligned}S_{n,n-2}=S_{n,n-2,\text{lie}}s_\theta=\frac{1}{2}\frac{f_\theta^n}{s_\theta^{n-3}}\theta_0\frac{f_r^n}{s_r^n}r_0\Bigg[&2s_r^3r_{n,n-2,1}+r_0\frac{f_r^{n-2}}{s_r^{n-6}}+r_0\frac{f_r^{n-1}}{s_r^{n-5}}+r_0\frac{f_r^n}{s_r^{n-4}}+\\&s_r^3r_0\frac{f_r^{n-3}-f_r^{n-2}}{(s_r-1)^{n-3}}+s_r^3r_0\frac{f_r^{n-2}-f_r^{n-1}}{(s_r-1)^{n-2}}+s_r^3r_0\frac{f_r^{n-1}-f_r^n}{(s_r-1)^{n-1}}-r_0\frac{f_r^{n-1}}{s_r^{n-4}}-r_0\frac{f_r^{n-2}}{s_r^{n-5}}\Bigg]\end{aligned} \tag{5-57}$$

4. $n-3$ 级微凸体上 n 级微凸体的面积

求取 $n-3$ 级微凸体上 n 级微凸体的面积的过程与计算 $n-2$ 级微凸体上 n 级微凸体的面积和相同。由式(5-57)可得，每一列 $n-3$ 级微凸体上 n 级微凸体的面积和 $S_{n,n-3,\text{lie}}$ 为

$$\begin{aligned}S_{n,n-3,\text{lie}}=\frac{1}{2}\frac{f_\theta^n}{s_\theta^{n-3}}\theta_0\frac{f_r^n}{s_r^n}r_0\Bigg[&2s_r^3\sum_{k=1}^{s_r}r_{n,n-3,1}+s_r\Bigg(r_0\frac{f_r^{n-2}}{s_r^{n-6}}+r_0\frac{f_r^{n-1}}{s_r^{n-5}}+r_0\frac{f_r^n}{s_r^{n-4}}+\\&s_r^3r_0\frac{f_r^{n-3}-f_r^{n-2}}{(s_r-1)^{n-3}}+s_r^3r_0\frac{f_r^{n-2}-f_r^{n-1}}{(s_r-1)^{n-2}}+s_r^3r_0\frac{f_r^{n-1}-f_r^n}{(s_r-1)^{n-1}}-r_0\frac{f_r^{n-1}}{s_r^{n-4}}-r_0\frac{f_r^{n-2}}{s_r^{n-5}}\Bigg)\Bigg]\end{aligned} \tag{5-58}$$

整理式(5-58),可得

$$S_{n,n-3,\text{lie}}=\frac{1}{2}\frac{f_\theta^n}{s_\theta^{n-3}}\theta_0\frac{f_r^n}{s_r^n}r_0\Big[2s_r^4r_{n,n-3,1}+r_0s_r^4\frac{f_r^{n-4}-f_r^{n-3}}{(s_r-1)^{n-4}}+s_r^4r_0\frac{f_r^{n-3}-f_r^{n-2}}{(s_r-1)^{n-3}}+ s_r^4r_0\frac{f_r^{n-2}-f_r^{n-1}}{(s_r-1)^{n-2}}+s_r^4r_0\frac{f_r^{n-1}-f_r^{n}}{(s_r-1)^{n-1}}+s_rr_0\frac{f_r^{n-3}}{s_r^{n-7}}+r_0s_r\frac{f_r^{n-2}}{s_r^{n-6}}+s_rr_0\frac{f_r^{n-1}}{s_r^{n-5}}+ s_rr_0\frac{f_r^{n}}{s_r^{n-4}}-r_0\frac{f_r^{n-1}}{s_r^{n-5}}-r_0\frac{f_r^{n-2}}{s_r^{n-6}}-r_0\frac{f_r^{n-3}}{s_r^{n-7}}\Big)\Big] \tag{5-59}$$

对于所有 $n-3$ 级微凸体上 n 级微凸体的面积和 $S_{n,n-3}$ 为

$$S_{n,n-3}=\frac{1}{2}\frac{f_\theta^n}{s_\theta^{n-4}}\theta_0\frac{f_r^n}{s_r^n}r_0\Big[2s_r^4r_{n,n-3,1}+r_0s_r^4\frac{f_r^{n-4}-f_r^{n-3}}{(s_r-1)^{n-4}}+s_r^4r_0\frac{f_r^{n-3}-f_r^{n-2}}{(s_r-1)^{n-3}}+ s_r^4r_0\frac{f_r^{n-2}-f_r^{n-1}}{(s_r-1)^{n-2}}+s_r^4r_0\frac{f_r^{n-1}-f_r^{n}}{(s_r-1)^{n-1}}+s_rr_0\frac{f_r^{n-3}}{s_r^{n-7}}+r_0s_r\frac{f_r^{n-2}}{s_r^{n-6}}+s_rr_0\frac{f_r^{n-1}}{s_r^{n-5}}+ s_rr_0\frac{f_r^{n}}{s_r^{n-4}}-r_0\frac{f_r^{n-1}}{s_r^{n-5}}-r_0\frac{f_r^{n-2}}{s_r^{n-6}}-r_0\frac{f_r^{n-3}}{s_r^{n-7}}\Big)\Big] \tag{5-60}$$

至此,由式(5-54)、式(5-57)、式(5-60),可得对于所有 $n-j$ 级微凸体上 n 级微凸体的面积和 $S_{n,n-j}$ 为

$$S_{n,n-j}=\frac{r_0\theta_0}{2}\frac{f_\theta^n}{s_\theta^{n-(j+1)}}\frac{f_r^n}{s_r^n}\Big[2s_r^{j+1}r_{n,n-j,1}+r_0\sum_{k=0}^{j}\frac{f_r^{n-k}}{s_r^{n-(j+2)-k}}-r_0\sum_{k=0}^{j-1}\frac{f_r^{n-1-k}}{s_r^{n-(j+2)-k}}+r_0s_r^{j+1}\sum_{k=1}^{j+1}\frac{f_r^{n-k}-f_r^{n-k+1}}{(s_r-1)^{n-k}}\Big] \tag{5-61}$$

当 $n-j=1(j=n-1)$ 时,第 1 级微凸体上 n 级微凸体的面积和 $S_{n,1}$ 为

$$S_{n,1}=\frac{1}{2}f_\theta^n\theta_0\frac{f_r^n}{s_r^n}r_0\Big[2s_r^nr_{n,1,1}+r_0\sum_{k=0}^{n-1}\frac{f_r^{n-k}}{s_r^{-1-k}}-r_0\sum_{k=0}^{n-2}\frac{f_r^{n-1-k}}{s_r^{-1-k}}+r_0s_r^n\sum_{k=1}^{n}\frac{f_r^{n-k}-f_r^{n-k+1}}{(s_r-1)^{n-k}}\Big] \tag{5-62}$$

则所有 $n-j=1(j=n-1)$ 级微凸体上 n 级微凸体的体积和 $V_{n,1}$ 为

$$V_{n,1}=\frac{1}{2}r_0\theta_0f_\theta^n\frac{f_r^n}{s_r^n}(f_h^nh_0-f_h^{n+1}h_0)\Big[2s_r^nr_{n,1,1}+r_0\sum_{k=0}^{n-1}\frac{f_r^{n-k}}{s_r^{-1-k}}- r_0\sum_{k=0}^{n-2}\frac{f_r^{n-1-k}}{s_r^{-1-k}}+r_0s_r^n\sum_{k=1}^{n}\frac{f_r^{n-k}-f_r^{n-k+1}}{(s_r-1)^{n-k}}\Big] \tag{5-63}$$

由式(5-61)可得,对于所有 $(n-q)-j$ 级微凸体上 $n-q$ 级微凸体的面积和 $S_{n-q,n-q-j}$ 为

$$S_{n-q,n-q-j}=\frac{1}{2}\frac{f_\theta^{(n-q)}}{s_\theta^{(n-q)-(j+1)}}\theta_0\frac{f_r^{(n-q)}}{s_r^{(n-q)}}r_0\Big[2s_r^{j+1}r_{n-q,n-q-j,1}+r_0\sum_{k=0}^{j}\frac{f_r^{(n-q)-k}}{s_r^{(n-q)-(j+2)-k}}- r_0\sum_{k=0}^{j-1}\frac{f_r^{(n-q)-1-k}}{s_r^{(n-q)-(j+2)-k}}+r_0s_r^{j+1}\sum_{k=1}^{j+1}\frac{f_r^{(n-q)-k}-f_r^{(n-q)-k+1}}{(s_r-1)^{(n-q)-k}}\Big] \tag{5-64}$$

所有 $(n-q)-j$ 级微凸体上 $n-q$ 级微凸体的体积和 $V_{n-q,n-q-j}$ 为

$$V_{n-q,n-q-j}=\frac{1}{2}\frac{f_\theta^{(n-q)}}{s_\theta^{(n-q)-(j+1)}}\theta_0\frac{f_r^{(n-q)}}{s_r^{(n-q)}}r_0(f_h^{n-q}h_0-f_h^{n-q+1}h_0)\Big[2s_r^{j+1}r_{n-q,n-q-j,1}+$$

$$r_0\sum_{k=0}^{j}\frac{f_r^{(n-q)-k}}{s_r^{(n-q)-(j+2)-k}}-r_0\sum_{k=0}^{j-1}\frac{f_r^{(n-q)-1-k}}{s_r^{(n-q)-(j+2)-k}}+r_0 s_r^{j+1}\sum_{k=1}^{j+1}\frac{f_r^{(n-q)-k}-f_r^{(n-q)-k+1}}{(s_r-1)^{(n-q)-k}}\Bigg]$$

(5-65)

飞机制动开始时相互滑动速度最大，刹车压力大，因此对于C/C复合材料刹车副，可以在短时间内形成稳定摩擦膜[194]。此外，从摩擦试验中可以看到刹车副表面有凹痕，由此假设对于Cantor表面集的第1级微凸体保留，且此时第1级微凸体的表面积大于刹车压力下的临界面积。则1级以上级别至 n 级微凸体的体积和 $V_{n>1}$ 可计算求得，即式(5-63)中，$q=0,\cdots,n-2$，$n-q-j=1, j=n-q-1$，则可得

$$V_{n,1}=\sum_{q=0}^{n-2}\left\{\frac{1}{2}f_\theta^{n-q}\theta_0\frac{f_r^{(n-q)}}{s_r^{(n-q)}}r_0(f_h^{n-q}h_0-f_h^{n-q+1}h_0)\left[2s_r^{n-q}r_{n-q,1,1}+r_0\sum_{k=0}^{n-q-1}\frac{f_r^{(n-q)-k}}{s_r^{-1-k}}-\right.\right.$$
$$\left.\left.r_0\sum_{k=0}^{n-q-2}\frac{f_r^{(n-q)-1-k}}{s_r^{-1-k}}+r_0 s_r^{n-q}\sum_{k=1}^{n-q}\frac{f_r^{(n-q)-k}-f_r^{(n-q)-k+1}}{(s_r-1)^{(n-q)-k}}\right]\right\} \tag{5-66}$$

整理式(5-66)，有

$$V_{n,1}=\frac{1}{2}\theta_0 r_0 h_0(1-f_h)\left\{2r_{n-q,1,1}(f_\theta f_r f_h)^2\frac{(f_\theta f_r f_h)^{n-1}-1}{f_\theta f_r f_h-1}+\right.$$
$$\frac{r_0 s_r f_r}{f_r-s_r}\left[\frac{(f_\theta f_r^2 f_h)^2}{(s_r)^n}\frac{(f_\theta f_r^2 f_h)^{(n-1)}-(s_r)^{(n-1)}}{f_\theta f_r^2 f_h-s_r}-\frac{f_r}{s_r}(f_\theta f_r f_h)^2\frac{(f_\theta f_r f_h)^{(n-1)}-1}{f_\theta f_r f_h-1}\right]-$$
$$\frac{r_0 s_r}{f_r-s_r}\left[\frac{(f_\theta f_r^2 f_h)^2}{(s_r)^n}\frac{(f_\theta f_r^2 f_h)^{n-1}-(s_r)^{n-1}}{f_\theta f_r^2 f_h-s_r}-\frac{f_r}{s_r}(f_\theta f_r f_h)^2\frac{(f_\theta f_r f_h)^{n-1}-1}{f_\theta f_r f_h-1}\right]+$$
$$\left.\frac{r_0(1-f_r)(s_r-1)}{(f_r-s_r+1)}\left[\frac{(f_\theta f_r^2 f_h)^2}{(s_r-1)^n}\frac{(f_\theta f_r^2 f_h)^{n-1}-(s_r-1)^{n-1}}{f_\theta f_r^2 f_h-s_r+1}-(f_\theta f_r f_h)^2\frac{(f_\theta f_r f_h)^{n-1}-1}{f_\theta f_r f_h-1}\right]\right\}$$

(5-67)

由式(5-67)，可得第2级至无穷级微凸体的体积和 V 为

$$V=\lim_{n\to\infty}V_{n,1}=\lim_{n\to\infty}\frac{1}{2}\theta_0 r_0 h_0(1-f_h)\left\{2r_{n-q,1,1}(f_\theta f_r f_h)^2\frac{(f_\theta f_r f_h)^{n-1}-1}{f_\theta f_r f_h-1}+\right.$$
$$\frac{r_0 s_r f_r}{f_r-s_r}\left[\frac{(f_\theta f_r^2 f_h)^2}{(s_r)^n}\frac{(f_\theta f_r^2 f_h)^{(n-1)}-(s_r)^{(n-1)}}{f_\theta f_r^2 f_h-s_r}-\frac{f_r}{s_r}(f_\theta f_r f_h)^2\frac{(f_\theta f_r f_h)^{(n-1)}-1}{f_\theta f_r f_h-1}\right]-$$
$$\frac{r_0 s_r}{f_r-s_r}\left[\frac{(f_\theta f_r^2 f_h)^2}{(s_r)^n}\frac{(f_\theta f_r^2 f_h)^{n-1}-(s_r)^{n-1}}{f_\theta f_r^2 f_h-s_r}-\frac{f_r}{s_r}(f_\theta f_r f_h)^2\frac{(f_\theta f_r f_h)^{n-1}-1}{f_\theta f_r f_h-1}\right]+$$
$$\left.\frac{r_0(1-f_r)(s_r-1)}{(f_r-s_r+1)}\left[\frac{(f_\theta f_r^2 f_h)^2}{(s_r-1)^n}\frac{(f_\theta f_r^2 f_h)^{n-1}-(s_r-1)^{n-1}}{f_\theta f_r^2 f_h-s_r+1}-(f_\theta f_r f_h)^2\frac{(f_\theta f_r f_h)^{n-1}-1}{f_\theta f_r f_h-1}\right]\right\}$$

(5-68)

式(5-68)最终可整理成

$$V=\frac{1}{2}\theta_0 r_0 h_0(1-f_h)\left\{2r_{n-q,1,1}\frac{-(f_\theta f_r f_h)^2}{f_\theta f_r f_h-1}+\frac{r_0 s_r f_r}{f_r-s_r}\frac{(f_\theta f_r^2 f_h)^2}{f_\theta f_r^2 f_h-s_r}\times\right.$$
$$\left[\frac{f_\theta^2 f_r^3 f_h^2}{s_r(f_\theta f_r f_h-1)}-\frac{1}{s_r}\right]-\frac{r_0 s_r}{f_r-s_r}\left[\frac{f_\theta^2 f_r^3 f_h^2}{s_r(f_\theta f_r f_h-1)}-\frac{(f_\theta f_r^2 f_h)^2}{f_\theta f_r^2 f_h-s_r}\frac{1}{s_r}\right]+$$

$$\frac{r_0(1-f_r)(s_r-1)}{(f_r-s_r+1)}\left[\frac{(f_\theta f_r f_h)^2}{f_\theta f_r f_h-1}-\frac{(f_\theta f_r^2 f_h)^2}{f_\theta f_r^2 f_h-s_r+1}\frac{1}{s_r-1}\right]\Bigg\} \tag{5-69}$$

下面计算第 1 级 Cantor 集表面可填充部分的体积。由于径向上具有分形产生的空隙，对于其中的"一列"面积为

$$S_{n,\text{lie},\text{space}}=\frac{1}{2}\frac{1-f_\theta}{(s_\theta-1)^n}f_\theta^{n-1}\theta_0\frac{f_r^n}{s_r^n}r_0\left[2s_r r_{n,0}+\frac{f_r^n}{s_r^{n-2}}r_0+s_r\frac{f_r^{n-1}-f_r^n}{(s_r-1)^{n-1}r_0}\right] \tag{5-70}$$

则第 n 级可填充体积为

$$V_{n,\text{space}}=(f_h^n-f_h^{n+1})h_0 S_{n,\text{lie},\text{space}}(s_\theta-1)=\frac{1}{2}r_0 h_0\theta_0\frac{f_r^n}{s_r^n}\frac{1-f_\theta}{(s_\theta-1)^{n-1}}(1-f_h)f_h^n f_\theta^{n-1}\times$$
$$\left[2s_r r_{n,0}+\frac{f_r^n}{s_r^{n-2}}r_0+s_r\frac{f_r^{n-1}-f_r^n}{(s_r-1)^{n-1}r_0}\right] \tag{5-71}$$

第 1 级微凸体间填满后的形状如图 5-9(b) 所示，所有可填空白处的体积 $V_{1,\text{space}}$ 为

$$V_{1,\text{space}}=\frac{1}{2}(1-f_h)h_0 f_r r_0(2r_{n,0}+r_0)(1-f_\theta)\theta_0 \tag{5-72}$$

式中，$r_{n,0}$ 表示第 0 级的内半径，也就是刹车盘的内径。

比较第 1 级需要填满的体积与第 2 级以上所有级别的体积之间的关系，判断是否填满或溢出。

$$V-V_{1,\text{space}}=\frac{1}{2}\theta_0 r_0 h_0(1-f_h)\Bigg\{2r_{n-q,1,1}(f_\theta f_r f_h)^2\frac{-1}{f_\theta f_r f_h-1}+\frac{r_0 s_r f_r}{f_r-s_r}\frac{(f_\theta f_r^2 f_h)^2}{f_\theta f_r^2 f_h-s_r}\times$$
$$\left[\frac{f_r}{s_r}\frac{(f_\theta f_r f_h)^2}{f_\theta f_r f_h-1}-\frac{1}{s_r}\right]-\frac{r_0 s_r}{f_r-s_r}\left[\frac{f_r}{s_r}\frac{(f_\theta f_r f_h)^2}{f_\theta f_r f_h-1}-\frac{(f_\theta f_r^2 f_h)^2}{f_\theta f_r^2 f_h-s_r}\frac{1}{s_r}\right]+$$
$$\frac{r_0(1-f_r)(s_r-1)}{(f_r-s_r+1)}\left[\frac{(f_\theta f_r f_h)^2}{f_\theta f_r f_h-1}-\frac{(f_\theta f_r^2 f_h)^2}{f_\theta f_r^2 f_h-s_r+1}\frac{1}{s_r-1}\right]\Bigg\}-$$
$$\frac{1}{2}r_0 h_0\theta_0\frac{f_r}{s_r}(1-f_\theta)(1-f_h)f_h\left[2s_r r_{n,0}+f_r s_r r_0+s_r(1-f_r)r_0\right] \tag{5-73}$$

由于 V 和 $V_{1,\text{space}}$ 都只与表面参数相关，因此两者的大小比较主要取决于各个参数。

(1) 若 $V-V_{1,\text{space}}<0$，即微凸体的体积小于 1 级微凸体空隙的体积，则 1 级微凸体表面部分体积向"凹"进部分填满，直至"凹"状只呈现径向方向，可得第 1 级微凸体的下降高度 h'，定量刻画为

$$V_{1,\text{space}}-V=\frac{1}{2}f_\theta\theta_0 f_r r_0 h'(2r_{n,0}+r_0) \tag{5-74}$$

则最终这个特殊的表面层高度 H 为

$$H=h_1-h'=f_h h_0-h' \tag{5-75}$$

(2) 若 $V-V_{1,\text{space}}>0$，即微凸体的体积大于 1 级微凸体空隙的体积，则多余部分添加到"凹"状的两端，使得最终的形状与第一种情况相同。定量刻画第 1 级微凸体的上升的高度 h'' 为

$$V - V_{1,\text{space}} = \frac{1}{2} f_\theta \theta_0 f_r r_0 h''(2r_{n,0} + r_0) \tag{5-76}$$

则最终这个特殊的表面层高度 H 为

$$H = h_1 + h'' = f_h h_0 + h'' \tag{5-77}$$

5.3.4 Cantor 集对接触层参数的影响

按照各个参数的物理意义，可知 Cantor 集接触模型主要引起接触表面以下各热物理参数变化。

接触层平均密度

$$\rho' = \frac{m'}{V'} = \frac{\rho_c r_0 f_\theta f_r(2r_{n,0} + r_0) + \rho_g[r_0(r_0 + 2r_{n,0}) - f_\theta f_r r_0(2r_{n,0} + r_0)]}{r_0(r_0 + 2r_{n,0})} = \rho_c f_\theta f_r + \rho_g(1 - f_\theta f_r) \tag{5-78}$$

式中，ρ_c 和 ρ_g 分别为刹车材料和空气的密度。

接触层平均比热容

$$c' = \frac{c_c \rho_c f_\theta f_r r_0(2r_{n,0} + r_0) + c_g \rho_g[r_0(r_0 + 2r_{n,0}) - f_\theta f_r r_0(2r_{n,0} + r_0)]}{\rho_c f_\theta f_r r_0(2r_{n,0} + r_0) + \rho_g[r_0(r_0 + 2r_{n,0}) - f_\theta f_r r_0(2r_{n,0} + r_0)]} = \frac{c_c \rho_c f_\theta f_r + c_g \rho_g(1 - f_\theta f_r)}{\rho_c f_\theta f_r + \rho_g(1 - f_\theta f_r)} \tag{5-79}$$

式中，c_c 和 c_g 分别为刹车材料和空气的比热容。

接触层径向平均热传导系数

$$k' = k_c f_r + k_g(1 - f_r) \tag{5-80}$$

式中，k_c 和 k_g 分别为刹车材料和空气的热传导系数。

5.3.5 Cantor 集分形参数的估计

Cantor 集性质较好，能够很好地模拟粗糙表面，已应用到温度场研究中，但是现在的研究通常假设微凸体对称分布，未有公开的研究关于 Cantor 集参数估计和微凸体不同排列对热传导的影响。本节给出 Cantor 集粗糙表面参数估计，当样本足够大时，模型可以任意精度收敛于实际参数。考虑微凸体排列不唯一时，温度分布的变化，结合 C/C 刹车材料计算结果，得出 Cantor 集的排列对温度场的影响，应该按照工程实际要求进行处理，为深入研究各种温度场分布以及粗糙表面的热物理效应打下基础。

1. Cantor 集表面参数的估计

接触表面 Cantor 集轮廓如图 5-10 所示。在 x 和 y 方向上，第 n 代微凸体分别是第 $n-1$ 代的 f_x，f_y 倍（$f_x < 1$，$f_y < 1$），均分为 r，t 份（图 5-10 中 $r = t = 2$）；在高度方向上，第 $n+1$ 代至无穷代微凸体的高度和是第 n 代至无穷代微凸体高度和的 g 倍（$g < 1$），用数学表达式表

示为

$$\left.\begin{aligned} x_n &= f_x x_{n-1} = f_x^n x_0 \\ y_n &= f_y y_{n-1} = f_y^n y_0 \\ z_n &= z_0 - g^n z_0 \end{aligned}\right\} \tag{5-81}$$

式中，x_n，y_n 和 z_n 分别表示第 n 代微凸体的 x 方向长度，y 方向长度和 z 方向高度；x_0 和 y_0 表示取样长度和宽度，z_0（与物质本身属性有关）表示各层总高度。需要说明的是，虽然此处的描述方法与式(5-40)不同，但表达含义相同。

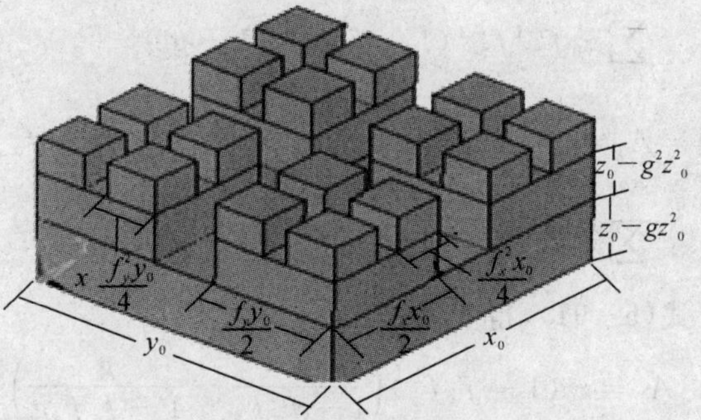

图 5-10　三维 Cantor 结构图

x 方向第 i 层的总长度为 $f_x^i x_0$，单个长度为 $f_x^i x_0/r^i$，y 方向第 i 层的总长度为 $f_y^i y_0$，单个长度为 $f_y^i y_0/t^i$，则第 i 层上单个微凸体的面积为

$$s_i = f_x^i f_y^i x_0 y_0/(rt)^i \tag{5-82}$$

可得第 i 层上所有微凸体的面积

$$S_i = s_i (rt)^i = f_x^i f_y^i x_0 y_0 \tag{5-83}$$

根据式(5-83)，在 xy 平面内高度 z_i 出现的概率

$$P(Z=z_i) = f_x^{i-1} f_y^{i-1}(1-f_x f_y) \tag{5-84}$$

对于参数的估计，其似然函数为

$$L(\boldsymbol{\theta}) = (1-f_x f_y)^n f_x^{\frac{n(n-1)}{2}} f_y^{\frac{n(n-1)}{2}} \tag{5-85}$$

根据似然估计原理，应有下式成立：

$$f_x f_y = \frac{n-1}{n-3} \tag{5-86}$$

对于测得表面高度容量为 n 的样本$(Z_1, Z_2, \cdots Z_n)^{\mathrm{T}}$，表面高度的 m 阶中心矩为

$$A_m = \frac{1}{n}\sum_{i=1}^{n} Z_i^m, \quad m=1,2,3,\cdots \tag{5-87}$$

对其采用矩估计法。根据大数定律，当样本容量 n 取得充分大的时候，样本矩可以任意精度估计总体矩，即有下式成立：

$$A_m = E(Z^m),\quad m=1,2,3,\cdots \tag{5-88}$$

对于 Cantor 集来说

$$E(Z)=A_1=\sum_{i=1}^{\infty}P(Z=z_i)z_i=\sum_{i=1}^{\infty}f_x^{i-1}f_y^{i-1}(1-f_xf_y)z_i=$$

$$\sum_{i=1}^{\infty}z_0f_x^{i-1}f_y^{i-1}(1-f_xf_y)(1-g^i) \tag{5-89}$$

$$E(Z^2)=A_2=\sum_{i=1}^{\infty}P(Z=z_i)z_i^2=\sum_{i=1}^{\infty}f_x^{i-1}f_y^{i-1}(1-f_xf_y)z_i^2=$$

$$\sum_{i=1}^{\infty}z_0^2f_x^{i-1}f_y^{i-1}(1-f_xf_y)(1-g^i)^2 \tag{5-90}$$

$$E(Z^3)=A_3=\sum_{i=1}^{\infty}P(Z=z_i)z_i^3=\sum_{i=1}^{\infty}f_x^{i-1}f_y^{i-1}(1-f_xf_y)z_i^3=$$

$$\sum_{i=1}^{\infty}z_0^3f_x^{i-1}f_y^{i-1}(1-f_xf_y)(1-g^i)^3 \tag{5-91}$$

整理式(5-89) ~ 式(5-91),得

$$A_1=z_0(1-f_xf_y)\left(\frac{1}{1-f_xf_y}-\frac{g}{1-f_xf_yg}\right) \tag{5-92}$$

$$A_2=z_0^2(1-f_xf_y)\left(\frac{1}{1-f_xf_y}-\frac{2g}{1-f_xf_yg}+\frac{g^2}{1-f_xf_yg^2}\right) \tag{5-93}$$

$$A_3=z_0^3(1-f_xf_y)\left(\frac{1}{1-f_xf_y}-\frac{3g}{1-f_xf_yg}+\frac{3g^2}{1-f_xf_yg^2}-\frac{g^3}{1-f_xf_yg^3}\right) \tag{5-94}$$

在粗糙表面采样完成后,由式(5-87)、式(5-92) ~ 式(5-94) 可得到方程组,可记为 $\boldsymbol{F}(\boldsymbol{x})=\boldsymbol{0}$,其中 $\boldsymbol{x}=[f_x,f_y,g,z_0]^{\mathrm{T}}$。可以看到此方程组是非线性的,不能直接求解,可以采用 D-F-P 算法求得其数值解,构造迭代矩阵使其 2 阶收敛,迭代过程为

$$\boldsymbol{x}^{n+1}=\boldsymbol{x}^n-\boldsymbol{B}_n\boldsymbol{F}(\boldsymbol{x}^n),\quad \boldsymbol{y}^n=\boldsymbol{x}^{n+1}-\boldsymbol{x}^n \tag{5-95a}$$

$$\boldsymbol{z}^n=\boldsymbol{F}(\boldsymbol{x}^{n+1})-\boldsymbol{F}(\boldsymbol{x}^n) \tag{5-95b}$$

$$\boldsymbol{B}_{n+1}=\boldsymbol{B}_n+\frac{\boldsymbol{y}^n(\boldsymbol{y}^n)^{\mathrm{T}}}{(\boldsymbol{y}^n)^{\mathrm{T}}\boldsymbol{z}^n}-\frac{\boldsymbol{B}_n\boldsymbol{z}^n(\boldsymbol{z}^n)^{\mathrm{T}}\boldsymbol{B}_n}{(\boldsymbol{z}^n)^{\mathrm{T}}\boldsymbol{B}_n\boldsymbol{z}^n} \tag{5-95c}$$

式中,上标 n 表示迭代次数;$\boldsymbol{y}^n$,$\boldsymbol{z}^n$ 为迭代过程向量;$\boldsymbol{B}_n$ 作为控制矩阵初始值为单位矩阵。

由式(5-95) 可求得 Cantor 集表面参数,且当样本足够大时,所得结果可以任意精度收敛于实际参数。

2. 分形维数的确定

由上述计算过程可知,尚有 Cantor 集表面划分份数 r,t 未知,份数与分形维数相关,接下来确定分形维数 D。对于分形维数的确定,可以采用粗糙表面物体的表面积、体积与分形维数的关系:

$$[A(\varepsilon)]^{1/D}=a_0\varepsilon^{(2-D)/D}V(\varepsilon)^{1/3} \tag{5-96}$$

式中,a_0 表示常数;ε 表示测量单位尺寸;$A(\varepsilon)$ 表示物体与单位测量尺寸相关的表面积;$V(\varepsilon)$

表示物体的体积。对式(5-96)取对数，可得

$$D(\log a_0 - \log \varepsilon + \log V(\varepsilon)^{1/3}) = \log[A(\varepsilon)] - 2\log \varepsilon \tag{5-97}$$

对于 Cantor 集来说，其表面积与体积分别为

$$A(\varepsilon) = z_0\left(x_0\frac{1-f_x^k}{1-f_x} - x_0 g\frac{f_x^k g^k}{1-f_x g} + y_0\frac{1-f_y^k}{1-f_y} - y_0 g\frac{f_y^k g^k}{1-f_y g}\right) \tag{5-98}$$

$$V(\varepsilon) = x_0 y_0 z_0\left(\frac{1-f_x^k f_y^k}{1-f_x f_y} - g\frac{1-f_x^k f_y^k g^k}{1-f_x f_y g}\right) \tag{5-99}$$

式中，k 表示求和终止项数，由 ε 确定，即

$$k = \max_{z_0(1-g^q)>\varepsilon} q \tag{5-100}$$

根据 5.3.2 节介绍的分形维数的测量方法，得到测量数据后可以得到分形维数 D 的值。令 $l=r=t$，可得[197]

$$l = \begin{cases} e^{\frac{\ln g+(D-1)\ln f}{(2-D)}} & 1<D<2 \\ e^{\frac{(1-D)\ln f-\ln g}{D-3}} & 2<D<3 \end{cases} \tag{5-101}$$

3. 微凸体排列对温度场的影响

虽然获得了 Cantor 集粗糙表面参数，但依然无法获得此表面的粗糙形貌，原因是微凸体的排列并不唯一。对于某一侧面，当有 l 个划分时，就有 $l-1$ 个空白处，总数为 $2l-1$，则这些空白处与微凸体之间会有不同的组合，每一种情况出现的概率为

$$p = \frac{1}{C_{2l-1}^{l}} = \frac{l!}{(2l-1)!} \tag{5-102}$$

Cantor 集表面参数在研究过程中，认为 x 方向与 y 方向相互独立。以 x 方向为例，当 $f_x = 0.8$，$g=0.75$，$l=3$ 时，Cantor 集粗糙表面微凸体不同排列顺序侧视如图 5-11 所示。

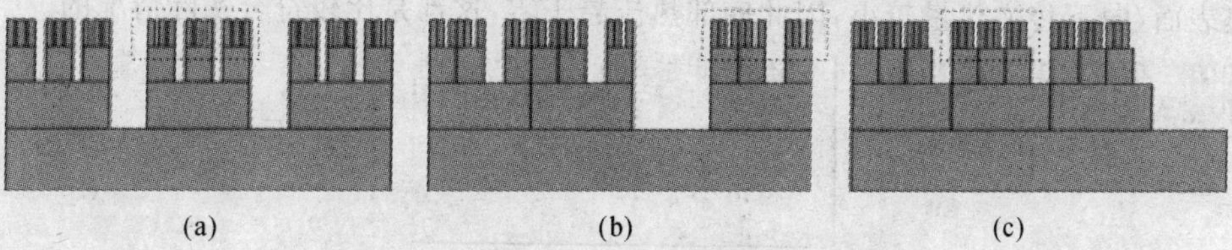

图 5-11　不同排序的 Cantor 集

(a) 情况 1；(b) 情况 2；(c) 情况 3

在通常状况下，研究均假设排列为情况 1，但是实际 Cantor 集的排列顺序可能为情况 2 和情况 3。下面开始研究不同的排列组合对温度场的影响，取 C/C 刹车副材料作为研究物质。因为其比热容比较大，热传导系数比较小，密度比较轻，所以其热能不容易散发，更容易看出微凸体不同排列对温度场的影响。热流密度为 $10^7\ \mathrm{W/m^2}$，计算时间为 10 s。仿真结果如图 5-12～图 5-14 所示。

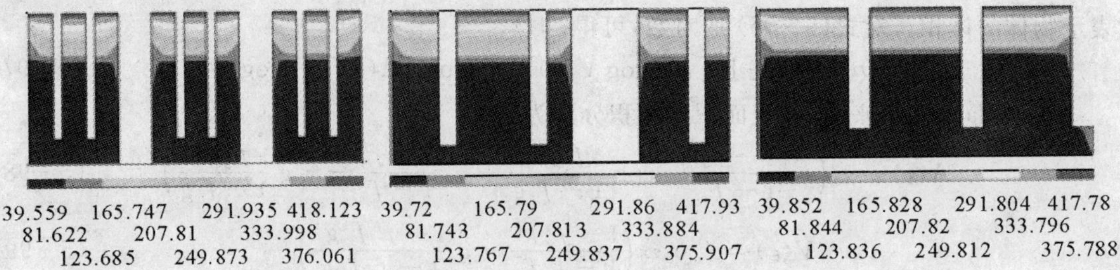

(a) (b) (c)

图 5-12 计算结束时温度分布(单位:℃)

(a) 情况 1; (b) 情况 2; (c) 情况 3

图 5-12 是计算结束时的温度场分布情况。为了清楚直观,图中仅给出在各种情况下图 5-11 虚线框中的计算结果。可以看出,此时各种情况的最高温度相差不超过 1℃(最低为 417.78℃,最高为 418.123℃)。由于 C/C 材料的比热容较大,热生成率不大,计算时间比较短,因此热量主要集中在表面,流入物体内部较少,底部温升不明显。情况 3 相对来说可以与空气热对流和辐射比较充分,因此温度相对低,比较符合实际情况。至于边界处温度的偏差,是由于辐射对流边界条件引起的,此时仿真模型所处的环境温度高于物质温度,如果环境温度低于物质温度,则偏差相反。

图 5-13 为计算结束时三种情况的热流密度分布。可以看出,三种情况流出的热流大小基本相同,方向基本一致,三者的相对差别不超过 0.3‰。但是根据图 5-12 可知,情况 3 的温度相对略低,因此其与环境温度相差较小,辐射和对流所散失的热量偏少,使得流出的热量相对来说稍低一点。此外,由于 C/C 材料的比热容较大,热传导系数较小,可以看出热量大都停留在受热表面,向下传递热量较小,因此底部热流趋于零,这都是比较符合实际情况的。

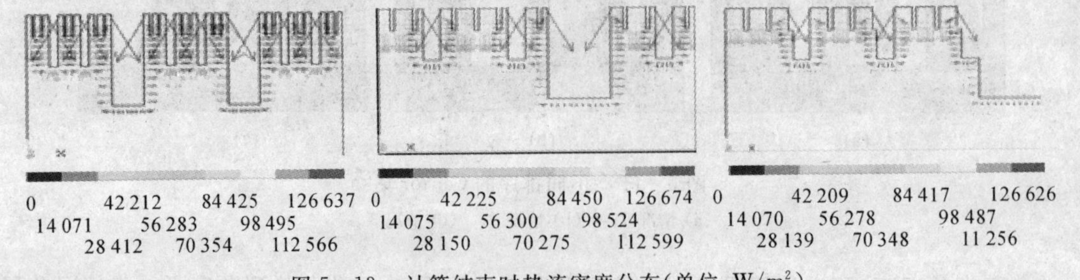

图 5-13 计算结束时热流密度分布(单位:W/m^2)

(a) 情况 1; (b) 情况 2; (c) 情况 3

图 5-14 为计算结束时在各种情况下各高度径向映射温度。从图中可以看出各层温度相差不大,这个结果与图 5-12、图 5-13 相一致,主要是因为 C/C 物质本身的属性及分形参数的影响,热能向下传递较少,造成温度差异不大的状况。此外,C/C 材料的热对流和辐射系数采用的是经验值,没有考虑其随温度的变化,在建立模型的时候采用了等效值,即使用环境的平

均温度来估计环境温度。由于在此条件下热生成率较小，物质本身温升不高，因此可以看出模型的边界温度会高于本身温度，但这并不影响分析结果。

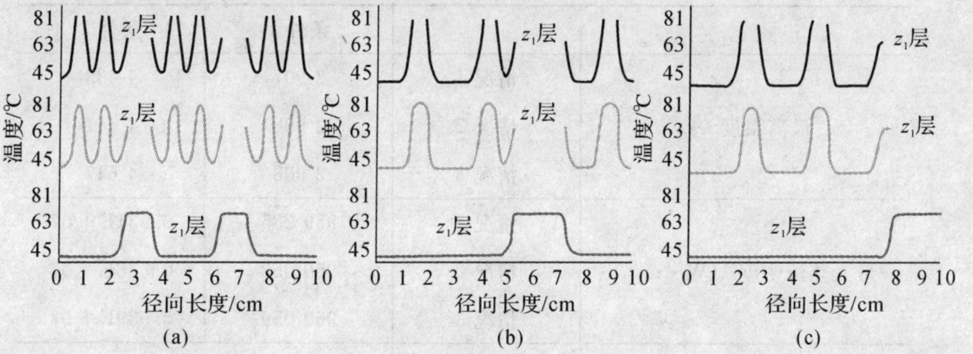

图 5-14　计算结束时各层径向映射温度

(a) 情况 1　;(b) 情况 2;　(c) 情况 3

根据图 5-12～图 5-14，可以得出这样一个结论：当精度要求不高时，可以适当忽略微凸体的组合排列顺序对温度场分布的影响。下面改变仿真条件，判断这一结论是否对任意条件都适用。条件 1：物质不变，热流密度为 10^8 W/m^2；条件 2：改变分形参数 $f_x=0.8$，$g=0.3$，$z_0=0.3$，热流密度为 10^9 W/m^2。

在改变参数后，得到的温度场、热流分布及各高度温度的径向映射与上述情况基本相似，大致走向及趋势相同，但是作为影响各图的关键因素 —— 最高温度、最大热流 —— 略有差异，在不同计算条件下结果对比见表 5-1。

从表5-1中可以看到，由于条件不同，微凸体的最高温度也有差异，与之前的仿真不同，此次最高温度是出现在情况 3。这主要是由于热生成率比较大，情况 3 中微凸体分布相对集中，热量产生也比较集中，相比之下，与空气的热对流和热辐射比较微弱，不足以影响整体的温度分布。但是即使在这样的条件下，三种情况的温度相差也只有 14℃，相对于 4 600℃ 左右的高温来说，已经很小了。此外，由于情况 3 温度高于其他情况，与环境温度相差略大，辐射散热较多，流出的热流也相对偏大，符合实际情况，总体来说在三种情况下热流差异不大。但是由于计算时间比较短，可以看出热量还是基本停留在上层，没有在物质内部均匀分布，主要体现为在各条件下三个高度 z_1，z_2，z_3 的最高温度相差较大，但在不同条件下同一高度处的物质温度相差不大。

以上仿真采用 C/C 材料作为研究对象，其典型的特点就是比热容比较大，密度比较小，热传导系数较小，特别能存储热。当使用其他物质进行比较时，物质的属性通常使热更加容易散发，整体的温度差会变小。此外，由于 Cantor 集本身的特性，不同排列的体积是相等的，延长计算时间，可以使物质与空气进行充分的热交换，使温度趋于一致，会降低微凸体不同排列顺序对温度场的影响。因此，不同微凸体的组合排列顺序对整体温度场的影响，在一定的精度内，可以适当忽略微凸体不同排列对温度场和热流分布的影响，具体的应用条件应该按照工程实际情况进行判断。

表 5-1　不同仿真条件下结果对比

		条件 1	条件 2
最高温度/℃	情况 1	2 907	4 633
	情况 2	2 908	4 641
	情况 3	2 908	4 647
最大热流密度/(W·m^{-2})	情况 1	959 285	0.531E+07
	情况 2	960 058	0.538E+07
	情况 3	960 059	0.539E+07
z_1 最高温度/℃	情况 1	39.9	40.7
	情况 2	39.9	40.8
	情况 3	39.9	40.8
z_2 最高温度/℃	情况 1	42	133.1
	情况 2	42.3	139
	情况 3	42.5	139.3
z_3 最高温度/℃	情况 1	42.6	2 336
	情况 2	42.9	2 365
	情况 3	43	2 380

第6章　瞬态温度场的不确定性研究

大多数工程都存在不确定性因素，只有将不确定量模型化加以考虑，才能作出合理的分析和设计。一般来说，客观存在的不确定性主要表现在随机性和模糊性两个方面。刹车副瞬态温度场研究也包含了各种因素的不确定性，例如各热物理参数的测量、刹车副尺寸、安装过程的磨损等。

第2章建立的瞬态温度场计算方程和第3章给出的粗糙表面对温度场影响模型，都会存在不确定因素，影响计算结果。本章主要研究不确定性对温度场的影响。将模糊随机参数模型引入温度场研究中，使用随机参数模型、$L-R$ 模糊参数模型和模糊随机参数模型对温度场不确定性进行描述。基于随机参数模型提出解析法和Neumann展开Monte-Carlo法求解温度响应不确定性的统计特征。解析法以参数的概率分布为基础，积分获得统计特征参数。Neumann展开Monte-Carlo法是在均值温度响应处使用Neumann展开，求出不同采样值时刻节点温度响应，然后根据数理统计求取温度统计特征。针对 $L-R$ 模糊参数模型给出了模糊求解迭代法和区间求解计算法。模糊求解迭代法根据模糊系统方程构造迭代格式，直接求得温度响应的模糊表达。区间求解法是通过 λ 水平截集将 $L-R$ 模糊参数转化为区间数，求取温度的变化范围。最后给出模糊随机参数模型下的求解方法，该方法对随机性因素进行泰勒展开，建立方程求解温度响应变化区间。

6.1　基于Neumann展开Monte-Carlo法瞬态温度场不确定分析

根据第4章的推导过程可知，瞬态温度场有限元计算的系统方程为

$$\left(\frac{1}{\theta\Delta t}\boldsymbol{Z}+\boldsymbol{\Theta}\right)\boldsymbol{\Phi}^{p+1}=\boldsymbol{Y}+\boldsymbol{Z}\left(\frac{1}{\theta\Delta t}\boldsymbol{\Phi}^{p}+\frac{1-\theta}{\theta}\dot{\boldsymbol{\Phi}}^{p}\right) \tag{6-1}$$

式中，$\boldsymbol{Z},\boldsymbol{\Theta},\boldsymbol{Y}$ 各参数的含义如前所述，受各物理参数、单元大小和边界条件的影响。

将式(6-1)记为

$$\boldsymbol{G}\boldsymbol{\Phi}^{p+1}=\boldsymbol{b} \tag{6-2}$$

当 $\boldsymbol{Z},\boldsymbol{\Theta},\boldsymbol{Y}$ 有误差时，即存在波动矩阵 $\Delta\boldsymbol{Z},\Delta\boldsymbol{\Theta},\Delta\boldsymbol{Y}$，则

$$\boldsymbol{Z}=\boldsymbol{Z}_0+\Delta\boldsymbol{Z},\quad \boldsymbol{\Theta}=\boldsymbol{\Theta}_0+\Delta\boldsymbol{\Theta},\quad \boldsymbol{Y}=\boldsymbol{Y}_0+\Delta\boldsymbol{Y} \tag{6-3}$$

式中，$\boldsymbol{Z}_0,\boldsymbol{\Theta}_0,\boldsymbol{Y}_0$ 表示随机变量参数取均值时的矩阵值。

将式(6-3)代入式(6-1)，可得

$$\left(\frac{1}{\theta\Delta t}\boldsymbol{Z}_0+\boldsymbol{\Theta}_0+\frac{1}{\theta\Delta t}\Delta\boldsymbol{Z}+\Delta\boldsymbol{\Theta}\right)\boldsymbol{\Phi}^{p+1}=\boldsymbol{Y}_0+\boldsymbol{Z}_0\left(\frac{1}{\theta\Delta t}\boldsymbol{\Phi}^p+\frac{1-\theta}{\theta}\dot{\boldsymbol{\Phi}}^p\right)+\Delta\boldsymbol{Y}+\Delta\boldsymbol{Z}\left(\frac{1}{\theta\Delta t}\boldsymbol{\Phi}^p+\frac{1-\theta}{\theta}\dot{\boldsymbol{\Phi}}^p\right) \tag{6-4}$$

当刚度矩阵、载荷矩阵都存在误差时，真实的温度响应值 $\boldsymbol{\Phi}^{p+1}$ 也为计算值 $\boldsymbol{\Phi}_0^{p+1}$ 与误差 $\Delta\boldsymbol{\Phi}^{p+1}$ 之和，式(6-2)可变形为

$$(\boldsymbol{G}_0+\Delta\boldsymbol{G})(\boldsymbol{\Phi}_0^{p+1}+\Delta\boldsymbol{\Phi}^{p+1})=\boldsymbol{b}_0+\Delta\boldsymbol{b} \tag{6-5}$$

式中

$$\boldsymbol{b}_0\overset{\text{def}}{=}\boldsymbol{Y}_0+\boldsymbol{Z}_0\left(\frac{1}{\theta\Delta t}\boldsymbol{\Phi}^p+\frac{1-\theta}{\theta}\dot{\boldsymbol{\Phi}}^p\right) \tag{6-6a}$$

$$\Delta\boldsymbol{b}\overset{\text{def}}{=}\Delta\boldsymbol{Y}+\Delta\boldsymbol{Z}\left(\frac{1}{\theta\Delta t}\boldsymbol{\Phi}^p+\frac{1-\theta}{\theta}\dot{\boldsymbol{\Phi}}^p\right) \tag{6-6b}$$

$$\boldsymbol{G}_0\overset{\text{def}}{=}\frac{1}{\theta\Delta t}\boldsymbol{Z}_0+\boldsymbol{\Theta}_0 \tag{6-6c}$$

$$\Delta\boldsymbol{G}\overset{\text{def}}{=}\frac{1}{\theta\Delta t}\Delta\boldsymbol{Z}+\Delta\boldsymbol{\Theta} \tag{6-6d}$$

由式(6-5)得

$$\boldsymbol{\Phi}_0^{p+1}+\Delta\boldsymbol{\Phi}^{p+1}=(\boldsymbol{G}_0+\Delta\boldsymbol{G})^{-1}(\boldsymbol{b}_0+\Delta\boldsymbol{b}) \tag{6-7}$$

即

$$\boldsymbol{\Phi}_0^{p+1}+\Delta\boldsymbol{\Phi}^{p+1}=[\boldsymbol{G}_0(\boldsymbol{I}+\boldsymbol{G}_0^{-1}\Delta\boldsymbol{G})]^{-1}(\boldsymbol{b}_0+\Delta\boldsymbol{b})=(\boldsymbol{I}+\boldsymbol{G}_0^{-1}\Delta\boldsymbol{G})^{-1}\boldsymbol{G}_0^{-1}(\boldsymbol{b}_0+\Delta\boldsymbol{b}) \tag{6-8}$$

令 $\boldsymbol{U}\overset{\text{def}}{=}\boldsymbol{G}_0^{-1}\Delta\boldsymbol{G}$，当 $\|\boldsymbol{U}\|<1$ 时，由 Neumann 级数展开公式，有

$$(\boldsymbol{I}+\boldsymbol{U})-1=\boldsymbol{I}-\boldsymbol{U}+\boldsymbol{U}^2-\boldsymbol{U}^3+\cdots \tag{6-9}$$

将式(6-9)代入式(6-8)，则

$$\boldsymbol{\Phi}_0^{p+1}+\Delta\boldsymbol{\Phi}^{p+1}=(\boldsymbol{I}-\boldsymbol{U}+\boldsymbol{U}^2-\boldsymbol{U}^3+\cdots)(\boldsymbol{G}_0^{-1}\boldsymbol{b}_0+\boldsymbol{G}_0^{-1}\Delta\boldsymbol{b}) \tag{6-10}$$

可得

$$\boldsymbol{\Phi}_0^{p+1}+\Delta\boldsymbol{\Phi}^{p+1}=\boldsymbol{G}_0^{-1}\boldsymbol{b}_0-\boldsymbol{U}\boldsymbol{G}_0^{-1}\boldsymbol{b}_0+\boldsymbol{U}^2\boldsymbol{G}_0^{-1}\boldsymbol{b}_0-\boldsymbol{U}^3\boldsymbol{G}_0^{-1}\boldsymbol{b}_0+\cdots+\boldsymbol{G}_0^{-1}\Delta\boldsymbol{b}-\boldsymbol{U}\boldsymbol{G}_0^{-1}\Delta\boldsymbol{b}+\boldsymbol{U}^2\boldsymbol{G}_0^{-1}\Delta\boldsymbol{b}-\boldsymbol{U}^3\boldsymbol{G}_0^{-1}\Delta\boldsymbol{b}+\cdots \tag{6-11}$$

取

$$\boldsymbol{P}^{(i)}=\boldsymbol{U}^i\boldsymbol{G}_0^{-1}\boldsymbol{b}_0,\quad \boldsymbol{R}^{(i)}=\boldsymbol{U}^i\boldsymbol{G}_0^{-1}\Delta\boldsymbol{b} \tag{6-12}$$

进一步可得

$$\boldsymbol{P}^{(i)}=\boldsymbol{U}\boldsymbol{P}^{(i-1)},\quad \boldsymbol{R}^{(i)}=\boldsymbol{U}\boldsymbol{R}^{(i-1)},\quad i=1,2,3,\cdots \tag{6-13}$$

$$\boldsymbol{G}_0\boldsymbol{P}^{(i)}=\Delta\boldsymbol{G}\boldsymbol{P}^{(i-1)},\quad \boldsymbol{G}_0\boldsymbol{P}^{(0)}=\boldsymbol{b}_0,\quad \boldsymbol{G}_0\boldsymbol{R}^{(i)}=\Delta\boldsymbol{G}\boldsymbol{R}^{(i-1)},\quad \boldsymbol{G}_0\boldsymbol{R}^{(0)}=\Delta\boldsymbol{b} \tag{6-14}$$

将式(6-12)代入式(6-11)，有

$$\boldsymbol{\Phi}^{p+1}=\boldsymbol{\Phi}_0^{p+1}+\Delta\boldsymbol{\Phi}^{p+1}=\sum_{i=0}^{\infty}(-1)^i(\boldsymbol{P}^{(i)}+\boldsymbol{R}^{(i)}) \tag{6-15}$$

根据式(6-14)逐次求出 $\boldsymbol{P}^{(i)}$，$\boldsymbol{R}^{(i)}$，$i=0,1,2,\cdots$，直到满足精度要求 $\|\boldsymbol{P}^{(i)}-\boldsymbol{P}^{(i-1)}\|<\varepsilon$，$\|\boldsymbol{R}^{(i)}-\boldsymbol{R}^{(i-1)}\|<\varepsilon$，$\varepsilon$ 表示误差限。再由式(6-15)求得 $\boldsymbol{\Phi}^{p+1}$。

结合

$$\boldsymbol{\Phi}_0^{p+1}=\boldsymbol{G}_0^{-1}\boldsymbol{b}_0 \tag{6-16}$$

与式(6-15)，可得

$$\Delta\boldsymbol{\Phi}^{p+1}=-\boldsymbol{U}\boldsymbol{G}_0^{-1}\boldsymbol{b}_0+\boldsymbol{U}^2\boldsymbol{G}_0^{-1}\boldsymbol{b}_0-\boldsymbol{U}^3\boldsymbol{G}_0^{-1}\boldsymbol{b}_0+\cdots+\boldsymbol{G}_0^{-1}\Delta\boldsymbol{b}-\boldsymbol{U}\boldsymbol{G}_0^{-1}\Delta\boldsymbol{b}+\boldsymbol{U}^2\boldsymbol{G}_0^{-1}\Delta\boldsymbol{b}-\boldsymbol{U}^3\boldsymbol{G}_0^{-1}\Delta\boldsymbol{b}+\cdots=\sum_{i=0}^{\infty}(-1)^i\boldsymbol{R}^{(i)}+\sum_{i=1}^{\infty}(-1)^i\boldsymbol{P}^{(i)} \tag{6-17}$$

由上述推导过程可知，使用Neumann展开Monte Carlo随机法研究瞬态温度场不确定性的思路是，固定时间步，在均值温度响应处使用Neumann展开，求出 $\boldsymbol{P}^{(i)}$，$\boldsymbol{R}^{(i)}$，给出此时刻节点温度响应 $\boldsymbol{\Phi}^{p+1}$；然后改变采样值，重复上述过程，直到计算出所有各采样值的温度响应；最后通过数理统计原理获得温度统计特征。该方法的优点如下：

(1) 在适用范围内有较好的精度，当结果要求精度较高时，只需要增加展开级数的阶数，既不影响算法本身，也不增加计算量。

(2) 可以采用压缩格式存储，不需要将所有的展开式保存，只需要保存计算值和当前展开值，随着展开级数的增加，不增加存储空间，可用性较强。

(3) 求解过程相对简单，只需要进行一次矩阵求逆，当节点过多、矩阵过大时，此优势表现非常明显，可以节省大量的求解时间，提高计算效率。

但是该方法也有缺点：

(1) 需要对不确定性参数不同采样值的相互组合进行计算，获得温度响应。如果具有不确定性的参数较多，则参数采样值的组合数过大，不可避免要完成大量重复计算。

(2) 节点温度的不确定性不具累加性，也就是说，在分析过程中，研究 $p+1$ 时间步节点的不确定性时，是假设前 p 时间步均不存在不确定性，即各个时间步节点温度的不确定性相互独立。

对获得的样本温度值采用数理统计中的点估计方法，可得各节点瞬时温度的统计特征[16]：

$$E(T_{p,l})=\frac{1}{N}\sum_{i=1}^{N}T_{p,l}^{i} \tag{6-18a}$$

$$\operatorname{var}(T_{p,l})=\frac{1}{N-1}\sum_{i=1}^{N}\left[T_{p,l}^{i}-E(T_{p,l})\right]^2 \tag{6-18b}$$

$$C_k(T_{p,l})=\frac{1}{N-1}\sum_{i=1}^{N}\left[T_{p,l}^{i}-E(T_{p,l})\right]^k \tag{6-18c}$$

式中，N 表示样本总数；$T_{p,l}^{i}$ 表示第 p 个时间步节点 l 第 i 次计算的样本温度值；$E(T_{p,l})$，$\operatorname{var}(T_{p,l})$ 和 $C_k(T_{p,l})$，$k\geqslant 3$，分别表示第 p 个时间步节点 l 温度的均值、方差和第 k 阶中心矩。

若想对各瞬时节点温度采用区间估计，例如欲判断某节点温度区间$[a,b]$中的概率，可用下式计算：

$$P_j \approx \frac{N_j}{N} \tag{6-18d}$$

式中，N_j 表示节点温度落入区间$[a,b]$的次数；N 表示不确定性参数在所有采样条件下计算所得的节点温度总数。

6.2 随机温度场的统计模型

随机温度场的统计特性主要依赖于参数的概率分布。随机瞬态温度场的统计特征因涉及温度对时间的导数，其难度远大于稳态情况。

飞机刹车副三维瞬态温度场的系统方程式(6-1)含有的不确定性因素(如导热系数、换热系数等)为随机向量 $\boldsymbol{X}=(x_1,x_2,\cdots,x_m)^{\mathrm{T}}$ 时，$\boldsymbol{Z},\boldsymbol{\Theta},\boldsymbol{Y}$ 均为该随机向量的函数，温度响应 $\boldsymbol{\Phi}^{p+1}$ 也必然具有随机性。式(6-1)变为

$$\left[\frac{1}{\theta\Delta t}\boldsymbol{Z}(\boldsymbol{X})+\boldsymbol{\Theta}(\boldsymbol{X})\right]\boldsymbol{\Phi}^{p+1}(\boldsymbol{X})=\boldsymbol{Z}(\boldsymbol{X})\left[\frac{1}{\theta\Delta t}\boldsymbol{\Phi}^{p}(\boldsymbol{X})+\frac{1-\theta}{\theta}\dot{\boldsymbol{\Phi}}^{p}(\boldsymbol{X})\right]+\boldsymbol{Y}(\boldsymbol{X}) \tag{6-19}$$

如果 $\boldsymbol{X}$ 是 m 维正态分布随机向量，则其联合概率密度函数 $P(\boldsymbol{X})$ 为

$$P(\boldsymbol{X})=\exp\{-L(\boldsymbol{X})\} \tag{6-20}$$

$$L(\boldsymbol{X})=\frac{m}{2}\ln(2\pi)+\frac{1}{2}\ln\|\boldsymbol{\varphi}\|+\frac{1}{2}(\boldsymbol{X}-\boldsymbol{\mu})^{\mathrm{T}}\varphi^{-1}(\boldsymbol{X}-\boldsymbol{\mu}) \tag{6-21}$$

式中，$\boldsymbol{\mu}$ 表示随机向量的均值；$\boldsymbol{\varphi}$ 为协方差矩阵。

当 $\boldsymbol{X}$ 服从正态分布 $\boldsymbol{X}\sim \boldsymbol{N}(\boldsymbol{\mu},\boldsymbol{\varphi})$，很容易得到 $L(\boldsymbol{X})$ 的表达式。若随机变量不服从正态分布，可通过数理统计的相关结论，将随机变量转换为正态分布。因此现只针对 $\boldsymbol{X}$ 是服从正态分布的随机向量进行研究。

由概率论可知，节点随机温度响应 T 的任意 $r(r=1,2,3,\cdots)$ 阶原点矩，与联合概率密度函数相关，由下式确定[16]：

$$\eta^{(r)}=E[T^r]=\int_{\boldsymbol{R}^m}T^r(\boldsymbol{X})P(\boldsymbol{X})\mathrm{d}X=\int_{\boldsymbol{R}^m}\exp\{-[L(\boldsymbol{X})-r\ln T(\boldsymbol{X})]\}\,\mathrm{d}\boldsymbol{X} \tag{6-22}$$

节点 i 温度响应 T_i 的 r 阶原点矩为

$$\eta_i^{(r)}=E[T_i^r]=\int_{\boldsymbol{R}^m}\exp\{-[L(\boldsymbol{X})-r\ln T_i(\boldsymbol{X})]\}\,\mathrm{d}\boldsymbol{X} \tag{6-23}$$

现作如下变换：

$$f(\boldsymbol{X})\overset{\mathrm{def}}{=\!=}L(\boldsymbol{X})-r\ln T_i(\boldsymbol{X}) \tag{6-24}$$

可知函数 $f(\boldsymbol{X})$ 在 m 维实数空间 $\boldsymbol{R}^m$ 中，各阶导数均存在，欲求积分

$$\eta_i^{(r)} = \int_{\boldsymbol{R}^m} \exp\{-f(\boldsymbol{X})\}\,\mathrm{d}\boldsymbol{X} \tag{6-25}$$

设 $f(\boldsymbol{X})$ 在点 $\boldsymbol{\beta}=(\beta_1,\beta_2,\cdots,\beta_m)\in\boldsymbol{R}^m$ 处取得全局最小值，则

$$\mathrm{d}f(\boldsymbol{\beta})=0 \tag{6-26}$$

即

$$\left.\frac{\partial f(\boldsymbol{X})}{\partial x_k}\right|_{x_k=\beta_k}=0,\quad k=1,2,\cdots,m \tag{6-27}$$

将函数 $f(\boldsymbol{X})$ 在 $\boldsymbol{X}=\boldsymbol{\beta}$ 处进行 Taylor 展开，由式(6-26) 得

$$f(\boldsymbol{X})=f(\boldsymbol{\beta})+\frac{1}{2}(\boldsymbol{X}-\boldsymbol{\beta})^{\mathrm{T}}D_f(\boldsymbol{\beta})(\boldsymbol{X}-\boldsymbol{\beta})+\varepsilon(\boldsymbol{X},\boldsymbol{\beta}) \tag{6-28}$$

式中，$D_f(\boldsymbol{\beta})$ 表示 Hessian 阵；$\varepsilon(\boldsymbol{X},\boldsymbol{\beta})$ 表示 Taylor 级数展开的高阶项误差。将式(6-28) 代入式(6-25)，得

$$\eta_i^{(r)}=\exp\{-f(\boldsymbol{\beta})\}\int_{\boldsymbol{R}^m}\exp\left\{-\frac{1}{2}(\boldsymbol{X}-\boldsymbol{\beta})^{\mathrm{T}}D_f(\boldsymbol{\beta})(\boldsymbol{X}-\boldsymbol{\beta})-\varepsilon(\boldsymbol{X},\boldsymbol{\beta})\right\}\mathrm{d}\boldsymbol{X} \tag{6-29}$$

忽略高阶误差项 $\varepsilon(\boldsymbol{X},\boldsymbol{\beta})$，式(6-29) 为

$$\eta_i^{(r)}\approx\exp\{-f(\boldsymbol{\beta})\}\int_{\boldsymbol{R}^m}\exp\left\{-\frac{1}{2}(\boldsymbol{X}-\boldsymbol{\beta})^{\mathrm{T}}D_f(\boldsymbol{\beta})(\boldsymbol{X}-\boldsymbol{\beta})\right\}\mathrm{d}\boldsymbol{X} \tag{6-30}$$

令

$$\boldsymbol{\xi}\overset{\mathrm{def}}{=\!=}D_f^{1/2}(\boldsymbol{\beta})(\boldsymbol{X}-\boldsymbol{\beta}) \tag{6-31}$$

将式(6-31) 代入式(6-30)，有

$$\eta_i^{(r)}\approx\exp\{-f(\boldsymbol{\beta})\}\int_{\boldsymbol{R}^m}\|D_f(\boldsymbol{\beta})\|^{-1/2}\exp\left\{-\frac{1}{2}\boldsymbol{\xi}^{\mathrm{T}}\boldsymbol{\xi}\right\}\mathrm{d}\boldsymbol{\xi} \tag{6-32}$$

计算式(6-32) 中积分，可得

$$\eta_i^{(r)}\approx(2\pi)^{m/2}\exp\{-f(\boldsymbol{\beta})\}\|D_f(\boldsymbol{\beta})\|^{-1/2} \tag{6-33}$$

需要说明的是，式(6-33) 是在忽略 $\varepsilon(\boldsymbol{X},\boldsymbol{\beta})$ 影响的基础上所得的积分近似解。要通过式(6-33) 求得节点 i 温度响应 T_i 的 r 阶原点矩 $\eta_i^{(r)}$，需要知道两个参数的值：一个是 $\boldsymbol{\beta}$，一个是 $D_f(\boldsymbol{\beta})$。下面分别求取这两个参数。

将式(6-24) 两端同时对 $x_k(k=1,2,\cdots,m)$ 求导数，得

$$\frac{\partial f(\boldsymbol{X})}{\partial x_k}=\frac{\partial L(\boldsymbol{X})}{\partial x_k}-\frac{r}{T_i(\boldsymbol{X})}\frac{\partial T_i(\boldsymbol{X})}{\partial x_k} \tag{6-34}$$

由于 $f(\boldsymbol{X})$ 在 $\boldsymbol{\beta}$ 处取得最小值，有

$$\left.\frac{\partial f(\boldsymbol{X})}{\partial x_k}\right|_{\boldsymbol{X}=\boldsymbol{\beta}}=\frac{\partial L(\boldsymbol{X})}{\partial x_k}-\frac{r}{T_i(\boldsymbol{X})}\left.\frac{\partial T_i(\boldsymbol{X})}{\partial x_k}\right|_{\boldsymbol{X}=\boldsymbol{\beta}}=0,\quad k=1,2,\cdots,m \tag{6-35}$$

可得

$$\left.\frac{\partial L(\boldsymbol{X})}{\partial x_k}\right|_{\boldsymbol{X}=\boldsymbol{\beta}}=\frac{r}{T_i(\boldsymbol{X})}\left.\frac{\partial T_i(\boldsymbol{X})}{\partial x_k}\right|_{\boldsymbol{X}=\boldsymbol{\beta}},\quad k=1,2,\cdots,m \tag{6-36}$$

记

$$d_{T_i}(\boldsymbol{\beta}) \overset{\text{def}}{=\!=} \frac{\partial T_i(\boldsymbol{X})}{\partial \mathrm{X}}\bigg|_{\boldsymbol{X}=\boldsymbol{\beta}},\quad d_L(\boldsymbol{\beta}) \overset{\text{def}}{=\!=} \frac{\partial L(\boldsymbol{X})}{\partial \mathrm{X}}\bigg|_{\boldsymbol{X}=\boldsymbol{\beta}} \tag{6-37}$$

式(6-36)可变形为

$$d_{T_i}(\boldsymbol{\beta})r = T_i(\boldsymbol{\beta})d_L(\boldsymbol{\beta}) \tag{6-38}$$

由式(6-21),可知

$$d_L(\boldsymbol{\beta}) = \boldsymbol{\varphi}^{-1}(\boldsymbol{\beta}-\boldsymbol{\mu}) \tag{6-39}$$

将式(6-39)代入式(6-38),整理得

$$\boldsymbol{\beta} = \boldsymbol{\mu} + \frac{r}{T_i(\boldsymbol{\beta})}\boldsymbol{\varphi} d_{T_i}(\boldsymbol{\beta}) \tag{6-40}$$

由式(6-40)可构造迭代格式

$$\boldsymbol{\beta}_{k+1} = \boldsymbol{\mu} + \frac{r}{T_i(\boldsymbol{\beta}_k)}\boldsymbol{\varphi} d_{T_i}(\boldsymbol{\beta}_k) \tag{6-41}$$

式(6-41)构造了求解$\boldsymbol{\beta}$的迭代格式,给定初始值(一般取$\boldsymbol{\beta}=\boldsymbol{\mu}$),进行计算,直到相邻两次计算结果之间的差异满足收敛条件,迭代停止,获得函数 $f(\boldsymbol{X})$ 的最小值点 $\boldsymbol{\beta}=(\beta_1,\beta_2,\cdots,\beta_m)$。至此,求取节点 i 温度响应 T_i 的 r 阶原点矩 $\eta_i^{(r)}$ 仅需 $D_f(\boldsymbol{\beta})$。

式(6-35)关于 $x_l(l=1,\cdots,m)$ 求导数,有

$$\begin{aligned}\frac{\partial^2 f(\boldsymbol{X})}{\partial x_k \partial x_l} &= \frac{\partial^2 L(\boldsymbol{X})}{\partial x_k \partial x_l} - r\left[-\frac{1}{T_i^2(\boldsymbol{X})}\frac{\partial T_i(\boldsymbol{X})}{\partial x_k}\frac{\partial T_i(\boldsymbol{X})}{\partial x_l} + \frac{1}{T_i(\boldsymbol{X})}\frac{\partial^2 T_i(\boldsymbol{X})}{\partial x_k \partial x_l}\right] = \\ &\frac{\partial^2 L(\boldsymbol{X})}{\partial x_k \partial x_l} + \frac{1}{r}\left[\frac{r}{T_i(\boldsymbol{X})}\frac{\partial T_i(\boldsymbol{X})}{\partial x_k}\right]\left[\frac{r}{T_i(\boldsymbol{X})}\frac{\partial T_i(\boldsymbol{X})}{\partial x_l}\right] - \frac{r}{T_i(\boldsymbol{X})}\frac{\partial^2 T_i(\boldsymbol{X})}{\partial x_k \partial x_l}\end{aligned} \tag{6-42}$$

将式(6-36)代入式(6-42),有

$$\frac{\partial^2 f(\boldsymbol{X})}{\partial x_k \partial x_l} = \frac{\partial^2 L(\boldsymbol{X})}{\partial x_k \partial x_l} + \frac{1}{r}\frac{\partial L(\boldsymbol{X})}{\partial x_k}\frac{\partial L(\boldsymbol{X})}{\partial x_l} - \frac{r}{T_i(\boldsymbol{X})}\frac{\partial^2 T_i(\boldsymbol{X})}{\partial x_k \partial x_l} \tag{6-43}$$

当 $\boldsymbol{X}=\boldsymbol{\beta}$ 时,式(6-43)为

$$D_f(\boldsymbol{\beta}) = \frac{\partial^2 f(\boldsymbol{X})}{\partial x_k \partial x_l}\bigg|_{\boldsymbol{X}=\boldsymbol{\beta}} = D_L(\boldsymbol{\beta}) + \frac{1}{r}d_L(\boldsymbol{\beta})d_L(\boldsymbol{\beta})^{\mathrm{T}} - \frac{r}{T_i(\boldsymbol{\beta})}D_{T_i}(\boldsymbol{\beta}) \tag{6-44}$$

由式(6-39)可以求得

$$D_L(\boldsymbol{\beta}) = \boldsymbol{\varphi}^{-1} \tag{6-45}$$

将式(6-39)和式(6-45)代入式(6-44),可得

$$\begin{aligned}D_f(\boldsymbol{\beta}) &= \boldsymbol{\varphi}^{-1} + \frac{1}{r}\boldsymbol{\varphi}^{-1}(\boldsymbol{\beta}-\boldsymbol{\mu})(\boldsymbol{\beta}-\boldsymbol{\mu})^{\mathrm{T}}(\boldsymbol{\varphi}^{-1})^{\mathrm{T}} - \frac{r}{T_i(\boldsymbol{\beta})}D_{T_i}(\boldsymbol{\beta}) = \\ &\boldsymbol{\varphi}^{-1}\left[\boldsymbol{I} + \frac{1}{r}(\boldsymbol{\beta}-\boldsymbol{\mu})(\boldsymbol{\beta}-\boldsymbol{\mu})^{\mathrm{T}}(\boldsymbol{\varphi}^{-1})^{\mathrm{T}}\right] - \frac{r}{T_i(\boldsymbol{\beta})}D_{T_i}(\boldsymbol{\beta})\end{aligned} \tag{6-46}$$

因此,只要求得 $D_{T_i}(\boldsymbol{\beta})$,便可获得 $\eta_i^{(r)}$,完成随机温度场统计特性的研究。式(6-19)两边关于 x_k 求导,可得

$$\left[\frac{\partial \boldsymbol{Z}(\boldsymbol{X})}{\partial x_k}\frac{1}{\theta\Delta t} + \frac{\partial \boldsymbol{\Theta}(\boldsymbol{X})}{\partial x_k}\right]\boldsymbol{\Phi}^{p+1}(\boldsymbol{X}) + \left[\boldsymbol{Z}(\boldsymbol{X})\frac{1}{\theta\Delta t} + \boldsymbol{\Theta}(\boldsymbol{X})\right]\frac{\partial \boldsymbol{\Phi}^{p+1}(\boldsymbol{X})}{\partial x_k} = \frac{\partial \boldsymbol{Y}(\boldsymbol{X})}{\partial x_k} +$$

$$\frac{\partial \boldsymbol{Z}(\boldsymbol{X})}{\partial x_k}\left[\frac{1}{\theta\Delta t}\boldsymbol{\Phi}^p(\boldsymbol{X})+\frac{1-\theta}{\theta}\dot{\boldsymbol{\Phi}}^p(\boldsymbol{X})\right]+\boldsymbol{Z}(\boldsymbol{X})\left[\frac{1}{\theta\Delta t}\frac{\partial \boldsymbol{\Phi}^p(\boldsymbol{X})}{\partial x_k}+\frac{1-\theta}{\theta}\frac{\partial \dot{\boldsymbol{\Phi}}^p(\boldsymbol{X})}{\partial x_k}\right] \tag{6-47}$$

温度对时间的微分表达式为

$$\dot{\boldsymbol{\Phi}}^p(\boldsymbol{X})=\frac{\boldsymbol{\Phi}^p(\boldsymbol{X})-\boldsymbol{\Phi}^{p-1}(\boldsymbol{X})}{\Delta t} \tag{6-48}$$

式(6-47)可变为

$$\left[\frac{\partial \boldsymbol{Z}(\boldsymbol{X})}{\partial x_k}\frac{1}{\theta\Delta t}+\frac{\partial \boldsymbol{\Theta}(\boldsymbol{X})}{\partial x_k}\right]\boldsymbol{\Phi}^{p+1}(\boldsymbol{X})+\left[\boldsymbol{Z}(\boldsymbol{X})\frac{1}{\theta\Delta t}+\boldsymbol{\Theta}(\boldsymbol{X})\right]\frac{\partial \boldsymbol{\Phi}^{p+1}(\boldsymbol{X})}{\partial x_k}=\frac{\partial \boldsymbol{Y}(\boldsymbol{X})}{\partial x_k}+$$
$$\frac{\partial \boldsymbol{Z}(\boldsymbol{X})}{\partial x_k}\left[\frac{1}{\theta\Delta t}\boldsymbol{\Phi}^p(\boldsymbol{X})+\frac{1-\theta}{\theta}\dot{\boldsymbol{\Phi}}^p(\boldsymbol{X})\right]+\boldsymbol{Z}(\boldsymbol{X})\left[\frac{2-\theta}{\theta\Delta t}\frac{\partial \boldsymbol{\Phi}^p(\boldsymbol{X})}{\partial x_k}-\frac{1-\theta}{\theta\Delta t}\frac{\partial \boldsymbol{\Phi}^{p-1}(\boldsymbol{X})}{\partial x_k}\right] \tag{6-49}$$

当 $\boldsymbol{X}=\boldsymbol{\beta}$ 时,式(6-49)为

$$\left[d_{\boldsymbol{Z}}(\boldsymbol{\beta})\frac{1}{\theta\Delta t}+d_{\boldsymbol{\Theta}}(\boldsymbol{\beta})\right]\boldsymbol{\Phi}^{p+1}(\boldsymbol{X})+\left[\boldsymbol{Z}(\boldsymbol{X})\frac{1}{\theta\Delta t}+\boldsymbol{\Theta}(\boldsymbol{X})\right]d_{\boldsymbol{\Phi}^{p+1}}(\boldsymbol{\beta})=d_{\boldsymbol{Y}}(\boldsymbol{\beta})+$$
$$d_{\boldsymbol{Z}}(\boldsymbol{\beta})\left[\frac{1}{\theta\Delta t}\boldsymbol{\Phi}^p(\boldsymbol{X})+\frac{1-\theta}{\theta}\dot{\boldsymbol{\Phi}}^p(\boldsymbol{X})\right]+\boldsymbol{Z}(\boldsymbol{X})\left[\frac{2-\theta}{\theta\Delta t}d_{\boldsymbol{\Phi}^p}(\boldsymbol{\beta})-\frac{1-\theta}{\theta\Delta t}d_{\boldsymbol{\Phi}^{p-1}}(\boldsymbol{\beta})\right] \tag{6-50}$$

进一步整理,可得

$$d_{\boldsymbol{\Phi}^{p+1}}(\boldsymbol{\beta})=\left[\boldsymbol{Z}(\boldsymbol{X})\frac{1}{\theta\Delta t}+\boldsymbol{\Theta}(\boldsymbol{X})\right]^{-1}\left\{d_{\boldsymbol{Y}}(\boldsymbol{\beta})+d_{\boldsymbol{Z}}(\boldsymbol{\beta})\left[\frac{1}{\theta\Delta t}\boldsymbol{\Phi}^p(\boldsymbol{X})+\frac{1-\theta}{\theta}\dot{\boldsymbol{\Phi}}^p(\boldsymbol{X})\right]+\right.$$
$$\left.\boldsymbol{Z}(\boldsymbol{X})\left[\frac{2-\theta}{\theta\Delta t}d_{\boldsymbol{\Phi}^p}(\boldsymbol{\beta})-\frac{1-\theta}{\theta\Delta t}d_{\boldsymbol{\Phi}^{p-1}}(\boldsymbol{\beta})\right]-\left[d_{\boldsymbol{Z}}(\boldsymbol{\beta})\frac{1}{\theta\Delta t}+d_{\boldsymbol{\Theta}}(\boldsymbol{\beta})\right]\boldsymbol{\Phi}^{p+1}(\boldsymbol{X})\right\} \tag{6-51}$$

由式(6-51)可得 $d_{\boldsymbol{\Phi}^{p+1}}(\boldsymbol{\beta})$。下面求 $\boldsymbol{\Phi}^{p+1}$ 对 $\boldsymbol{X}$ 求二次导数在 $\boldsymbol{\beta}$ 处的值 $\boldsymbol{D}_{\boldsymbol{\Phi}^{p+1}}(\boldsymbol{\beta})$。将式(6-47)对 x_l 求导,有

$$\left[\frac{\partial^2 \boldsymbol{Z}(\boldsymbol{X})}{\partial x_k\partial x_l}\frac{1}{\theta\Delta t}+\frac{\partial^2 \boldsymbol{\Theta}(\boldsymbol{X})}{\partial x_k\partial x_l}\right]\boldsymbol{\Phi}^{p+1}(\boldsymbol{X})+\left[\frac{\partial \boldsymbol{Z}(\boldsymbol{X})}{\partial x_k}\frac{1}{\theta\Delta t}+\frac{\partial \boldsymbol{\Theta}(\boldsymbol{X})}{\partial x_k}\right]\frac{\partial \boldsymbol{\Phi}^{p+1}(\boldsymbol{X})}{\partial x_l}+$$
$$\left[\frac{\partial \boldsymbol{Z}(\boldsymbol{X})}{\partial x_l}\frac{1}{\theta\Delta t}+\frac{\partial \boldsymbol{\Theta}(\boldsymbol{X})}{\partial x_l}\right]\frac{\partial \boldsymbol{\Phi}^{p+1}(\boldsymbol{X})}{\partial x_k}+\left[\boldsymbol{Z}(\boldsymbol{X})\frac{1}{\theta\Delta t}+\boldsymbol{\Theta}(\boldsymbol{X})\right]\frac{\partial^2 \boldsymbol{\Phi}^{p+1}(\boldsymbol{X})}{\partial x_k\partial x_l}=\frac{\partial^2 \boldsymbol{Y}(\boldsymbol{X})}{\partial x_k\partial x_l}+$$
$$\frac{\partial^2 \boldsymbol{Z}(\boldsymbol{X})}{\partial x_k\partial x_l}\left[\frac{1}{\theta\Delta t}\boldsymbol{\Phi}^p(\boldsymbol{X})+\frac{1-\theta}{\theta}\dot{\boldsymbol{\Phi}}^p(\boldsymbol{X})\right]+\frac{\partial \boldsymbol{Z}(\boldsymbol{X})}{\partial x_k}\left[\frac{1}{\theta\Delta t}\frac{\partial \boldsymbol{\Phi}^p(\boldsymbol{X})}{\partial x_l}+\frac{1-\theta}{\theta}\frac{\partial \dot{\boldsymbol{\Phi}}^p(\boldsymbol{X})}{\partial x_l}\right]+$$
$$\frac{\partial \boldsymbol{Z}(\boldsymbol{X})}{\partial x_l}\left[\frac{1}{\theta\Delta t}\frac{\partial \boldsymbol{\Phi}^p(\boldsymbol{X})}{\partial x_k}+\frac{1-\theta}{\theta}\frac{\partial \dot{\boldsymbol{\Phi}}^p(\boldsymbol{X})}{\partial x_k}\right]+\boldsymbol{Z}(\boldsymbol{X})\left[\frac{1}{\theta\Delta t}\frac{\partial^2 \boldsymbol{\Phi}^p(\boldsymbol{X})}{\partial x_k\partial x_l}+\frac{1-\theta}{\theta}\frac{\partial^2 \dot{\boldsymbol{\Phi}}^p(\boldsymbol{X})}{\partial x_k\partial x_l}\right] \tag{6-52}$$

将式(6-48)代入式(6-52),并简化表达为

$$\left[\boldsymbol{D}_Z(\boldsymbol{\beta})\frac{1}{\theta\Delta t}+\boldsymbol{D}_{\Theta}(\boldsymbol{\beta})\right]\boldsymbol{\Phi}^{p+1}(\boldsymbol{X})+2\left[d_Z(\boldsymbol{\beta})\frac{1}{\theta\Delta t}+d_{\Theta}(\boldsymbol{\beta})\right]d_{\boldsymbol{\Phi}^{p+1}}(\boldsymbol{\beta})+$$
$$\left[\boldsymbol{Z}(\boldsymbol{X})\frac{1}{\theta\Delta t}+\boldsymbol{\Theta}(\boldsymbol{X})\right]\boldsymbol{D}_{\boldsymbol{\Phi}^{p+1}}(\boldsymbol{\beta})=\boldsymbol{D}_Z(\boldsymbol{\beta})\left[\frac{1}{\theta\Delta t}\boldsymbol{\Phi}^p(\boldsymbol{X})+\frac{1-\theta}{\theta}\dot{\boldsymbol{\Phi}}^p(\boldsymbol{X})\right]+\boldsymbol{D}_Y(\boldsymbol{\beta})+$$
$$2d_Z(\boldsymbol{\beta})\left[\frac{2-\theta}{\theta\Delta t}d_{\boldsymbol{\Phi}^p}(\boldsymbol{\beta})-\frac{1-\theta}{\theta\Delta t}d_{\boldsymbol{\Phi}^{p-1}}(\boldsymbol{\beta})\right]+\boldsymbol{Z}(\boldsymbol{X})\left[\frac{2-\theta}{\theta\Delta t}\boldsymbol{D}_{\boldsymbol{\Phi}^p}(\boldsymbol{\beta})-\frac{1-\theta}{\theta\Delta t}\boldsymbol{D}_{\boldsymbol{\Phi}^{p-1}}(\boldsymbol{\beta})\right]$$

(6-53)

进一步整理，得

$$\boldsymbol{D}_{\boldsymbol{\Phi}^{p+1}}(\boldsymbol{\beta})=\left[\boldsymbol{Z}(\boldsymbol{X})\frac{1}{\theta\Delta t}+\boldsymbol{\Theta}(\boldsymbol{X})\right]^{-1}\left\{\boldsymbol{D}_Z(\boldsymbol{\beta})\left[\frac{1}{\theta\Delta t}\boldsymbol{\Phi}^p(\boldsymbol{X})+\frac{1-\theta}{\theta}\dot{\boldsymbol{\Phi}}^p(\boldsymbol{X})\right]+\boldsymbol{D}_Y(\boldsymbol{\beta})+\right.$$
$$2d_Z(\boldsymbol{\beta})\left[\frac{2-\theta}{\theta\Delta t}d_{\boldsymbol{\Phi}^p}(\boldsymbol{\beta})-\frac{1-\theta}{\theta\Delta t}d_{\boldsymbol{\Phi}^{p-1}}(\boldsymbol{\beta})\right]+\boldsymbol{Z}(\boldsymbol{X})\left[\frac{2-\theta}{\theta\Delta t}\boldsymbol{D}_{\boldsymbol{\Phi}^p}(\boldsymbol{\beta})-\frac{1-\theta}{\theta\Delta t}\boldsymbol{D}_{\boldsymbol{\Phi}^{p-1}}(\boldsymbol{\beta})\right]-$$
$$\left.\left[\boldsymbol{D}_Z(\boldsymbol{\beta})\frac{1}{\theta\Delta t}+\boldsymbol{D}_{\Theta}(\boldsymbol{\beta})\right]\boldsymbol{\Phi}^{p+1}(\boldsymbol{X})-2\left[d_Z(\boldsymbol{\beta})\frac{1}{\theta\Delta t}+d_{\Theta}(\boldsymbol{\beta})\right]d_{\boldsymbol{\Phi}^{p+1}}(\boldsymbol{\beta})\right\}$$

(6-54)

将式(6-51)代入式(6-54)，则

$$\boldsymbol{D}_{\boldsymbol{\Phi}^{p+1}}(\boldsymbol{\beta})=\left[\boldsymbol{Z}(\boldsymbol{X})\frac{1}{\theta\Delta t}+\boldsymbol{\Theta}(\boldsymbol{X})\right]^{-1}\left\{\boldsymbol{D}_Z(\boldsymbol{\beta})\left[\frac{1}{\theta\Delta t}\boldsymbol{\Phi}^p(\boldsymbol{X})+\frac{1-\theta}{\theta}\dot{\boldsymbol{\Phi}}^p(\boldsymbol{X})\right]+\boldsymbol{D}_Y(\boldsymbol{\beta})+\right.$$
$$2d_Z(\boldsymbol{\beta})\left[\frac{2-\theta}{\theta\Delta t}d_{\boldsymbol{\Phi}^p}(\boldsymbol{\beta})-\frac{1-\theta}{\theta\Delta t}d_{\boldsymbol{\Phi}^{p-1}}(\boldsymbol{\beta})\right]+\boldsymbol{Z}(\boldsymbol{X})\left[\frac{2-\theta}{\theta\Delta t}\boldsymbol{D}_{\boldsymbol{\Phi}^p}(\boldsymbol{\beta})-\frac{1-\theta}{\theta\Delta t}\boldsymbol{D}_{\boldsymbol{\Phi}^{p-1}}(\boldsymbol{\beta})\right]-$$
$$\left[\boldsymbol{D}_Z(\boldsymbol{\beta})\frac{1}{\theta\Delta t}+\boldsymbol{D}_{\Theta}(\boldsymbol{\beta})\right]\boldsymbol{\Phi}^{p+1}(\boldsymbol{X})-2\left[d_Z(\boldsymbol{\beta})\frac{1}{\theta\Delta t}+d_{\Theta}(\boldsymbol{\beta})\right]\left[\boldsymbol{Z}(\boldsymbol{X})\frac{1}{\theta\Delta t}+\boldsymbol{\Theta}(\boldsymbol{X})\right]^{-1}\times$$
$$\left\{d_Y(\boldsymbol{\beta})+d_Z(\boldsymbol{\beta})\left[\frac{1}{\theta\Delta t}\boldsymbol{\Phi}^p(\boldsymbol{X})+\frac{1-\theta}{\theta}\dot{\boldsymbol{\Phi}}^p(\boldsymbol{X})\right]+Z(\boldsymbol{X})\left[\left(\frac{2-\theta}{\theta\Delta t}\right)d_{\boldsymbol{\Phi}^p}(\boldsymbol{\beta})-\frac{1-\theta}{\theta\Delta t}d_{\boldsymbol{\Phi}^{p-1}}(\boldsymbol{\beta})\right]-\right.$$
$$\left.\left.\left[d_Z(\boldsymbol{\beta})\frac{1}{\theta\Delta t}+d_{\Theta}(\boldsymbol{\beta})\right]\boldsymbol{\Phi}^{p+1}(\boldsymbol{X})\right\}\right\}$$

(6-55)

$D_{T_i}(\boldsymbol{\beta})$ 为式(6-55)计算所得 $\boldsymbol{D}_{\boldsymbol{\Phi}^{p+1}}(\boldsymbol{\beta})$ 的一个分量，将式(6-55)代入式(6-46)可得具体 $D_f(\boldsymbol{\beta})$ 值。至此，得到求取节点 i 温度响应 T_i 的 r 阶原点矩的所有参数。将式(6-46)代入式(6-33)，可得到节点 i 温度响应的第 r 阶原点矩的计算表达式为[16]

$$\eta_i^{(r)}=T_i^r(\boldsymbol{\beta})\exp\left\{-\frac{1}{2}(\boldsymbol{\beta}-\boldsymbol{\mu})^{\mathrm{T}}\boldsymbol{\varphi}^{-1}(\boldsymbol{\beta}-\boldsymbol{\mu})\right\}\times$$
$$\left\|\boldsymbol{I}+\frac{1}{r}(\boldsymbol{\beta}-\boldsymbol{\mu})(\boldsymbol{\beta}-\boldsymbol{\mu})^{\mathrm{T}}(\boldsymbol{\varphi}^{-1})^{\mathrm{T}}-\varphi\frac{r}{T_i(\boldsymbol{\beta})}\boldsymbol{D}_{T_i}(\boldsymbol{\beta})\right\|^{-1/2}\quad(6-56)$$

从式(6-23)可见，当 $r=1$ 时，则能求出温度响应的均值。因此，节点 i 温度响应 T_i 的均值 $E[T_i]$ 的计算式为

$$E[T_i]=T_i(\boldsymbol{\beta})\exp\left\{-\frac{1}{2}(\boldsymbol{\beta}-\boldsymbol{\mu})^{\mathrm{T}}\boldsymbol{\varphi}^{-1}(\boldsymbol{\beta}-\boldsymbol{\mu})\right\}\times$$

$$\left\| \boldsymbol{I} + (\boldsymbol{\beta} - \boldsymbol{\mu})(\boldsymbol{\beta} - \boldsymbol{\mu})^{\mathrm{T}} (\boldsymbol{\varphi}^{-1})^{\mathrm{T}} - \frac{\boldsymbol{\varphi}}{T_i(\boldsymbol{\beta})} \boldsymbol{D}_{T_i}(\boldsymbol{\beta}) \right\|^{-1/2} \tag{6-57}$$

节点 i 温度响应 T_i 的方差 $\sigma^2(T_i)$ 为

$$\sigma^2(T_i) = E[T_i^2] - (E[T_i])^2 = \eta_i^{(2)} - (E[T_i])^2 \tag{6-58}$$

至此，由式(6－56) 可求出节点温度响应的前 r 阶原点矩，得到温度的统计特征。

6.3　瞬态温度场不确定性的模糊模型

有限元法是当今工程结构分析中最实用、最普遍的方法，模糊有限元较之普通有限元向人们提供了更多有实际价值的辅助信息。但是，模糊有限元法的发展一直受到计算量的制约。只有将模糊数学理论、区间方程理论和有限元平衡方程的物理意义相结合，才能快速而准确地求解模糊有限元平衡方程，使该方法具有更广泛的实用价值。

6.3.1　瞬态热传导的模糊数有限元模型

本节主要用模糊数表示不确定性参数，研究系统方程中不确定性对刹车副瞬态温度场的影响。给出的计算模型忽略了结构的不确定性，主要考虑物质本身的热物理特性参数、环境温度和热生成率等参数的不确定性。根据第 4 章的推导过程，由式(4－41)、式(4－44)、式(4－45)、式(4－60)、式(4－77)、式(4－88) 可知，式(4－93) 中的刚度矩阵、载荷矩阵与模糊性参数的包含关系为

$$\boldsymbol{Z}(\rho c)\dot{\boldsymbol{\Phi}} + \boldsymbol{\Theta}(k_x, k_y, k_z, h_x, h_y, h_z)\boldsymbol{\Phi} = \boldsymbol{Y}(h_x, h_y, h_z, T_f, q_x^{\mathrm{net}}, q_y^{\mathrm{net}}, q_z^{\mathrm{net}}) \tag{6-59}$$

式中，各参数的物理意义见第 4 章。根据温度场计算模型的建立过程，有如下关系成立：

$$\boldsymbol{Z}(\rho c) = \rho c \boldsymbol{E}_1 \tag{6-60}$$

$$\boldsymbol{\Theta}(k_x, k_y, k_z, h_x, h_y, h_z) = k_x\boldsymbol{E}_2 + k_y\boldsymbol{E}_3 + k_z\boldsymbol{E}_4 + h_x\boldsymbol{E}_5 + h_y\boldsymbol{E}_6 + h_z\boldsymbol{E}_7 \tag{6-61}$$

$$\boldsymbol{Y}(h_x, h_y, h_z, T_f, q_x^{\mathrm{net}}, q_y^{\mathrm{net}}, q_z^{\mathrm{net}}) = h_x T_f \boldsymbol{G}_1 + h_y T_f \boldsymbol{G}_2 + h_z T_f \boldsymbol{G}_3 + q_x^{\mathrm{net}}\boldsymbol{G}_4 + q_y^{\mathrm{net}}\boldsymbol{G}_5 + q_z^{\mathrm{net}}\boldsymbol{G}_6 \tag{6-62}$$

式中，$\boldsymbol{E}_i (i=1,2,\cdots,7)$ 表示常数矩阵，$\boldsymbol{G}_j (j=1,2,\cdots,6)$ 表示常数列向量，具体值可根据第 4 章的推导得到，此处不作详细展开。

考虑模糊性参数有 $\underset{\sim}{\rho}, \underset{\sim}{c}, \underset{\sim}{T}_f, \underset{\sim}{k}_x, \underset{\sim}{k}_y, \underset{\sim}{k}_z, \underset{\sim}{h}_x, \underset{\sim}{h}_y, \underset{\sim}{h}_z, x^{\mathrm{net}}, y^{\mathrm{net}}$ 和 z^{net}，用 $L-R$ 型模糊数表示为

$$\underset{\sim}{k}_x = (k_{x0}, \alpha_{kx}, \beta_{kx})_{LR} \tag{6-63a}$$

$$\underset{\sim}{k}_y = (k_{y0}, \alpha_{ky}, \beta_{ky})_{LR} \tag{6-63b}$$

$$\underset{\sim}{k}_z = (k_{z0}, \alpha_{kz}, \beta_{kz})_{LR} \tag{6-63c}$$

$$\underset{\sim}{\rho} = (\rho_0, \alpha_\rho, \beta_\rho)_{LR} \tag{6-63d}$$

$$\underset{\sim}{c} = (c_0, \alpha_c, \beta_c)_{LR} \tag{6-63e}$$

$$\underset{\sim}{T}_f=(T_{f0},\alpha_{Tf},\beta_{Tf})_{LR} \tag{6-63f}$$

$$\underset{\sim}{h}_x=(h_{x0},\alpha_{hx},\beta_{hx})_{LR} \tag{6-63g}$$

$$\underset{\sim}{h}_y=(h_{y0},\alpha_{hy},\beta_{hy})_{LR} \tag{6-63h}$$

$$\underset{\sim}{h}_z=(h_{z0},\alpha_{hz},\beta_{hz})_{LR} \tag{6-63i}$$

$$\underset{\sim}{q}_x^{\text{net}}=(q_{x0}^{\text{net}},\alpha_{q_x^{\text{net}}},\beta_{q_x^{\text{net}}})_{LR} \tag{6-63j}$$

$$\underset{\sim}{q}_y^{\text{net}}=(q_{y0}^{\text{net}},\alpha_{q_y^{\text{net}}},\beta_{q_y^{\text{net}}})_{LR} \tag{6-63k}$$

$$\underset{\sim}{q}_z^{\text{net}}=(q_{z0}^{\text{net}},\alpha_{q_z^{\text{net}}},\beta_{q_z^{\text{net}}})_{LR} \tag{6-63l}$$

式中，L 和 R 是各参数的左、右基准函数；k_{x0} 是 $\underset{\sim}{k}_x$ 的主值；α_{kx} 和 β_{kx} 是 $\underset{\sim}{k}_x$ 的左、右展形；其他各参数的含义与此类似。

根据模糊数计算规律，经过简单计算可得

$$\underset{\sim}{\rho}\underset{\sim}{c}=(\rho_0c_0,c_0\alpha_\rho+\rho_0\alpha_c,c_0\beta_\rho+\rho_0\beta_c)_{LR} \tag{6-64a}$$

$$\underset{\sim}{h}_x\underset{\sim}{T}_f=(h_{x0}T_{f0},T_{f0}\alpha_{hx}+h_{x0}\alpha_{Tf},T_{f0}\beta_{hx}+h_{x0}\beta_{Tf})_{LR} \tag{6-64b}$$

$$\underset{\sim}{h}_y\underset{\sim}{T}_f=(h_{y0}T_{f0},T_{f0}\alpha_{hy}+h_{y0}\alpha_{Tf},T_{f0}\beta_{hy}+h_{y0}\beta_{Tf})_{LR} \tag{6-64c}$$

$$\underset{\sim}{h}_z\underset{\sim}{T}_f=(h_{z0}T_{f0},T_{f0}\alpha_{hz}+h_{z0}\alpha_{Tf},T_{f0}\beta_{hz}+h_{z0}\beta_{Tf})_{LR} \tag{6-64d}$$

将式(6-60)～式(6-62)代入瞬态温度场系统方程式(6-1)，得

$$\left(\frac{1}{\theta\Delta t}\underset{\sim}{\rho}\underset{\sim}{c}\boldsymbol{E}_1+\underset{\sim}{k}_x\boldsymbol{E}_2+\underset{\sim}{k}_y\boldsymbol{E}_3+\underset{\sim}{k}_z\boldsymbol{E}_4+\underset{\sim}{h}_x\boldsymbol{E}_5+\underset{\sim}{h}_y\boldsymbol{E}_6+\underset{\sim}{h}_z\boldsymbol{E}_7\right)\boldsymbol{\Phi}^{p+1}=\underset{\sim}{h}_x\underset{\sim}{T}_f\boldsymbol{G}_1+\underset{\sim}{h}_y\underset{\sim}{T}_f\boldsymbol{G}_2+$$
$$\underset{\sim}{h}_z\underset{\sim}{T}_f\boldsymbol{G}_3+\underset{\sim}{q}_x^{\text{net}}\boldsymbol{G}_4+\underset{\sim}{q}_y^{\text{net}}\boldsymbol{G}_5+\underset{\sim}{q}_z^{\text{net}}\boldsymbol{G}_6+\underset{\sim}{\rho}\underset{\sim}{c}\boldsymbol{E}_1\left(\frac{1}{\theta\Delta t}\boldsymbol{\Phi}^p+\frac{1-\theta}{\theta}\dot{\boldsymbol{\Phi}}^p\right) \tag{6-65}$$

根据模糊数的运算法，有

$$\frac{1}{\theta\Delta t}\underset{\sim}{\rho}\underset{\sim}{c}\boldsymbol{E}_1=\left[\left(\frac{e_{ij}^1}{\theta\Delta t}\rho_0c_0,\frac{e_{ij}^1}{\theta\Delta t}(c_0\alpha_\rho+\rho_0\alpha_c),\frac{e_{ij}^1}{\theta\Delta t}(c_0\beta_\rho+\rho_0\beta_c)\right)_{LR}\right]_{n\times n} \tag{6-66a}$$

$$\underset{\sim}{h}_x\underset{\sim}{T}_f\boldsymbol{G}_1=[(g_i^1h_{x0}T_{f0},g_i^1(T_{f0}\alpha_{hx}+h_{x0}\alpha_{Tf}),g_i^1(T_{f0}\beta_{hx}+h_{x0}\beta_{Tf}))_{LR}]_{n\times1} \tag{6-66b}$$

$$\underset{\sim}{h}_y\underset{\sim}{T}_f\boldsymbol{G}_2=[(g_i^2h_{y0}T_{f0},g_i^2(T_{f0}\alpha_{hy}+h_{y0}\alpha_{Tf}),g_i^2(T_{f0}\beta_{hy}+h_{y0}\beta_{Tf}))_{LR}]_{n\times1} \tag{6-66c}$$

$$\underset{\sim}{h}_z\underset{\sim}{T}_f\boldsymbol{G}_3=[(g_i^3h_{z0}T_{f0},g_i^3(T_{f0}\alpha_{hz}+h_{z0}\alpha_{Tf}),g_i^3(T_{f0}\beta_{hz}+h_{z0}\beta_{Tf}))_{LR}]_{n\times1} \tag{6-66d}$$

$$\underset{\sim}{k}_x\boldsymbol{E}_2=[(e_{ij}^2k_{x0},e_{ij}^2\alpha_{kx},e_{ij}^2\beta_{kx})_{LR}]_{n\times n} \tag{6-66e}$$

$$\underset{\sim}{h}_x\boldsymbol{E}_5=[(e_{ij}^5h_{x0},e_{ij}^5\alpha_{hx},e_{ij}^5\beta_{hx})_{LR}]_{n\times n} \tag{6-66f}$$

$$\underset{\sim}{k}_y\boldsymbol{E}_3=[(e_{ij}^3k_{y0},e_{ij}^3\alpha_{ky},e_{ij}^3\beta_{ky})_{LR}]_{n\times n} \tag{6-66g}$$

$$\underset{\sim}{h}_y\boldsymbol{E}_6=[(e_{ij}^6h_{y0},e_{ij}^6\alpha_{hy},e_{ij}^6\beta_{hy})_{LR}]_{n\times n} \tag{6-66h}$$

$$\underset{\sim}{k}_z\boldsymbol{E}_4=[(e_{ij}^4k_{z0},e_{ij}^4\alpha_{kz},e_{ij}^4\beta_{kz})_{LR}]_{n\times n} \tag{6-66i}$$

$$\underset{\sim}{h}_z\boldsymbol{E}_7=[(e_{ij}^7h_{z0},e_{ij}^7\alpha_{hz},e_{ij}^7\beta_{hz})_{LR}]_{n\times n} \tag{6-66j}$$

$$\underset{\sim}{q}_x^{\text{net}}\boldsymbol{G}_4=[(g_i^4q_{x0}^{\text{net}},g_i^4\alpha_{q_x^{\text{net}}},g_i^4\beta_{q_x^{\text{net}}})_{LR}]_{n\times1} \tag{6-66k}$$

$$\underset{\sim}{q}_y^{\text{net}}\boldsymbol{G}_5=[(g_i^5q_{y0}^{\text{net}},g_i^5\alpha_{q_y^{\text{net}}},g_i^5\beta_{q_y^{\text{net}}})_{LR}]_{n\times1} \tag{6-66l}$$

$$\underset{\sim}{q}_z^{\text{net}}\boldsymbol{G}_6=[(g_i^6q_{z0}^{\text{net}},g_i^6\alpha_{q_z^{\text{net}}},g_i^6\beta_{q_z^{\text{net}}})_{LR}]_{n\times1} \tag{6-66m}$$

式中，e_{ij}^k，g_i^l 均表示常数，$k=1,2,\cdots,7$，$l=1,2,\cdots,6$，表示所属矩阵编号，下标表示元素位置。

由式(6-66)可知，式(6-65)的刚度矩阵和载荷矩阵均是模糊阵，因此求得的节点温度具有模糊性，温度响应 $\underset{\sim}{\boldsymbol{\Phi}}^p$ 及温度对时间导数 $\dot{\underset{\sim}{\boldsymbol{\Phi}}}^p$ 可表达为

$$\underset{\sim}{\boldsymbol{\Phi}}^p=(\boldsymbol{\Phi}_0^p,\boldsymbol{\alpha}_{\boldsymbol{\Phi}^p},\boldsymbol{\beta}_{\boldsymbol{\Phi}^p})_{LR},\quad \dot{\underset{\sim}{\boldsymbol{\Phi}}}^p=(\dot{\boldsymbol{\Phi}}_0^p,\boldsymbol{\alpha}_{\dot{\boldsymbol{\Phi}}^p},\boldsymbol{\beta}_{\dot{\boldsymbol{\Phi}}^p})_{LR} \tag{6-67}$$

则

$$\frac{1}{\theta\Delta t}\underset{\sim}{\boldsymbol{\Phi}}^p+\frac{1-\theta}{\theta}\dot{\underset{\sim}{\boldsymbol{\Phi}}}^p=\left[\left(\frac{1}{\theta\Delta t}\boldsymbol{\Phi}_0^p+\frac{1-\theta}{\theta}\dot{\boldsymbol{\Phi}}_0^p,\frac{1}{\theta\Delta t}\alpha_{\boldsymbol{\Phi}^p}+\frac{1-\theta}{\theta}\alpha_{\dot{\boldsymbol{\Phi}}^p},\frac{1}{\theta\Delta t}\beta_{\boldsymbol{\Phi}^p}+\frac{1-\theta}{\theta}\beta_{\dot{\boldsymbol{\Phi}}^p}\right)_{LR}\right]_{n\times 1} \tag{6-68}$$

令

$$G_7\overset{\text{def}}{=}\boldsymbol{E}_1\left(\frac{1}{\theta\Delta t}\underset{\sim}{\boldsymbol{\Phi}}^p+\frac{1-\theta}{\theta}\dot{\underset{\sim}{\boldsymbol{\Phi}}}^p\right)=$$
$$\left[\sum_{j=1}^n e_{ij}^1\left(\frac{1}{\theta\Delta t}\boldsymbol{\Phi}_{0j}^p+\frac{1-\theta}{\theta}\dot{\boldsymbol{\Phi}}_{0j}^p,\frac{1}{\theta\Delta t}\alpha_{\boldsymbol{\Phi}^p,j}+\frac{1-\theta}{\theta}\boldsymbol{\alpha}_{\dot{\boldsymbol{\Phi}}^p,j},\frac{1}{\theta\Delta t}\boldsymbol{\beta}_{\boldsymbol{\Phi}^p,j}+\frac{1-\theta}{\theta}\boldsymbol{\beta}_{\dot{\boldsymbol{\Phi}}^p,j}\right)_{LR}\right]_{n\times 1} \tag{6-69}$$

则

$$\boldsymbol{G}_7=[(\boldsymbol{g}_i^7,\boldsymbol{\alpha}_{g_i^7},\boldsymbol{\beta}_{g_i^7})_{LR}] \tag{6-70}$$

式中

$$\boldsymbol{g}_i^7=\sum_{j=1}^n e_{ij}^1\left(\frac{1}{\theta\Delta t}\boldsymbol{\Phi}_{0j}^p+\frac{1-\theta}{\theta}\dot{\boldsymbol{\Phi}}_{0j}^p\right) \tag{6-71a}$$

$$\boldsymbol{\alpha}_{g_i^7}=\sum_{j=1}^n e_{ij}^1\left(\frac{1}{\theta\Delta t}\boldsymbol{\alpha}_{\boldsymbol{\Phi}^p,j}+\frac{1-\theta}{\theta}\boldsymbol{\alpha}_{\dot{\boldsymbol{\Phi}}^p,j}\right) \tag{6-71b}$$

$$\boldsymbol{\beta}_{g_i^7}=\sum_{j=1}^n e_{ij}^1\left(\frac{1}{\theta\Delta t}\boldsymbol{\beta}_{\boldsymbol{\Phi}^p,j}+\frac{1-\theta}{\theta}\boldsymbol{\beta}_{\dot{\boldsymbol{\Phi}}^p,j}\right) \tag{6-71c}$$

因此

$$\underset{\sim}{\rho}\underset{\sim}{c}\boldsymbol{G}_7=[(\boldsymbol{g}_i^7\rho_0c_0,\boldsymbol{g}_i^7(c_0\alpha_\rho+\rho_0\alpha_c)+\rho_0c_0\boldsymbol{\alpha}_{g_i^7},\boldsymbol{g}_i^7(c_0\beta_\rho+\rho_0\beta_c)+\rho_0c_0\boldsymbol{\beta}_{g_i^7})_{LR}] \tag{6-72}$$

由此可见，式(6-65)中左、右两边各部分均为模糊矩阵或模糊向量，下面用两种方法求解此模糊方程。

6.3.2　模糊迭代求解法

模糊迭代求解是利用模糊数的表达形式，构造迭代格式、进行计算求取模糊方程组的解。

记

$$\underset{\sim}{\boldsymbol{b}}=\underset{\sim}{h}_x\underset{\sim}{T}_f\boldsymbol{G}_1+\underset{\sim}{h}_y\underset{\sim}{T}_f\boldsymbol{G}_2+\underset{\sim}{h}_z\underset{\sim}{T}_f\boldsymbol{G}_3+\underset{\sim}{q}_x^{\text{net}}\boldsymbol{G}_4+\underset{\sim}{q}_y^{\text{net}}\boldsymbol{G}_5+\underset{\sim}{q}_z^{\text{net}}\boldsymbol{G}_6+\underset{\sim}{\rho}\underset{\sim}{c}\boldsymbol{E}_1\left(\frac{1}{\theta\Delta t}\underset{\sim}{\boldsymbol{\Phi}}^p+\frac{1-\theta}{\theta}\dot{\underset{\sim}{\boldsymbol{\Phi}}}^p\right) \tag{6-73}$$

将式(6-73)代入式(6-65),得

$$\left(\frac{1}{\theta\Delta t}\underset{\sim}{\rho}\underset{\sim}{c}\boldsymbol{E}_1+\underset{\sim}{k}_x\boldsymbol{E}_2+\underset{\sim}{k}_y\boldsymbol{E}_3+\underset{\sim}{k}_z\boldsymbol{E}_4+\underset{\sim}{h}_x\boldsymbol{E}_5+\underset{\sim}{h}_y\boldsymbol{E}_6+\underset{\sim}{h}_z\boldsymbol{E}_7\right)\boldsymbol{\Phi}^{p+1}=\underset{\sim}{\boldsymbol{b}} \tag{6-74}$$

进一步整理,可变形为

$$\boldsymbol{\Phi}^{p+1}=\theta\Delta t\boldsymbol{E}_1^{-1}\underset{\sim}{\boldsymbol{b}}/(\underset{\sim}{\rho}\underset{\sim}{c})-\theta\Delta t\boldsymbol{E}_1^{-1}(\underset{\sim}{k}_x\boldsymbol{E}_2+\underset{\sim}{k}_y\boldsymbol{E}_3+\underset{\sim}{k}_z\boldsymbol{E}_4+\underset{\sim}{h}_x\boldsymbol{E}_5+\underset{\sim}{h}_y\boldsymbol{E}_6+\underset{\sim}{h}_z\boldsymbol{E}_7)\boldsymbol{\Phi}^{p+1}/(\underset{\sim}{\rho}\underset{\sim}{c}) \tag{6-75}$$

式(6-75)可视为求解 $\boldsymbol{\Phi}^{p+1}$ 的迭代公式,进行计算,其初始值可为各模糊参数代入所得的模糊温度响应。当左、右展形及主值均满足收敛条件时,迭代结束。

需要注意的是,式(6-75)构建的迭代格式不唯一,可以根据实际模糊参数的情况,进行调整。此外,根据模糊数运算的性质可以知道,即使两个模糊数相乘也要进行 5 次数乘,因此计算量呈指数增长,严重限制了使用迭代式求解温度响应的模糊性,尤其是节点或考虑模糊性参数过多的时候,需要仔细考虑计算量过大的问题。

若记

$$\underset{\sim}{\boldsymbol{G}}=\frac{1}{\theta\Delta t}\underset{\sim}{\rho}\underset{\sim}{c}\boldsymbol{E}_1+\underset{\sim}{k}_x\boldsymbol{E}_2+\underset{\sim}{k}_y\boldsymbol{E}_3+\underset{\sim}{k}_z\boldsymbol{E}_4+\underset{\sim}{h}_x\boldsymbol{E}_5+\underset{\sim}{h}_y\boldsymbol{E}_6+\underset{\sim}{h}_z\boldsymbol{E}_7 \tag{6-76}$$

则式(6-74)为

$$\underset{\sim}{\boldsymbol{G}}\boldsymbol{\Phi}^{p+1}=\underset{\sim}{\boldsymbol{b}} \tag{6-77}$$

将式(6-77)展开为

$$\begin{bmatrix}(g_{11},\alpha_{g_{11}},\beta_{g_{11}})_{LR} & (g_{12},\alpha_{g_{12}},\beta_{g_{12}})_{LR} & \cdots & (g_{1n},\alpha_{g_{1n}},\beta_{g_{1n}})_{LR}\\ (g_{21},\alpha_{g_{21}},\beta_{g_{21}})_{LR} & (g_{12},\alpha_{g_{12}},\beta_{g_{12}})_{LR} & \cdots & (g_{2n},\alpha_{g_{2n}},\beta_{g_{2n}})_{LR}\\ \vdots & \vdots & & \vdots\\ (g_{n1},\alpha_{g_{n1}},\beta_{g_{n1}})_{LR} & (g_{n2},\alpha_{g_{n2}},\beta_{g_{n2}})_{LR} & \cdots & (g_{nn},\alpha_{g_{nn}},\beta_{g_{nn}})_{LR}\end{bmatrix}\begin{bmatrix}(T_1,\alpha_{T_1},\beta_{T_1})\\(T_2,\alpha_{T_2},\beta_{T_2})\\\vdots\\(T_n,\alpha_{T_n},\beta_{T_n})\end{bmatrix}=\begin{bmatrix}(b_1,\alpha_{b_1},\beta_{b_1})\\(b_2,\alpha_{b_2},\beta_{b_2})\\\vdots\\(b_n,\alpha_{b_n},\beta_{b_n})\end{bmatrix} \tag{6-78}$$

若认为刹车副材料的热物理参数测量是准确的,而边界条件的参数因无法测量含有不确定性,即式(6-63f)、式(6-63j)～式(6-63l)成立,而其他变量均退化为实数,仍采用上述的推导过程,则可知式(6-77)等号左端刚度矩阵退化为常数,而载荷阵仍为模糊数向量,式(6-77)为

$$\boldsymbol{G}\underset{\sim}{\boldsymbol{\Phi}}^{p+1}=\underset{\sim}{\boldsymbol{b}} \tag{6-79}$$

对式(6-79)可直接左乘 $\boldsymbol{G}^{-1}$,即

$$\boldsymbol{G}^{-1}\boldsymbol{G}\underset{\sim}{\boldsymbol{\Phi}}^{p+1}=\boldsymbol{G}^{-1}\underset{\sim}{\boldsymbol{b}} \tag{6-80}$$

$$\underset{\sim}{\boldsymbol{\Phi}}^{p+1}=\boldsymbol{G}^{-1}\underset{\sim}{\boldsymbol{b}} \tag{6-81}$$

由式(6-81)可以看出,此时节点温度也为模糊数,由载荷列向量组合而成,可利用数乘 $L-R$ 型模糊数公式和加法公式求出。

相比之下,仅考虑边界条件的模糊性,求解温度响应的计算量要小得多(至少减少两个数量级)。因此,工程上经常采用高精度的试验方法测量物质的热物理特性参数,将其视为准确值,只考虑边界条件的模糊性,对其进行分析,重点研究对温度影响较大的边界,减少模糊参数的数量。

6.3.3　区间求解法

区间求解法的主要思路是通过 λ 水平截集,将模糊方程转化为区间方程,利用区间数运算法则求出温度响应的上、下确界,以得此 λ 水平下的温度响应,然后根据分解定理,对不同 λ 水平截集下的解综合,求出节点温度的响应结果。

对式(6-78)进行 λ 水平截集,可得区间方程

$$\begin{bmatrix} [\underline{g}_{11},\overline{g}_{11}] & [\underline{g}_{12},\overline{g}_{12}] & \cdots & [\underline{g}_{1n},\overline{g}_{1n}] \\ [\underline{g}_{21},\overline{g}_{21}] & [\underline{g}_{22},\overline{g}_{22}] & \cdots & [\underline{g}_{2n},\overline{g}_{2n}] \\ \vdots & \cdots & & \vdots \\ [\underline{g}_{n1},\overline{g}_{n1}] & [\underline{g}_{n2},\overline{g}_{n2}] & \cdots & [\underline{g}_{nn},\overline{g}_{nn}] \end{bmatrix}_{\lambda} \begin{bmatrix} [\underline{T}_1,\overline{T}_1] \\ [\underline{T}_2,\overline{T}_2] \\ \vdots \\ [\underline{T}_n,\overline{T}_n] \end{bmatrix} = \begin{bmatrix} [\underline{b}_1,\overline{b}_1] \\ [\underline{b}_2,\overline{b}_2] \\ \vdots \\ [\underline{b}_n,\overline{b}_n] \end{bmatrix} \tag{6-82}$$

式中,$\underline{g}_{ij}$,$\overline{g}_{ij}$ $(i,j=1,2,\cdots,n)$ 表示模糊刚度矩阵元素 λ 水平截集的上、下端点值;$\underline{T}_j$,$\overline{T}_j$,$\underline{b}_i$ 和 $\overline{b}_i$ 的意义类似。

用区间阵表达方法,将式(6-82)简记为

$$\boldsymbol{G}^I\boldsymbol{\Phi}^I=\boldsymbol{b}^I \tag{6-83}$$

对于区间平衡方程求解的本质就是确定解的区间范围,利用区间数分解式(3-123),将式(6-83)中 $\boldsymbol{G}^I$,$\boldsymbol{\Phi}^I$ 和 $\boldsymbol{b}^I$ 分解为

$$\left.\begin{aligned} \boldsymbol{b}^I&=\boldsymbol{b}_m+\frac{1}{2}[-1,1]\boldsymbol{b}_w \\ \boldsymbol{\Phi}^I&=\boldsymbol{\Phi}_m+\frac{1}{2}[-1,1]\boldsymbol{\Phi}_w \\ \boldsymbol{G}^I&=\boldsymbol{G}_m+\frac{1}{2}[-1,1]\boldsymbol{G}_w \end{aligned}\right\} \tag{6-84}$$

式中,$\boldsymbol{G}_m$,$\boldsymbol{G}_w$ 表示实矩阵;$\boldsymbol{\Phi}_m$,$\boldsymbol{\Phi}_w$,$\boldsymbol{b}_m$,$\boldsymbol{b}_w$ 表示实列向量。将式(6-84)代入方程式(6-83),采用区间数运算性质,可得

$$\boldsymbol{G}_m\boldsymbol{\Phi}_m+\frac{1}{2}[-1,1]\left\{\boldsymbol{G}_w\boldsymbol{\Phi}_m+\left(\boldsymbol{G}_m+\frac{1}{2}\boldsymbol{G}_w\right)\boldsymbol{\Phi}_w\right\}\supseteq\boldsymbol{b}_m+\frac{1}{2}[-1,1]\boldsymbol{b}_w \tag{6-85}$$

研究表明，若用“=”代替式(6-85)中的“⊇”，产生的误差并不大，于是有

$$\boldsymbol{G}_m\boldsymbol{\Phi}_m+\frac{1}{2}[-1,1]\left\{\boldsymbol{G}_w\boldsymbol{\Phi}_m+\left(\boldsymbol{G}_m+\frac{1}{2}\boldsymbol{G}_w\right)\boldsymbol{\Phi}_w\right\}=\boldsymbol{b}_m+\frac{1}{2}[-1,1]\boldsymbol{b}_w \tag{6-86}$$

根据区间数分解形式的唯一性，有

$$\boldsymbol{G}_m\boldsymbol{\Phi}_m=\boldsymbol{b}_m \tag{6-87}$$

$$\boldsymbol{G}_w\boldsymbol{\Phi}_m+\left(\boldsymbol{G}_m+\frac{1}{2}\boldsymbol{G}_w\right)\boldsymbol{\Phi}_w=\boldsymbol{b}_w \tag{6-88}$$

以上两个方程都是普通的线性方程组，可先求出 $\boldsymbol{\Phi}_m$，再将所求结果代入式(6-86)求得 $\boldsymbol{\Phi}_w$，表达式为

$$\left.\begin{aligned}\boldsymbol{\Phi}_m&=\boldsymbol{G}_m^{-1}\boldsymbol{b}_m\\ \boldsymbol{\Phi}_w&=\left(\boldsymbol{G}_m+\frac{1}{2}\boldsymbol{G}_w\right)^{-1}(\boldsymbol{b}_w-\boldsymbol{G}_w\boldsymbol{G}_m^{-1}\boldsymbol{b}_m)\end{aligned}\right\} \tag{6-89}$$

这样，便求得了 λ 水平截集下，结构区间方程式(6-83)的解。

$$\boldsymbol{\Phi}^I=\boldsymbol{\Phi}_m+\frac{1}{2}[-1,1]\boldsymbol{\Phi}_w=\boldsymbol{G}_m^{-1}\boldsymbol{b}_m+\frac{1}{2}[-1,1]\left(\boldsymbol{G}_m+\frac{1}{2}\boldsymbol{G}_w\right)^{-1}(\boldsymbol{b}_w-\boldsymbol{G}_w\boldsymbol{G}_m^{-1}\boldsymbol{b}_m) \tag{6-90}$$

若将区间解式(6-90)记为 $\boldsymbol{\Phi}_\lambda^I$，则当 λ 取遍[0,1]中所有值时，根据模糊分解定理可得模糊有限元平衡式(6-77)的模糊温度响应

$$\underset{\sim}{\boldsymbol{\Phi}}=\bigcup_{\lambda\in(0,1)}\lambda\boldsymbol{\Phi}_\lambda^I \tag{6-91a}$$

若只取有限个 λ 值进行计算，则

$$\underset{\sim}{\boldsymbol{\Phi}}=\bigcup_{k=1}^{m}\lambda\boldsymbol{\Phi}_{\lambda k}^I \tag{6-91b}$$

将该方法与前面的方法相比较可以看出，该方法简单，原理比较清晰，当考虑较多的模糊参数的影响时，计算量相对于模糊数计算方法来说比较小，在一定精度内可以适当选取 λ 的值，减少计算次数，提高计算效率，这是工程实际应用中考虑模糊性较常用的方法之一。

6.4 模糊随机有限元模型

工程实际中有许多参数会同时具有随机性和模糊性，如材料的热物理特性参数、边界条件以及作用的外载荷等。随机有限元法处理随机性，模糊有限元法处理模糊性，当要同时处理模糊性和随机性时，需要使用模糊随机有限元方法。此方法考虑的问题更多，相对来说也更符合物理实际情况。本节给出材料的热物理特性参数、边界条件及载荷等相关参数取值具有模糊随机性时，节点温度响应的模糊随机有限元求解方法，研究在此情况下，温度响应的变化。

6.4.1 模糊随机有限元法

下面将用于结构分析的模糊随机有限元法用于瞬态温度场分析中[181]。当物质某些参数

和边界条件具有模糊随机性时，节点温度响应也必然具有模糊随机性，即此时式(6-77) 中 $\underset{\sim}{\boldsymbol{G}}$，$\underset{\sim}{\boldsymbol{\Phi}}^{p+1}$，$\underset{\sim}{\boldsymbol{b}}$ 均具有模糊性和随机性，其表示形式仍与式(6-77) 同，记为

$$\underset{\sim}{\boldsymbol{G}}\underset{\sim}{\boldsymbol{\Phi}}=\underset{\sim}{\boldsymbol{b}} \tag{6-92}$$

对式(6-92) 作 λ 水平截集，得随机区间方程

$$[\underline{\boldsymbol{G}},\overline{\boldsymbol{G}}]_{\lambda}\,[\underline{\boldsymbol{\Phi}},\overline{\boldsymbol{\Phi}}]_{\lambda}=[\underline{\boldsymbol{b}},\overline{\boldsymbol{b}}]_{\lambda} \tag{6-93}$$

式(6-93) 的解 $[\underline{\boldsymbol{\Phi}},\overline{\boldsymbol{\Phi}}]_{\lambda}=[[\underline{T}_1,\overline{T}_1],\cdots,[\underline{T}_n,\overline{T}_n]]_{\lambda}^{\mathrm{T}}$ 中各随机区间数的上、下界由其均值按下式定义：

$$\left.\begin{aligned}E_{\lambda}[\underline{T}_j]&=\min\,\{E(T_j)\,|\,\boldsymbol{G\Phi}=\boldsymbol{b},\boldsymbol{G}\in[\underline{\boldsymbol{G}},\overline{\boldsymbol{G}}]_{\lambda},\boldsymbol{b}\in[\underline{\boldsymbol{b}},\overline{\boldsymbol{b}}]_{\lambda}\}\\E_{\lambda}[\overline{T}_j]&=\max\,\{E(T_j)\,|\,\boldsymbol{G\Phi}=\boldsymbol{b},\boldsymbol{G}\in[\underline{\boldsymbol{G}},\overline{\boldsymbol{G}}]_{\lambda},\boldsymbol{b}\in[\underline{\boldsymbol{b}},\overline{\boldsymbol{b}}]_{\lambda}\}\end{aligned}\right\} \tag{6-94}$$

式中，$j=1,2,\cdots,n$；$E_{\lambda}[\underline{T}_j]$，$E_{\lambda}[\overline{T}_j]$ 表示计算随机平衡方程 $\underset{\sim}{\boldsymbol{G}}\boldsymbol{\Phi}=\underset{\sim}{\boldsymbol{b}}$ 所得 $\boldsymbol{\Phi}$ 的第 j 个位移分量的均值 $E[T_j]$ 的上、下确界。根据模糊分解定理，式(6-92) 的解可以表示为

$$\boldsymbol{\Phi}=[\underset{\sim}{\boldsymbol{\Phi}}]=\bigcup_{\lambda\in(0,1)}\lambda\,[\underline{T},\overline{T}]_{\lambda} \tag{6-95}$$

下面求解式(6-93)。由于节点温度是模糊随机参数的函数，因此可以根据各物理参数实际的物理意义，判断节点温度随各模糊随机参数的增、减性进行分类。

$$\boldsymbol{\xi}=\{\xi_1,\xi_2,\cdots,\xi_{r_1}\} \tag{6-96}$$

$$\boldsymbol{\eta}=\{\eta_1,\eta_2,\cdots,\eta_{r_2}\} \tag{6-97}$$

式中，$\xi_i(i=1,2,\cdots,r_1)$ 和 $\eta_j(j=1,2,\cdots,r_2)$ 表示模糊随机参数；r_1，r_2 表示变量个数。设节点温度随 ξ_i 递增，随 η_j 递减，对式(6-96)、式(6-97) 作 λ 截集，有

$$\{\underline{\xi},\overline{\xi}\}_{\lambda}=\{[\underline{\xi}_1,\overline{\xi}_1],[\underline{\xi}_2,\overline{\xi}_2],\cdots,[\underline{\xi}_{f_1},\overline{\xi}_{f_1}]\}_{\lambda} \tag{6-98a}$$

$$\{\underline{\eta},\overline{\eta}\}_{\lambda}=\{[\underline{\eta}_1,\overline{\eta}_1],[\underline{\eta}_2,\overline{\eta}_2],\cdots,[\underline{\eta}_{f_2},\overline{\eta}_{f_2}]\}_{\lambda} \tag{6-98b}$$

由式(6-98) 计算刚度矩阵和载荷矩阵，并记

$$\boldsymbol{G}^{-}=[g(\underline{\xi}_{\lambda},\overline{\eta}_{\lambda})],\quad \boldsymbol{G}^{+}=[g(\overline{\xi}_{\lambda},\underline{\eta}_{\lambda})] \tag{6-99a}$$

$$\boldsymbol{b}^{-}=[b(\underline{\xi}_{\lambda},\overline{\eta}_{\lambda})],\quad \boldsymbol{b}^{+}=[b(\overline{\xi}_{\lambda},\underline{\eta}_{\lambda})] \tag{6-99b}$$

式中，$\boldsymbol{G}^{-}$ 表示取 $\{\xi\}_{\lambda}$ 的下界和 $\{\eta\}_{\lambda}$ 的上界所得刚度矩阵，$\boldsymbol{G}^{+}$，$\boldsymbol{b}^{-}$ 和 $\boldsymbol{b}^{+}$ 的意义可以类推。

求解相应的平衡方程

$$\boldsymbol{G}^{-}\,\boldsymbol{\Phi}^{-}=\boldsymbol{b}^{-},\quad \boldsymbol{G}^{+}\,\boldsymbol{\Phi}^{+}=\boldsymbol{b}^{+} \tag{6-100}$$

设其解是

$$\boldsymbol{\Phi}^{-}=[T_1^{-},T_2^{-},\cdots,T_n^{-}]^{\mathrm{T}},\quad \boldsymbol{\Phi}^{+}=[T_1^{+},T_2^{+},\cdots,T_n^{+}]^{\mathrm{T}} \tag{6-101}$$

可判断式(6－94)和式(6－101)解之间的关系为

$$\underline{T}_{j\lambda}=\min\left(T_j^-,T_j^+\right),\quad \overline{T}_{j\lambda}=\max\left(T_j^-,T_j^+\right)\quad j=1,2,\cdots,n \tag{6-102}$$

若物质的热物理特性($\underset{\sim}{\rho}$,$\underset{\sim}{c}$,$\underset{\sim}{k}_x$,$\underset{\sim}{k}_y$ 和 $\underset{\sim}{k}_z$)、边界条件($\underset{\sim}{T}_f$,$\underset{\sim}{h}_x$,$\underset{\sim}{h}_y$ 和 $\underset{\sim}{h}_z$)或载荷($\underset{\sim}{q}_x^{\text{net}}$,$\underset{\sim}{q}_y^{\text{net}}$ 和 $\underset{\sim}{q}_z^{\text{net}}$)等相关参数 $\underset{\sim}{z}$ 具有模糊随机性,则可将该参数的模糊性与随机性相分离,表示为

$$\underset{\sim}{z}=\underset{\sim}{z}_0(1+\alpha) \tag{6-103}$$

式中,$\underset{\sim}{z}$ 表示模糊随机参数;$\underset{\sim}{z}_0$ 表示一个模糊数,反映了 $\underset{\sim}{z}$ 的模糊性;α 表示均值为零的随机向量,反映了 $\underset{\sim}{z}$ 的随机性。$\underset{\sim}{z}$ 的 λ 水平截集为

$$z_\lambda=[\underline{z}_\lambda,\overline{z}_\lambda]=[\underline{z}_{0\lambda}(1+\alpha),\overline{z}_{0\lambda}(1+\alpha)] \tag{6-104}$$

当具有模糊性和随机性的变量不止一个时,需构成模糊随机向量,表达式为

$$z_\lambda=[\underline{z}_{i,\lambda},\overline{z}_{i,\lambda}]=[\underline{z}_{i,0\lambda}(1+\alpha_i),\overline{z}_{i,0\lambda}(1+\alpha_i)] \tag{6-105}$$

式(6－101)、式(6－102)完成了模糊随机变量的模糊性研究,现处理其中的随机性。将 $\boldsymbol{G}^-$,$\boldsymbol{G}^+$,$\boldsymbol{b}^-$,$\boldsymbol{b}^+$,$\boldsymbol{\Phi}^-$,$\boldsymbol{\Phi}^+$ 在 $\boldsymbol{\alpha}$ 的均值处作泰勒级数展开,略去二阶以上项,有

$$\boldsymbol{G}^-=\boldsymbol{G}_0^-+\sum_{i=1}^m\boldsymbol{G}_i^-\alpha_i+\frac{1}{2}\sum_{i=1}^m\sum_{j=1}^m\boldsymbol{G}_{ij}^-\alpha_i\alpha_j \tag{6-106a}$$

$$\boldsymbol{G}^+=\boldsymbol{G}_0^++\sum_{i=1}^m\boldsymbol{G}_i^+\alpha_i+\frac{1}{2}\sum_{i=1}^m\sum_{j=1}^m\boldsymbol{G}_{ij}^+\alpha_i\alpha_j \tag{6-106b}$$

$$\boldsymbol{b}^-=\boldsymbol{b}_0^-+\sum_{i=1}^m\boldsymbol{b}_i^-\alpha_i+\frac{1}{2}\sum_{i=1}^m\sum_{j=1}^m\boldsymbol{b}_{ij}^-\alpha_i\alpha_j \tag{6-106c}$$

$$\boldsymbol{b}^+=\boldsymbol{b}_0^++\sum_{i=1}^m\boldsymbol{b}_i^+\alpha_i+\frac{1}{2}\sum_{i=1}^m\sum_{j=1}^m\boldsymbol{b}_{ij}^+\alpha_i\alpha_j \tag{6-106d}$$

$$\boldsymbol{\Phi}^-=\boldsymbol{\Phi}_0^-+\sum_{i=1}^m\boldsymbol{\Phi}_i^-\alpha_i+\frac{1}{2}\sum_{i=1}^m\sum_{j=1}^m\boldsymbol{\Phi}_{ij}^-\alpha_i\alpha_j \tag{6-106e}$$

$$\boldsymbol{\Phi}^+=\boldsymbol{\Phi}_0^++\sum_{i=1}^m\boldsymbol{\Phi}_i^+\alpha_i+\frac{1}{2}\sum_{i=1}^m\sum_{j=1}^m\boldsymbol{\Phi}_{ij}^+\alpha_i\alpha_j \tag{6-106f}$$

式中,m 表示 $\underset{\sim}{\boldsymbol{\alpha}}$ 向量中随机变量总数;$\boldsymbol{G}_i^-$,$\boldsymbol{G}_{ij}^-$ 等中的下标 i 和 j 表示对 α_i,α_j 求偏导数;$\boldsymbol{G}_i^-$,$\boldsymbol{G}_{ij}^-$ 表示求偏导后在均值处的取值。将式(6－106)代入式(6－100),根据摄动法原理便可得到递归方程组

$$\left.\begin{aligned}&\boldsymbol{G}_0^-\boldsymbol{\Phi}_0^-=\boldsymbol{b}_0^-\\&\boldsymbol{G}_0^-\boldsymbol{\Phi}_i^-=\boldsymbol{b}_i^--\boldsymbol{G}_i^-\boldsymbol{\Phi}_0^-\\&\boldsymbol{G}_0^-\boldsymbol{\Phi}_{ij}^-=\boldsymbol{b}_{ij}^--\boldsymbol{G}_i^-\boldsymbol{\Phi}_j^--\boldsymbol{G}_j^-\boldsymbol{\Phi}_i^--\boldsymbol{G}_{ij}^-\boldsymbol{\Phi}_0^-\end{aligned}\right\} \tag{6-107}$$

$$\left.\begin{aligned}&\boldsymbol{G}_0^+\boldsymbol{\Phi}_0^+=\boldsymbol{b}_0^+\\&\boldsymbol{G}_0^+\boldsymbol{\Phi}_i^+=\boldsymbol{b}_i^+-\boldsymbol{G}_i^+\boldsymbol{\Phi}_0^+\\&\boldsymbol{G}_0^+\boldsymbol{\Phi}_{ij}^+=\boldsymbol{b}_{ij}^+-\boldsymbol{G}_i^+\boldsymbol{\Phi}_j^+-\boldsymbol{G}_j^+\boldsymbol{\Phi}_i^+-\boldsymbol{G}_{ij}^+\boldsymbol{\Phi}_0^+\end{aligned}\right\} \tag{6-108}$$

对式(6-107) 和式(6-108) 进行求解,则可得式(6-100) 的解;再由式(6-102),可得式(6-94) 的解;然后由式(6-99),便可得到式(6-93) 的解。

当式(6-104) 中取 $\lambda=1$ 时,则有 $\underset{-}{z}_\lambda=\bar{z}_\lambda$,从而在式(6-107)、式(6-108) 中必有

$$\boldsymbol{G}^-=\boldsymbol{G}^+,\quad \boldsymbol{\Phi}^-=\boldsymbol{\Phi}^+,\quad \boldsymbol{b}^-=\boldsymbol{b}^+$$

此时,式(6-107) 和式(6-108) 等价,并且与摄动随机有限元法求节点温度方程组完全一致。如果随机向量 $\boldsymbol{\alpha}$ 为零向量,则得

$$\boldsymbol{G}^-=\boldsymbol{G}_0^-,\quad \boldsymbol{G}^+=\boldsymbol{G}_0^+,\quad \boldsymbol{b}^-=\boldsymbol{b}_0^-,\quad \boldsymbol{b}^+=\boldsymbol{b}_0^+,\quad \boldsymbol{\Phi}^-=\boldsymbol{\Phi}_0^-,\quad \boldsymbol{\Phi}^+=\boldsymbol{\Phi}_0^+$$

此时式(6-107) 和式(6-108) 分别退化为普通的平衡方程。当同时取水平 $\lambda=1$ 和 $\underset{\sim}{\boldsymbol{\alpha}}$ 为零向量时,式(6-107) 和式(6-108) 等价并退化为一般的有限元平衡方程[181]。

6.4.2 基于区间方程组解的模糊随机有限元法

对于式(6-93),首先考虑其模糊特性。对刚度矩阵 $\underset{\sim}{\boldsymbol{G}}$、载荷列阵 $\underset{\sim}{\boldsymbol{b}}$ 和节点温度响应列阵 $\underset{\sim}{\boldsymbol{\Phi}}$ 作 λ 水平截集,然后将水平截集在 $\boldsymbol{\alpha}$ 的均值处作泰勒级数展开,并略去二级以上项,有

$$[\underset{-}{\boldsymbol{G}},\bar{\boldsymbol{G}}]_\lambda=\left[\boldsymbol{G}_0^-+\sum_{i=1}^m\boldsymbol{G}_i^-\alpha_i+\frac{1}{2}\sum_{i=1}^m\sum_{j=1}^m\boldsymbol{G}_{ij}^-\alpha_i\alpha_j,\boldsymbol{G}_0^++\sum_{i=1}^m\boldsymbol{G}_i^+\alpha_i+\frac{1}{2}\sum_{i=1}^m\sum_{j=1}^m\boldsymbol{G}_{ij}^+\alpha_i\alpha_j\right]_\lambda \tag{6-109a}$$

$$[\underset{-}{\boldsymbol{b}},\bar{\boldsymbol{b}}]_\lambda=\left[\boldsymbol{b}_0^-+\sum_{i=1}^m\boldsymbol{b}_i^-\alpha_i+\frac{1}{2}\sum_{i=1}^m\sum_{j=1}^m\boldsymbol{b}_{ij}^-\alpha_i\alpha_j,\boldsymbol{b}_0^++\sum_{i=1}^m\boldsymbol{b}_i^+\alpha_i+\frac{1}{2}\sum_{i=1}^m\sum_{j=1}^m\boldsymbol{b}_{ij}^+\alpha_i\alpha_j\right]_\lambda \tag{6-109b}$$

$$[\underset{-}{\boldsymbol{\Phi}},\bar{\boldsymbol{\Phi}}]_\lambda=\left[\boldsymbol{\Phi}_0^-+\sum_{i=1}^m\boldsymbol{\Phi}_i^-\alpha_i+\frac{1}{2}\sum_{i=1}^m\sum_{j=1}^m\boldsymbol{\Phi}_{ij}^-\alpha_i\alpha_j,\boldsymbol{\Phi}_0^++\sum_{i=1}^m\boldsymbol{\Phi}_i^+\alpha_i+\frac{1}{2}\sum_{i=1}^m\sum_{j=1}^m\boldsymbol{\Phi}_{ij}^+\alpha_i\alpha_j\right]_\lambda \tag{6-109c}$$

将展开式(6-109) 代入式(6-93),有

$$[\underset{-}{\boldsymbol{G}},\bar{\boldsymbol{G}}]_\lambda\,[\underset{-}{\boldsymbol{\Phi}},\bar{\boldsymbol{\Phi}}]_\lambda=[\underset{-}{\boldsymbol{b}},\bar{\boldsymbol{b}}]_\lambda \tag{6-110}$$

此区间方程组同样可以与 6.3.3 节所介绍的方法得到式(3-126) 相似的结果,转化为两个方程组求解。现略去截集的下标 λ,可得[181]

$$\left(\boldsymbol{G}_0^-+\boldsymbol{G}_0^++\sum_{i=1}^m(\boldsymbol{G}_i^-+\boldsymbol{G}_i^+)\alpha_i+\frac{1}{2}\sum_{i=1}^m\sum_{j=1}^m(\boldsymbol{G}_{ij}^-+\boldsymbol{G}_{ij}^+)\alpha_i\alpha_j\right)\times$$
$$\left(\boldsymbol{\Phi}_0^-+\boldsymbol{\Phi}_0^++\sum_{i=1}^m(\boldsymbol{\Phi}_i^-+\boldsymbol{\Phi}_i^+)\alpha_i+\frac{1}{2}\sum_{i=1}^m\sum_{j=1}^m(\boldsymbol{\Phi}_{ij}^-+\boldsymbol{\Phi}_{ij}^+)\alpha_i\alpha_j\right)=$$
$$\boldsymbol{b}_0^-+\boldsymbol{b}_0^++\sum_{i=1}^m(\boldsymbol{b}_i^-+\boldsymbol{b}_i^+)\alpha_i+\frac{1}{2}\sum_{i=1}^m\sum_{j=1}^m(\boldsymbol{b}_{ij}^-+\boldsymbol{b}_{ij}^+)\alpha_i\alpha_j \tag{6-111}$$

即

$$\left[\boldsymbol{G}_0^+ + \sum_{i=1}^{m}\boldsymbol{G}_i^+\alpha_i + \frac{1}{2}\sum_{i=1}^{m}\sum_{j=1}^{m}\boldsymbol{G}_{ij}^+\alpha_i\alpha_j\right]\left[\boldsymbol{\Phi}_0^+ - \boldsymbol{\Phi}_0^- + \sum_{i=1}^{m}(\boldsymbol{\Phi}_i^+ - \boldsymbol{\Phi}_i^-)\alpha_i + \frac{1}{2}\sum_{i=1}^{m}\sum_{j=1}^{m}(\boldsymbol{\Phi}_{ij}^+ - \boldsymbol{\Phi}_{ij}^-)\alpha_i\alpha_j\right] =$$
$$\left[\boldsymbol{b}_0^+ - \boldsymbol{b}_0^- + \sum_{i=1}^{m}(\boldsymbol{b}_i^+ - \boldsymbol{b}_i^-)\alpha_i + \frac{1}{2}\sum_{i=1}^{m}\sum_{j=1}^{m}(\boldsymbol{b}_{ij}^+ - \boldsymbol{b}_{ij}^-)\alpha_i\alpha_j\right] - \frac{1}{2}\left[\boldsymbol{G}_0^+ - \boldsymbol{G}_0^- + \sum_{i=1}^{m}(\boldsymbol{G}_i^+ - \boldsymbol{G}_i^-)\alpha_i + \right.$$
$$\left.\frac{1}{2}\sum_{i=1}^{m}\sum_{j=1}^{m}(\boldsymbol{G}_{ij}^+ - \boldsymbol{G}_{ij}^-)\alpha_i\alpha_j\right]\left[\boldsymbol{\Phi}_0^+ + \boldsymbol{\Phi}_0^- + \sum_{i=1}^{m}(\boldsymbol{\Phi}_i^+ + \boldsymbol{\Phi}_i^-)\alpha_i + \frac{1}{2}\sum_{i=1}^{m}\sum_{j=1}^{m}(\boldsymbol{\Phi}_{ij}^+ + \boldsymbol{\Phi}_{ij}^-)\alpha_i\alpha_j\right] \tag{6-112}$$

将式(6－112)展开，根据摄动法原理，可得如下的递归方程组：

$$(\boldsymbol{G}_0^- + \boldsymbol{G}_0^+)(\boldsymbol{\Phi}_0^- + \boldsymbol{\Phi}_0^+) = \boldsymbol{b}_0^- + \boldsymbol{b}_0^+$$
$$(\boldsymbol{G}_0^- + \boldsymbol{G}_0^+)(\boldsymbol{\Phi}_i^- + \boldsymbol{\Phi}_i^+) = \boldsymbol{b}_i^- + \boldsymbol{b}_i^+ - (\boldsymbol{G}_i^- + \boldsymbol{G}_i^+)(\boldsymbol{\Phi}_0^- + \boldsymbol{\Phi}_0^+)$$
$$(\boldsymbol{G}_0^- + \boldsymbol{G}_0^+)(\boldsymbol{\Phi}_{ij}^- + \boldsymbol{\Phi}_{ij}^+) = \boldsymbol{b}_{ij}^- + \boldsymbol{b}_{ij}^+ - (\boldsymbol{G}_i^- + \boldsymbol{G}_i^+)(\boldsymbol{\Phi}_j^- + \boldsymbol{\Phi}_j^+) - (\boldsymbol{G}_j^- + \boldsymbol{G}_j^+)(\boldsymbol{\Phi}_i^- + \boldsymbol{\Phi}_i^+) - (\boldsymbol{G}_{ij}^- + \boldsymbol{G}_{ij}^+)(\boldsymbol{\Phi}_0^- + \boldsymbol{\Phi}_0^+)$$

整理得

$$\boldsymbol{G}_0^+(\boldsymbol{\Phi}_0^+ - \boldsymbol{\Phi}_0^-) = \boldsymbol{b}_0^+ - \boldsymbol{b}_0^- - \frac{1}{2}(\boldsymbol{G}_0^+ - \boldsymbol{G}_0^-)(\boldsymbol{\Phi}_0^- + \boldsymbol{\Phi}_0^+) \tag{6-113a}$$

$$\boldsymbol{G}_0^+(\boldsymbol{\Phi}_i^+ - \boldsymbol{\Phi}_i^-) = \boldsymbol{b}_i^+ - \boldsymbol{b}_i^- - \frac{1}{2}(\boldsymbol{G}_0^+ - \boldsymbol{G}_0^-)(\boldsymbol{\Phi}_i^- + \boldsymbol{\Phi}_i^+) - \frac{1}{2}(\boldsymbol{G}_i^+ - \boldsymbol{G}_i^-)(\boldsymbol{\Phi}_0^- + \boldsymbol{\Phi}_0^+) - \boldsymbol{G}_i^+(\boldsymbol{\Phi}_0^+ - \boldsymbol{\Phi}_0^-) \tag{6-113b}$$

$$\boldsymbol{G}_0^+(\boldsymbol{G}_{ij}^+ - \boldsymbol{G}_{ij}^-) = \boldsymbol{b}_{ij}^+ - \boldsymbol{b}_{ij}^- - \frac{1}{2}(\boldsymbol{G}_0^+ - \boldsymbol{G}_0^-)(\boldsymbol{\Phi}_{ij}^- + \boldsymbol{\Phi}_{ij}^+) - \frac{1}{2}(\boldsymbol{G}_{ij}^+ - \boldsymbol{G}_{ij}^-)(\boldsymbol{\Phi}_0^+ + \boldsymbol{\Phi}_0^-) -$$
$$(\boldsymbol{G}_i^+ - \boldsymbol{G}_i^-)(\boldsymbol{\Phi}_j^- + \boldsymbol{\Phi}_j^+) - (\boldsymbol{G}_j^+ - \boldsymbol{G}_j^-)(\boldsymbol{\Phi}_i^- + \boldsymbol{\Phi}_i^+) - \boldsymbol{G}_{ij}^+(\boldsymbol{\Phi}_0^+ - \boldsymbol{\Phi}_0^-) -$$
$$\boldsymbol{G}_j^+(\boldsymbol{\Phi}_i^+ - \boldsymbol{\Phi}_i^-)\boldsymbol{G}_j^+(\boldsymbol{\Phi}_i^+ - \boldsymbol{\Phi}_i^-) \tag{6-113c}$$

式中，$i,j=1,2,\cdots,m$。

由上述方程组可依次求出 $\boldsymbol{\Phi}_0^+ + \boldsymbol{\Phi}_0^-$，$\boldsymbol{\Phi}_0^+ - \boldsymbol{\Phi}_0^-$，$\boldsymbol{\Phi}_i^- + \boldsymbol{\Phi}_i^+$，$\boldsymbol{\Phi}_i^+ - \boldsymbol{\Phi}_i^-$，$\boldsymbol{\Phi}_{ij}^- + \boldsymbol{\Phi}_{ij}^+$，$\boldsymbol{\Phi}_{ij}^+ - \boldsymbol{\Phi}_{ij}^-$，$\lambda$ 水平截集下的解，进而可分别求 $\boldsymbol{\Phi}_0^+$，$\boldsymbol{\Phi}_0^-$，$\boldsymbol{\Phi}_i^+$，$\boldsymbol{\Phi}_i^-$，$\boldsymbol{\Phi}_{ij}^-$，$\boldsymbol{\Phi}_{ij}^+$ 等量，则可得式(6－110)的解。

式(6－94)取 $\lambda=1$ 有 $\underline{z}_\lambda=\overline{z}_\lambda$，从而有

$$[\underline{\boldsymbol{G}}]_\lambda = [\overline{\boldsymbol{G}}]_\lambda,\quad [\overline{\boldsymbol{b}}]_\lambda = [\underline{\boldsymbol{b}}]_\lambda,\quad [\underline{\boldsymbol{\Phi}}]_\lambda = [\overline{\boldsymbol{\Phi}}]_\lambda$$

此时方程组(6－111)与摄动随机有限元法求节点温度的递归方程组是完全一致的。如果随机向量 $\underline{\boldsymbol{\alpha}}$ 为零向量，则有

$$[\underline{\boldsymbol{G}}]_\lambda = [\boldsymbol{G}_0^-]_\lambda,\quad [\overline{\boldsymbol{G}}]_\lambda = [\boldsymbol{G}_0^+]_\lambda,\quad [\underline{\boldsymbol{b}}]_\lambda = [\boldsymbol{b}_0^-]_\lambda$$
$$[\overline{\boldsymbol{b}}]_\lambda = [\boldsymbol{b}_0^+]_\lambda,\quad [\underline{\boldsymbol{\Phi}}]_\lambda = [\boldsymbol{\Phi}_0^-]_\lambda,\quad [\overline{\boldsymbol{\Phi}}]_\lambda = [\boldsymbol{\Phi}_0^+]_\lambda$$

于是方程组(6－111)与基于模糊分解定理和区间数分解的模糊有限元平衡方程解法的结果相

同。当同时取 $\lambda=1$ 及 $\boldsymbol{\alpha}$ 为零向量时，方程组式(6-111)退化为一般的有限元平衡方程[181]。

式(6-107)、式(6-108)及式(6-113)虽然是模糊随机有限元方法两种不同的解法，但是却将不确定性的两个方面模糊性和随机性进行了良好的结合，使得分析瞬态温度场的不确定性具有了统一特性，为问题的统一化描述建立了良好的基础。

第 7 章　刹车副瞬态温度场仿真

刹车副是飞机实现制动、保证飞行安全的最关键部位，目前使用的刹车副主要有金属基材料和碳纤维增强碳基复合材料两大类。由于 C/C 复合材料自身结构的优点，现已经慢慢取代了金属材料，成为刹车副的主体。经过第 4 章、第 5 章、第 6 章的研究，本章以碳刹车盘为计算对象，按照给定的刹车条件，首先依据第 4 章所做的理论研究，建立计算模型，通过 ANSYS 来实现对刹车副三维瞬态温度场的数值计算。根据计算结果，不但可以更清楚地了解制动过程飞机刹车副温度场的瞬态分布，更加深刻地分析其变化过程、影响因素等，而且可以知道其他热相关参数的分布情况。随后仿真实现第 5 章所建立的粗糙表面接触模型以及第 6 章所介绍的不确定性研究方法，根据计算结果分析所建模型对温度场的影响，得出相关结论，为深入研究瞬态温度场及相关理论奠定了良好的基础。

7.1　C/C 刹车副三维瞬态温度场算法仿真

对于刹车副三维瞬态温度场的计算，国外的研究比较早，也已经趋于成熟，形成了系统的分析平台，但是国内在这个方面还是比较落后的，现根据之前所建立的模型，通过 ANSYS 来实现对瞬态温度场的计算。

由图 7－1 所示可知，刹车副定盘、动盘的内部、外部均有凹槽，使之与轴和轮毂相连。在建立有限元模型的时候，对结构进行简化，忽略凹槽的存在，如图 7－2 所示 1/4 刹车副模型，图中标出了各个面的标号。

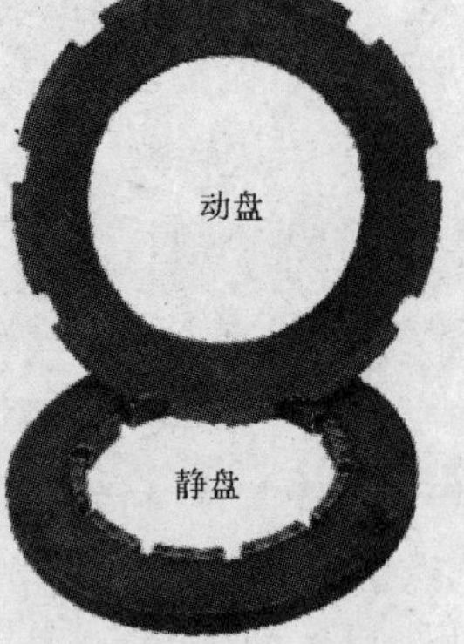

图 7－1　刹车盘实物图

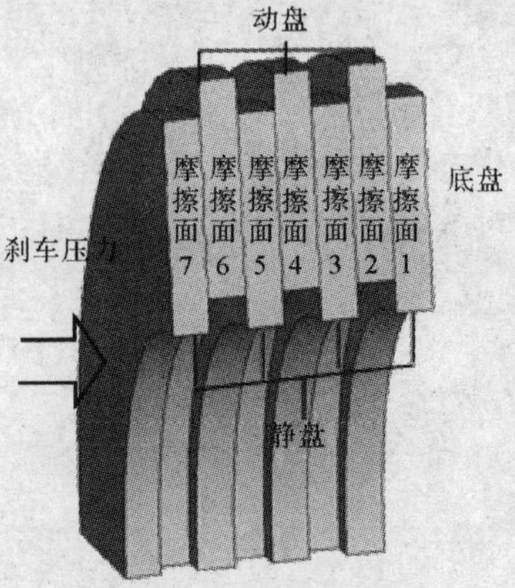

图 7－2　1/4 刹车副标号说明

对所建立的实体模型进行有限元仿真计算，其逻辑顺序如图 7－3 所示。图中左侧带框文字为主要过程，右侧为仿真计算的步骤，括号内为本次刹车副瞬态温度场计算所做的具体操作。根据图 7－3 运用 ANSYS 程序，编制了算法实现的程序，并用此程序实现了飞机刹车副三维瞬态温度场的数值计算。

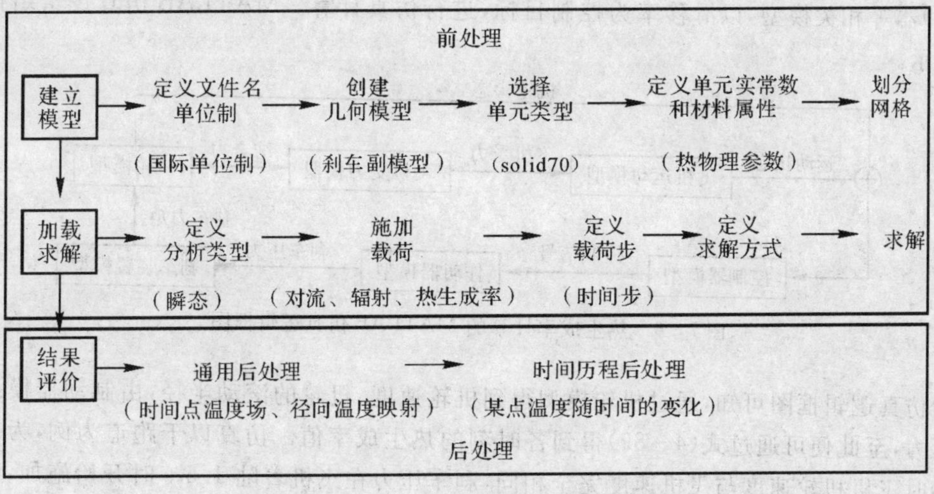

图 7－3　ANSYS 瞬态温度场计算逻辑图

对模型用四面体进行网格划分，并在内外边界上施加对流和辐射边界条件，图 7－4 为整体图，图 7－5 为其侧视和局部放大图。

图 7－4　有限元网格划分及施加载荷

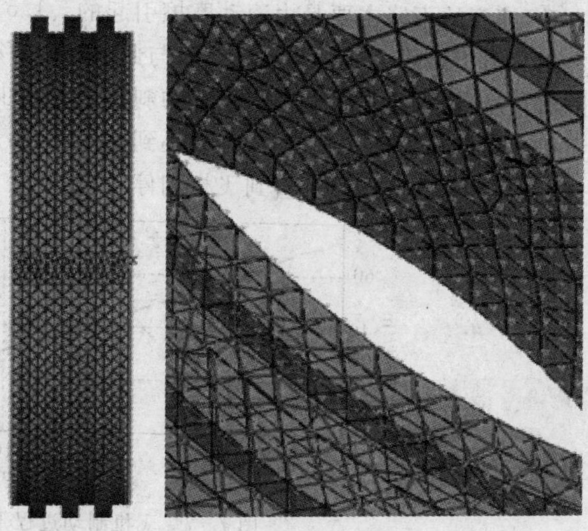

(a)　(b)

图 7－5　有限元模型侧视图及局部放大图

(a)侧视图；(b)局部放大图

7.2 热生成率 MATLAB 仿真

由 4.5 节所介绍的热生成率计算模型，可知热生成率的计算需要结合飞机模型、机轮模型、缓冲器等相关模型，以滑移率为控制目标，进行仿真计算。MATLAB 仿真逻辑结构如图 7-6所示。

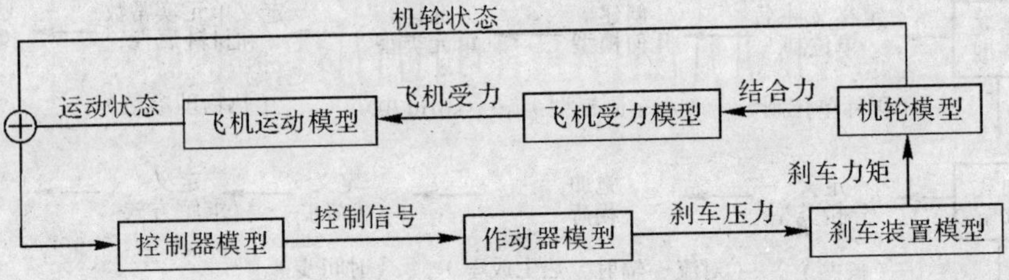

图 7-6　热生成率计算的 MATLAB 仿真逻辑框图

由仿真逻辑框图可知，通过机轮模型得到机轮速度、机轮的滚动半径，由制动器模型得到制动压力，至此便可通过式(4-89)得到各时刻的热生成率值。仿真以干跑道为例，为保证制动开始时飞机机轮速度与飞机速度完全相同，刹车压力在飞机着陆 1.5 s 时开始施加，各参数的仿真曲线如图 7-7～图 7-10 所示。

图 7-7 所示为飞机制动过程飞机速度和机轮速度。由图可以看出飞机速度和机轮速度在起始阶段是一样的，这是由于在 1.5 s 之前没有施加刹车压力，飞机滑跑速度和机轮线速度一致，速度的下降主要是由滚动摩擦引起的。1.5 s 后，刹车装置开始施加刹车压力，机轮速度在刹车力矩作用下，速度开始下降，与此同时，滑移率上升。当升到一定值时，防滑控制盒输出防滑信号，使得施加在刹车装置上的刹车压力减少，机轮速度相应上升；当机轮速度上升到与飞机速度值相差不大时，即滑移率小到制动条件，刹车装置又将开始作用，输出刹车压力，机轮速度跟着下降，如此循环直到飞机刹停。

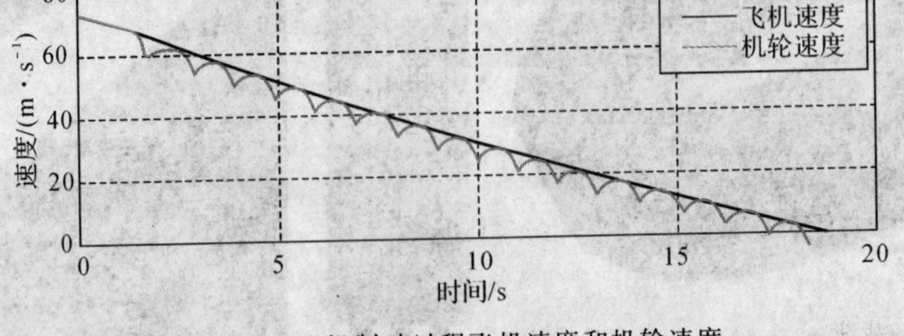

图 7-7　飞机制动过程飞机速度和机轮速度

图 7-8 所示为飞机制动过程刹车压力随时间的变化图。由于前 1.5 s 没有施加刹车压力，机轮速度与飞机速度保持一致；$t=1.5$ s 时，机轮已经充分转动，滑移率为 0，作动器施加最

大刹车压力，由于刹车压力过大，机轮速度速降，滑移率迅速上升。当达到上限时，刹车压力迅速释放，机轮速度上升，滑移率下降；当达到可施加压力范围内时，根据滑移率的具体值，施加刹车压力。如此反复，直至飞机速度和机轮速度都降为零，飞机制动停止。

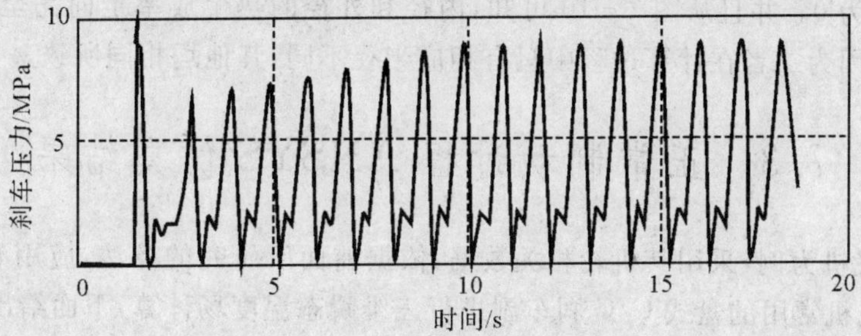

图 7-8　飞机制动刹车压力

图 7-9 所示为飞机制动过程滚动半径的变化曲线。刚开始着陆时，由于飞机有竖直向下速度，与地面接触瞬间发生碰撞，机轮压缩而后弹起，颠簸使机轮半径变化显著。每碰撞一次都会使飞机竖直能量降低，在竖直速度减小为零后，飞机开始滑跑，机轮滚动半径不再抖动。滑跑过程飞机速度逐渐减小，产生的升力降低，使轮胎的压缩量增大，机轮半径连续减小，直至最后刹停，达到平衡状态。

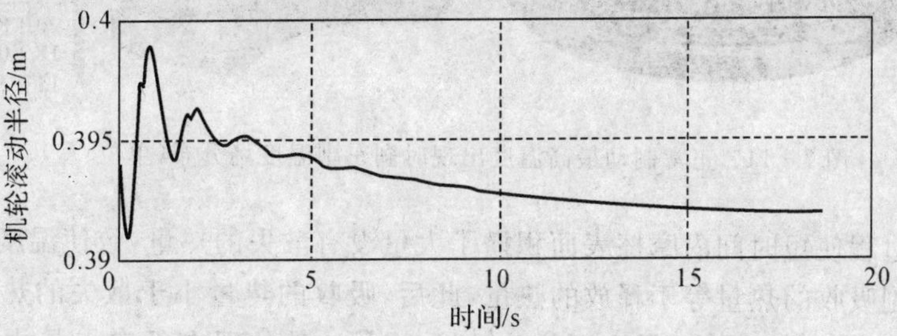

图 7-9　飞机制动过程机轮滚动半径

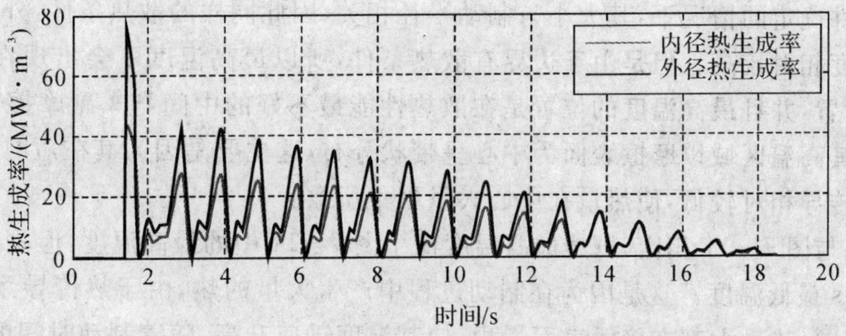

图 7-10　飞机制动过程刹车副热生成率

图 7-10 所示为根据图 7-7～图 7-9 数据计算得到的刹车副内径和外径热生成率。从图可知，热生成率曲线与刹车压力曲线大致相同，这是由于数量级的关系，使刹车压力成为影响热生成率的主要因素。此外，由于机轮速度的减小使得热生成率的振幅减小，直至制动停止时，热生成率减为 0。并且从图 7-10 可知，内径和外径的热生成率走向完全相同，只是大小略有不同，这是因为二者在计算过程中只有相应半径不同，其他均相同所致。

7.3 正常制动过程 ANSYS 仿真结果

以某型号飞机为例，采用其机轮相关数据，依据前面所研究的算法，应用有限元分析软件 ANSYS，针对飞机常用的盘式 C/C 刹车副进行三维瞬态温度场计算，下面给出仿真结果。

图 7-11～图 7-13 所示为飞机制动过程关键时刻温度场分布情况。其中，图 7-11 为最高温度出现时刻 $t=14.008$ s，图 7-12 为制动结束时刻 $t=18.176$ s，图 7-13 为计算结束时刻 $t=30$ s。

图 7-11　正常制动最高温度出现时刹车副温度场分布(单位：℃)

飞机制动过程使短时间内摩擦表面积攒了大量没有散失的热量，致使温度迅速上升，达到最高点时刹车副吸收的热量等于释放的热量，此后，吸收的热量小于散失的热量，最高温度不再上升。从图 7-11 可以看出，最高温度为 763.096℃，其位置在径向上是中间靠外，这是因为虽然刹车副内径和外径散热条件近似，但是热生成率却不相同，根据热生成率的计算公式可知，在其他条件确定的情况下，其大小与制动半径相关，因此同样的散热条件，外径产生的热较多，外径的温度相对较高。但是由于边界有散热条件，所以最高温度不会出现在最外侧，而是中间靠外的位置，并且最高温度的位置是在散热性能最不好的中间刹车副摩擦表面上。此外还可以看出，其高温区域以摩擦表面为中心呈带状分布，这主要是因为其在短时间内产生大量的热，并且热传导相对较低，使热量在中心大量聚集所致。

图 7-12 与图 7-11 相比，虽然最高温度低于图 7-11 中的最高温度，但是其最低温度高于 $t=14.008$ s 最低温度。这是因为在制动过程中产生大量的热，由于热传导系数相对较小，热传导性能较差，热量大都在接触表面累积，使其温度迅速升高，随着制动时间的增加，热量从接触面向外扩散，外围的温度开始升高，因此，最低温度变大。与之同步的是，高温区域的分布中心也由摩擦面转变为散热效果较差的刹车副中轴。

与图 7-11、图 7-12 相比，图 7-13 的最高温度和最低温度都相对较低，这是因为制动结束后，主要就是热量向外扩散过程，使得最高温度下降，最低温度上升，随后刹车副进入整体温度下降的过程。图 7-13 所显示温度时刻正是整体温度下降过程中温度场分布情况，因此其最高温度和最低温度都有所降低。此外，与图 7-12 相比，可以看出高温区域的中心仍是散热效果不佳的刹车副中轴位置，但是已经实现高温带的转变过程，并且所占区域变小，温差降低。

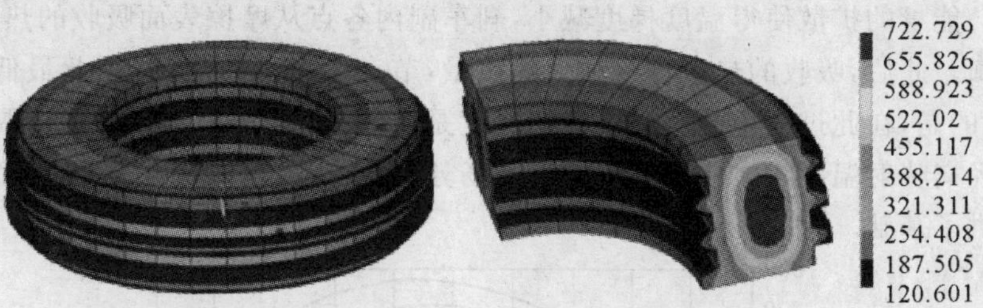

图 7-12 正常制动结束时刹车副温度场分布(单位：℃)

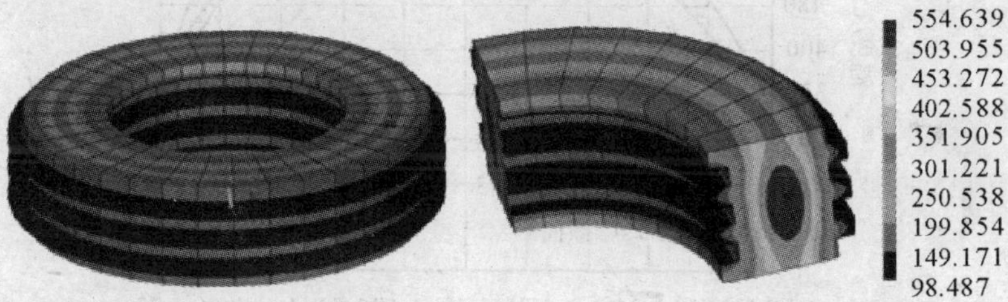

图 7-13 正常制动计算结束时刹车副温度场分布(单位：℃)

总体来说，可以看出图 7-11～图 7-13 所示的温度分布大体近似，这说明整个制动过程中刹车副各温度区域相对确定，最高温度的大小和位置受热生成率和散热条件确定制约，温度场变化过程与实际情况基本相同。

图 7-14 是在所选择时间节点上，摩擦面 1 和摩擦面 3 径向各点映射温度。可以看出，当 $t=14.008$ s 时，两表面径向映射温度相差最大。这是因为飞机刹车副温度场在此时达到最大值，大量的热积攒在摩擦表面，由热产生机理与散热条件，使得此时摩擦面 3 与摩擦面 1 径向映射温差最大，这与图 7-11～图 7-13 相一致。

当 $t=18.176$ s 时，从图 7-14 所示曲线可以看出，摩擦面 1 和摩擦面 3 径向上各点温度均有所下降，由于此时制动刚刚结束，虽然整体温度降低，但是两摩擦面间的温度差减小并不明显。

当 $t=30$ s 时，可以发现两接触面温度差明显减小，这主要是因为随着时间的增加，热量从摩擦表面流入刹车副内部，使得表面温度降低。

从图 7-14 可以看出，随着时间的增加，径向映射曲线最高温度的位置向中间移动。这是因为随着摩擦热的减小，热量从接触表面向刹车副内部和边界扩散，使得接触表面温度降低，最高温度向内移动，这与图7-11～图7-13高温带变化趋势相一致。此外，从温度分布图可以看出，虽然刹车副的最高温度一直下降，但最低温度却由于整体热量的流动，经历了先增大后减小的过程。这是因为制动停止后，由于温度梯度的存在，刹车副摩擦表面在能量扩散的过程中，充当热源，向整个刹车副提供热量，使得离摩擦表面的较远部位温度升高，因此刹车副最低温度上升。能量的扩散使得温度梯度减小，刹车副内各点从摩擦表面吸收的热量变小，与散失的热量平衡。此后，吸收的热量小于散失的热量，节点温度开始下降，因此最低温度开始下降，需要注意的是，在此过程中摩擦层表面的温度是单调下降的。总体来说，选取的时间节点上各接触层径向映射温度与之前的刹车副温度场分布相一致，可以相互证明，为整体研究刹车副温度场提供了基础。

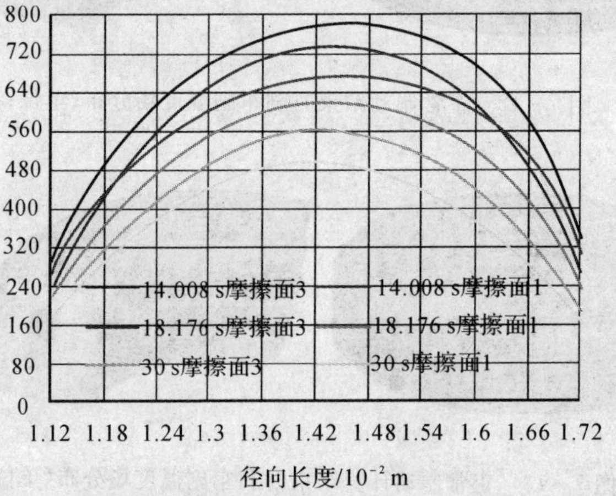

图7-14　各时刻摩擦面径向映射温度

为观看方便，图7-15所示为最高温度出现时刹车副热流密度和温度梯度分布剖面图。从图中可以看出，各时刻热流密度的方向是热流实际的流动情况，从高温区域指向低温区域；而温度梯度刚好相反，从低温区域指向高温区域，其方向是各点温度增加最大的方向。

对于温度场各节点来说，温度的增加来源于所得的热量，在$t=14.008$ s温度达到最大之前，整个刹车副的热量来自于摩擦面产生的热量，因此温度增加最大的方向，大都指向摩擦面，但是对边界处来说，判断温度增加方向，需要比较内部节点温度和环境参数。

图7-16显示出此时热流方向大体上是由刹车副中心区向外流动，而温度梯度刚好相反，指向中心区域，这也说明了此时热量在刹车副内的流动趋势。该时刻已经初步完成了热量从摩擦表面向刹车副内部流动的过程，逐步转向由中心区域向外扩散。

当$t=30$ s时，由图7-17发现刹车副内高温区域已经由中心区域进一步扩散到达整个刹车副中轴线处，散热过程还在进行中。

结合图7-15～图7-17，从时间上来比较热流密度和温度梯度可以发现，热流密度和温度梯度的最大值都在减小。这与热量的生成相联系，开始制动过程热量迅速累积，使得热流密度和温度梯度迅速增加，而随着时间的增加，热生成率减小，热量开始在刹车副内部流动，使得热量中心发生改变，热流密度、温度梯度逐渐降低。

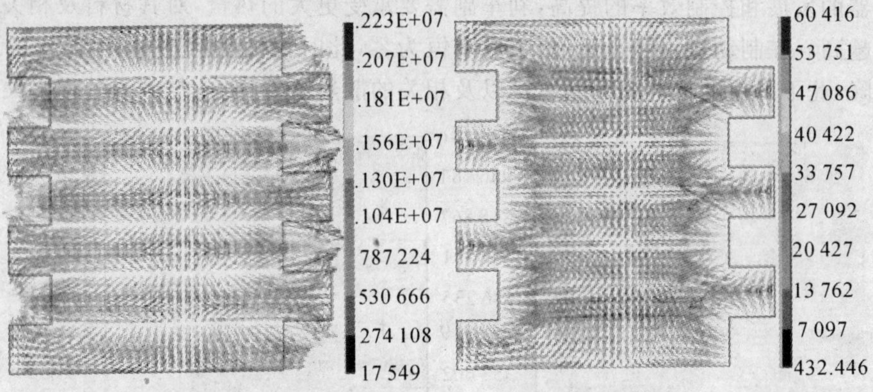

(a)　　(b)

图 7－15　最高温度出现时刹车副热流密度和温度梯度分布剖面图

(a)热流密度(单位：W/m^2)；　(b)温度梯度(单位：℃/m)

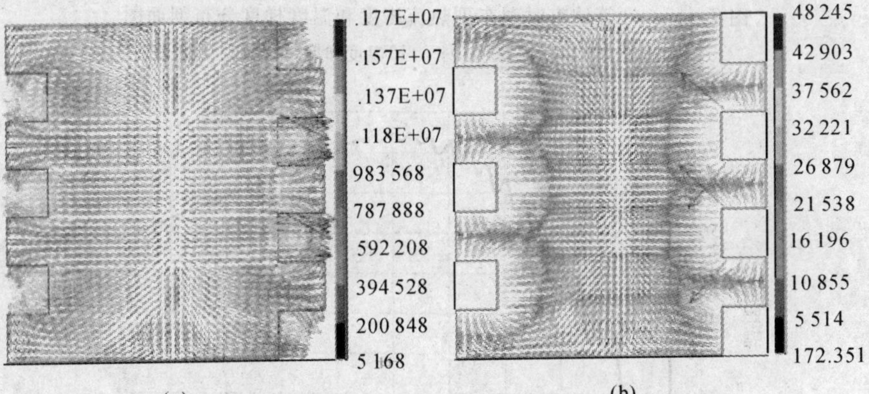

(a)　　(b)

图 7－16　制动结束时刹车副热流密度和温度梯度分布剖面图

(a)热流密度(单位：W/m^2)；　(b)温度梯度(单位：℃/m)

图 7－18 所示为整个制动过程中刹车副全局最高温度随时间变化曲线，可以看出整个刹车副的最高温度并不是一直上升的，而是上升与下降相交替，这主要是受热生成率的影响。当热生成率大于刹车副整体向外散失的热量时，刹车副温度上升；若热生成率小于散失的热量，整体温度会有所降低。与图 7－10 对比可以发现，在制动过程中受刹车压力的影响，热生成率在下降的过程中会有段时间持续为零，因此会有一段时间，热生成率小于刹车副散失热量，温度降低。温度降低的时间由控制律和作动器决定，控制器命令作动器减压后，作动器会降低刹

车压力。当刹车压力减到某一值时，控制器发送加压指令，由于作动器的时延，刹车压力会继续下降。当作动器接到加压指令时，压力需要从较低值开始增加，使得作动时间增加，刹车压力在这段时间内过小，热生成率随之变化，因此，各时刻出现的最高温度也出现高低交替状态。随着作动器的发展和控制效率的提高，刹车副需要承受更大的热量，对其材料及相关研究要求也会越来越高。在制动过程停止后，热生成率恒为零，此时仅发生散热过程，温度的最大值开始平滑下降，此下降速度仅与刹车副本身以及相关的散热条件相关，与制动过程无关。

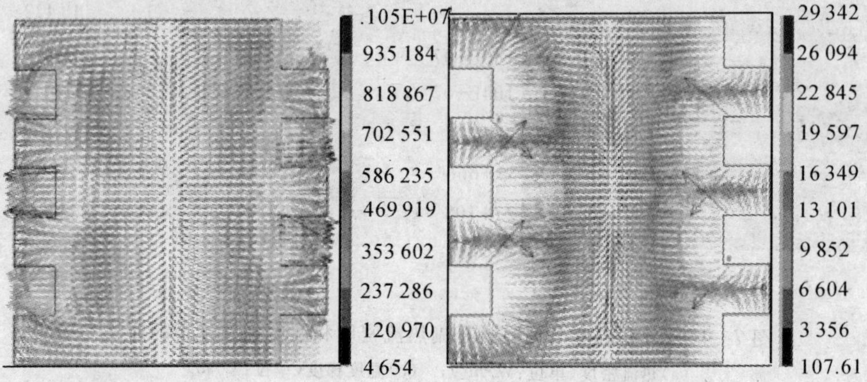

图 7-17　计算结束时刹车副热流密度和温度梯度分布剖面图

(a)热流密度(单位：W/m^2)；　(b)温度梯度(单位：℃/m)

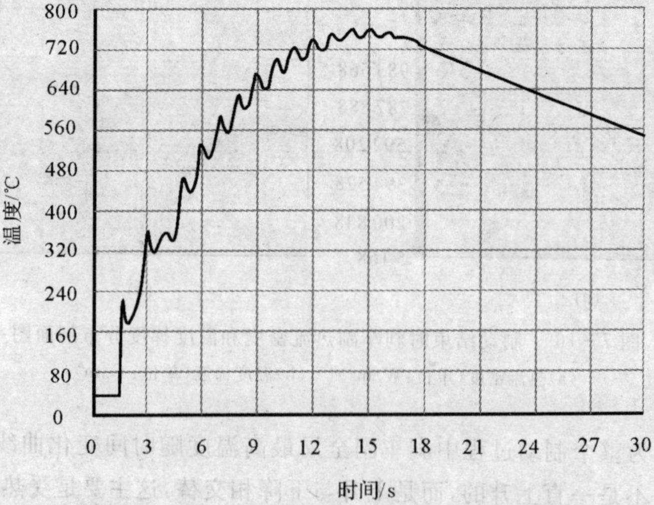

图 7-18　各时刻最高温度随时间变化曲线

由上面的分析，可知整个制动过程中刹车副温度场分布情况。图 7-19 给出边界节点 3 245和 7 150 的温度随时间变化曲线，点 3 245 在刹车副中间盘，靠近接触面的位置，而点

7 150是最外侧盘内部远离摩擦面的节点。从温度曲线可以看出，在轴向和径向方向都靠近刹车副中心的节点 3 245，其变化趋势基本与刹车副温度场整体温度变化保持一致。该点最高温度出现时刻与全局最大值时刻相接近，是因为其在刹车副中间位置，热量流动效果较差，边界散热不明显所致。但是将其与图 7－18 相比，可以发现温度在上升过程中没有明显下降趋势，那是因为对其来说，热量不是直接来自于摩擦表面的热生成率，而是来自更靠近接触面的节点，虽然存在一段时间热生成率偏下，但摩擦表面积攒了大量没有传递的热，所以对其来说热源减小过程不明显。当制动速度减小到一定程度时，摩擦生成的热量过小，能量不断扩散，其本身温度不再增加，而是为其他节点传递热量，因此其温度开始下降。而相比之下，节点7 150的温度曲线中间也没有出现下降趋势，且其到达最高点温度相对来说滞后，这是因为远离摩擦表面，其热量主要来自于相邻节点传递过来的内能，根据前面的讨论可以知道，随着时间的变化，热量需要经历从刹车表面向刹车副内部传递，再向周围扩散的过程，所以节点7 150温度的上升落后于其他节点。随着刹车副整体的高温带向外扩张，该节点可以不断地从相邻节点吸收由中心区域传递来的热量使温度升高，随着时间的增加，整体温度趋于相同，其热量减小，温度不再上升达到最大值。

此外，还可以发现节点 3 245 在初始时间内温度迅速升高，与节点 7 150 温度曲线不同，这主要是因为在模型的建立过程中，为平衡环境温度对刹车副温度场的影响将其取作平均值，此值高于刹车副初始温度。因此，制动初期边界节点 3 245 所获得的热量并不是来自于刹车副内部，而是由环境温度提供的，当制动开始时，传递给该节点的摩擦热量成为其温度上升的主要因素，空气对其的影响可以逐渐忽略。而节点 7 150 远离接触表面，并与其他部件较近，故取作绝热节点，因此其不受空气温度的直接影响，开始过程温度没有明显升温变化。从此两节点温度的变化曲线可以证明刹车副温度场总的变化趋势是快速上升、缓慢下降。

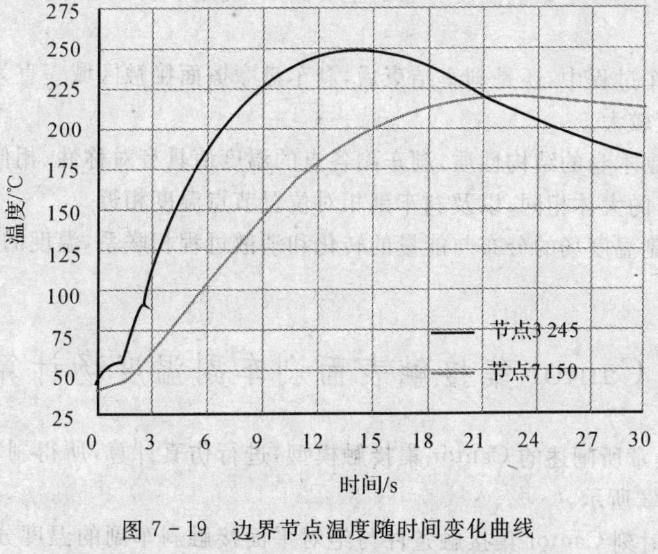

图 7－19　边界节点温度随时间变化曲线

从图 7－19 还可以看出，节点 3 245 和节点 7 150 的温度在制动结束后出现了高温位置相反的情况，即节点 3 245 的温度低于节点 7 150 的温度。这是因为在此次计算中，在节点 3 245 上施加了对流边界条件和辐射边界条件，所以其随着时间的变化，温度下降速度会高于绝热边界节点 7 150。对节点 7 150 施加绝热边界是因为该点在刹车装置中与其他部件相连接，在进行深入研究时，可以更好地发挥作用。通过研究可知，节点 3 245 与节点 7 150 在制动过程中温度趋势与实际情况没有任何差别，只是在制动结束后，当散热成为主要影响温度场分布的因素时，才略有差异，其温度差最大只有 28℃。这相对于刹车副的最高温度来说，影响不明显，并且在计算时间末段开始收敛，二者温度差逐步减小，因此笔者认为，所建立的仿真边界条件是合理的。

根据第 4 章所建立的三维瞬态温度场计算模型，进行仿真计算，获得了飞机刹车副瞬态温度场分布情况，主要包括各时刻刹车副温度分布，热流密度、温度梯度，最高温度曲线，以及任意时刻、任意点、任意位置的温度值及相关物理量。这对掌握温度场的全局变化趋势，精细了解各点温度幅度变化，提供了一个良好的平台作用。计算结果既简洁又直观，克服了温度场一直以来的只能宏观掌握、微测局部一点、难以全局测量的弊端，为温度场的研究开辟了一条新途径。

总体来说，所获得的温度分布是大致符合实际情况的，总结以上仿真结果，可得如下结论：

(1)从时间上看，制动初期升温迅速，然后相对缓慢，达到最大值后逐渐降低，刹车停止后，温度降低速度缓慢。

(2)从结构来看，刹车副最高温度出现在中间刹车盘摩擦面上，位置靠近外半径。

(3)刹车副内部各点并不是同时达到最高温度，最先达到最高温度的是摩擦表面(在制动结束前)，然后是依据各点距摩擦表面的位置从内向外先后达到最高温度。

(4)摩擦产生的热量是影响温度分布的主要因素，确定了刹车副温度的分布以及各点温度变化趋势。

(5)无论是刹车过程中，还是刹车结束后，刹车盘摩擦面接触区域一直为高温度分布区，其附近区域温度梯度较大。

(6)由于刹车副本身的结构性质，刹车副各点的温度值具有对称性、相似性，这主要表现在各刹车盘温度分布的大体相同，以及刹车副相对位置节点温度相近。

(7)飞机刹车副温度场的分布与能量的转化和消散过程相联系，温度的变化与能量的流动相一致。

7.4 Cantor 集接触表面刹车副温度场计算结果

下面依据第 5 章所阐述的 Cantor 集接触模型，进行仿真计算，所得刹车副温度场分布如图 7－20～图 7－22 所示。

由图可知，各时刻 Cantor 集接触条件与绝对平面接触刹车副的温度分布相似，变化趋势相同，热流扩散趋势及其对温度场的影响相近。采用 Cantor 集接触表面模型，最高温度出现时刻是 $t=13.996$ s，与绝对平面接触相比，二者非常接近。这是因为 Cantor 集接触模型考虑了接触表面的粗糙，空气的存在使得接触表面物质的比热容下降，轴向热传导系数降低。Cantor 集接触表面对温度的影响主要是接触表面生成热的传递和存储热量的能力，与热生成率和热量的散失无关，所以 Cantor 集接触条件与绝对平面接触相比，热生成率相同，储热能量略有下降，以至到达最高温度的时间点略有提前。尽管如此，由于接触层的厚度较薄，因此对储热能力的影响不大，时间提前不多。但从结果可以看出，Cantor 集接触层对温度场的整体影响是在热传递方面，由于轴向热传递系数减小，摩擦面产生的热大量聚集在摩擦表面，使得表面温度上升，最高温度变大。

图 7-20　Cantor 集接触模型最大温度出现时刹车副温度场分布(单位：℃)

图 7-21　Cantor 集接触模型制动结束时刹车副温度场分布(单位：℃)

图 7-22　Cantor 集接触模型计算结束时刹车副温度场分布(单位：℃)

当制动开始时，由于短时间内产生大量的热以及接触表面热传递效果的减弱，大量的热累积在摩擦表面，引起温度升高，Cantor 集接触时最高温度为 802.807℃，高于绝对接触时 39.711℃。随着制动速度的减慢，热量产生越来越小，Cantor 集接触表面对热传导的阻碍效果变得不太明显，热量开始从摩擦表面传递到刹车副内部，转向热量在刹车副内扩散，温度趋同。当制动结束时，两种情况的最高温度相差 22.888℃；而当计算结束时，最高温度相差 3.864℃。由此可以看出，Cantor 集接触表面对刹车副的影响主要在制动开始时，热量从摩擦表面向刹车副内部的流动过程，随着时间的增加，刹车副温度场的变化主要是由热量在刹车副内部的流动情况引起的，Cantor 集接触表面对温度场的影响越来越小，因此随着时间的增加，温度分布将逐步趋于绝对接触温度分布。

所选取时刻的热流密度与温度梯度如图 7-23～图 7-25 所示。从图中可以看出，与绝对平面接触相比，热流密度、温度梯度的大致分布、变化趋势以及对温度场的影响基本相同，但其数值大小却相差较多。

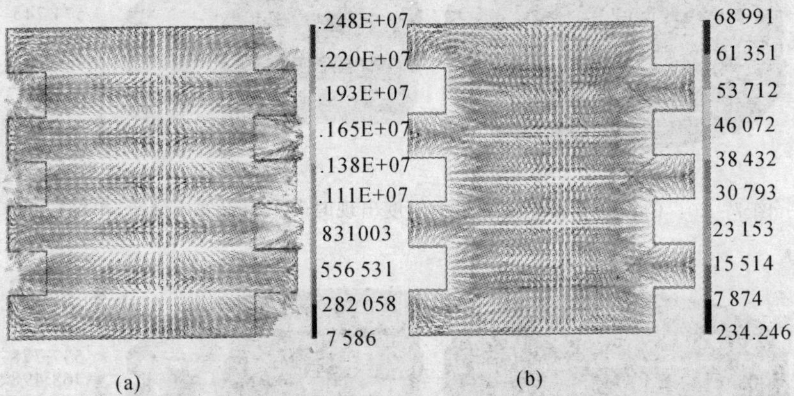

图 7-23　Cantor 集接触模型最大温度出现时刹车副热流密度和温度梯度分布

(a)热流密度(单位：W/m²)；　(b)温度梯度(单位：℃/m)

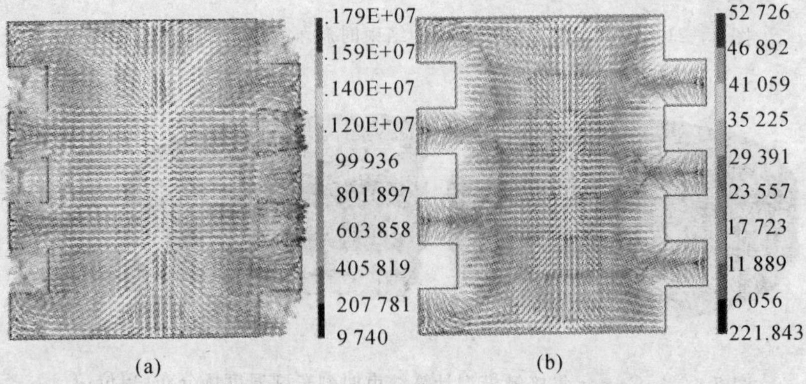

图 7-24　Cantor 集接触模型制动结束时刹车副热流密度和温度梯度分布

(a)热流密度(单位：W/m²)；　(b)温度梯度(单位：℃/m)

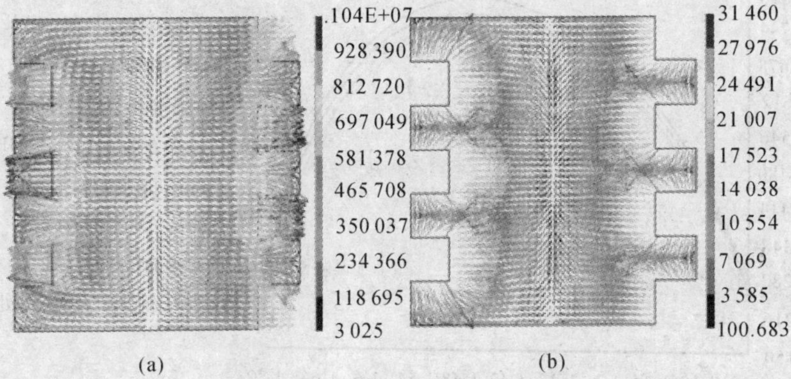

图 7－25　Cantor 集接触模型计算结束时刹车副热流密度和温度梯度分布

(a)热流密度(单位：W/m^2)；　(b)温度梯度(单位：℃/m)

此外，从图中还可以发现，最高温度出现时，热流密度、温度梯度与绝对接触时相差最大。在计算条件下，Cantor 集接触最大热流高于绝对接触 1.5E＋05 W/m^2，但其最小热流却低于绝对接触 9 963 W/m^2。这是由于接触表面热流传递效果较差，进入刹车副内部的热量减小了，积累在接触表面需要传递的热量增加了。与此相类似的是温度梯度的变化，由于 Cantor 集接触表面的存在，摩擦表面温度升高，使得整体的温度梯度变大，传递到刹车副内部的热量偏少，因此刹车副内部的温度梯度变小。随着时间的增加，Cantor 集接触模型的热流密度、温度梯度与绝对接触时，数据差距越来越小，这与 Cantor 集接触随着时间的增加对温度影响减小相一致，与考虑 Cantor 集接触时刹车副温度场的变化也相一致，与理论实际相符合。

为研究 Cantor 集接触模型对刹车副温度场的影响，将其与绝对平面接触时计算结果相比较。在两种接触条件下刹车副温度场最高温度出现时，摩擦面 1 和 3 径向各点映射温度如图 7－26所示。从图中可以看出，最高温度出现时，Cantor 集接触表面温度高于绝对平面接触时表面温度，但是相比之下，二者 Cantor 集接触层底部与距绝对平面接触面 H(H 为 Cantor 集接触层的高度)处温度相差偏小。这主要是因为：①接触层的存在使得热传递减弱，流入热量减小；②接触层比热容降低，储热能力变差。从图 7－26 还可以看出，平均温度(绝对平面接触时表面的温度)的确低于实际的表面温度(Cantor 集接触表面温度)，与研究理论相一致。此外，对图 7－26 中两组摩擦面、两种接触模型计算结果相比较，摩擦面 3 的表面温差一直高于摩擦面 1 的表面温差。由之前的研究可知，中间摩擦面的温度高于外侧摩擦面的温度，当热流传递效果变差时，虽然两个表面的热量都有所积累，引起温度的升高，但是对外侧摩擦表面来说，由于传入的热量偏小，散热效果比较好，传入刹车副的热量可以及时传递出去，因此在两种情况下摩擦面 1 的底部径向映射温度相差较小，接触模型对温度影响不明显，热量的累加效果没有内部温度增加的幅度大。但是总体来说，无论接触表面的状况如何，其径向温度整体趋势及走向相同，由产生的热量及散热条件决定。

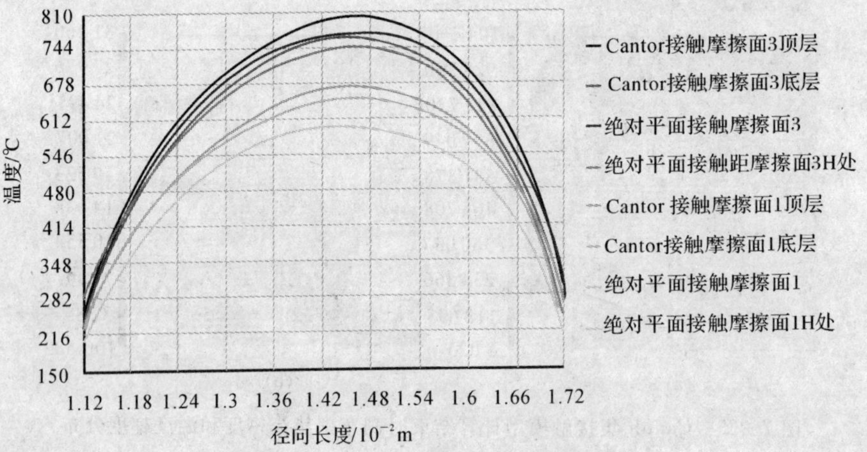

图 7 - 26　最高温度出现时径向映射温度

制动结束时在两种接触条件下，摩擦面 1 和 3 的径向映射温度如图 7 - 27 所示。从图中可以看出，随着时间的增加，接触表面对温度分布影响减弱，接触层顶部和底部的温度差与之前时刻相比有所减小，并且 Cantor 集接触表面温度与绝对平面接触表面温度的差别也在变小。表面粗糙程度对温度场影响的减弱，与之前所研究的温度分布、热流密度、温度梯度变化情况相一致，此时热量已从刹车副表面向刹车副内部传递，逐步实现刹车副各部分温度趋同，各部分温差均减小。

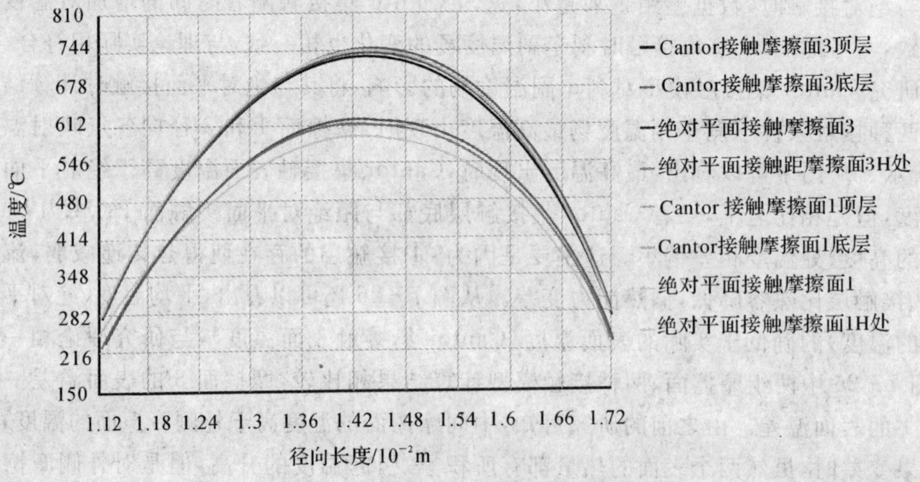

图 7 - 27　制动结束时径向映射温度

从图 7 - 28 可以看出，计算结束时，接触层上、下面的温差基本为零，接触表面模型对温度场的影响已经可以忽略不计，映射温度曲线基本重合。结合前面对结果的分析可知，接触表面接触模型对温度场的影响主要是在制动初期产生大量的热量累积在接触表面无法传递、散失，这对刹车材料的热物理性能有重要的影响，对刹车装置的设计是一种挑战，因此需要考虑刹车副表面粗糙形貌对温度场的影响，以避免因对热库估计不足，危及制动安全。

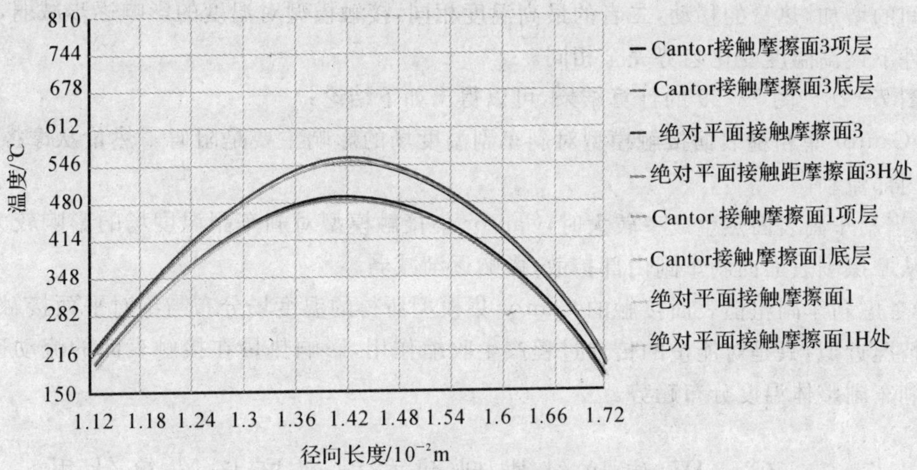

图 7-28　计算结束时径向映射温度

图 7-29 所示为在两种接触模型制动过程中刹车副最高温度曲线。由图可以看出，采用 Cantor 集接触模型的最高温度高于绝对平面接触的最高温度，这是由于在制动过程中刹车副的最高温度始终出现在内摩擦表面，因此 Cantor 集粗糙表面对温度的影响比较显著。此外，从图中还可以看出，绝对接触条件的最高温度曲线在第 6 个拐点处高于 Cantor 集接触时最高温度。主要原因：①在制动过程中，热量并非一直增加，对比热生成率曲线，可以发现此时热生成率偏低；②Cantor 集接触表面的储热能力略差，表面温度降低；③此时为制动初期，表面热量累积不多，当热量传递到内部时，新的热量并没有产生。

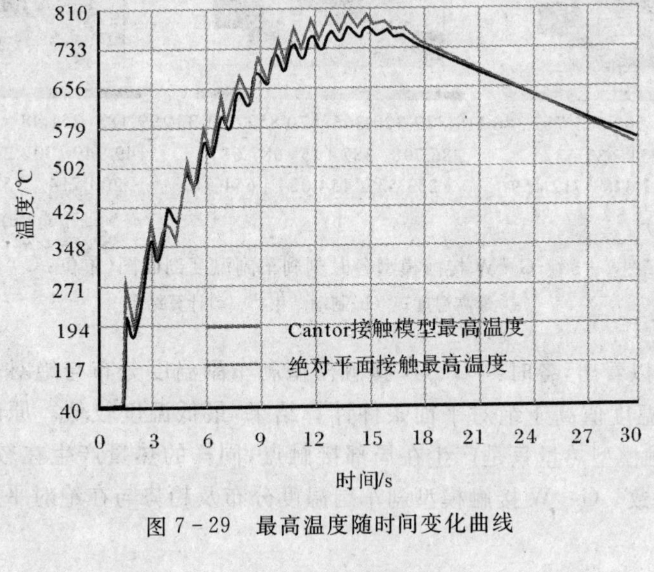

图 7-29　最高温度随时间变化曲线

此外，由图 7－29 还可以看出，随着产生热量波动的减小，热量在表面得到累积，制动后期，Cantor 集接触表面最高温度始终明显高于在绝对接触条件下最高温度。在制动结束后，随着时间的增加，热量的移动，二者的最高温度相同，接触模型对温度的影响逐步减弱，在两种接触条件下最高温度变化趋势完全相同。

由图 7－20～图 7－29 的计算结果，可以得出如下结论：

(1)Cantor 集粗糙表面接触模型对刹车副温度场的影响主要是阻碍了热量从摩擦表面向刹车副内部流动。

(2)当刹车副表面热生成率较大时，Cantor 集接触模型对刹车副温度场的影响较大，并随着热量从摩擦副表面向刹车副内部扩散，影响逐渐减弱。

(3)考虑刹车副粗糙表面接触的 Cantor 集模型所得的温度场分布与绝对平面接触时温度场分布情况近似，只是对能量的传递过程产生收缩作用，影响热量在接触表面的流动速度，并不影响刹车副整体温度分布趋势。

7.5 G－W 集接触模型刹车副温度场计算结果

下面研究 G－W 集接触模型对温度场分布的影响，计算结果如图 7－30～图 7－37 所示。为方便观看，此处仅给出刹车副的剖面图，选取的时间点仍是刹车副最高温度出现时刻、制动结束时刻以及计算结束时刻。

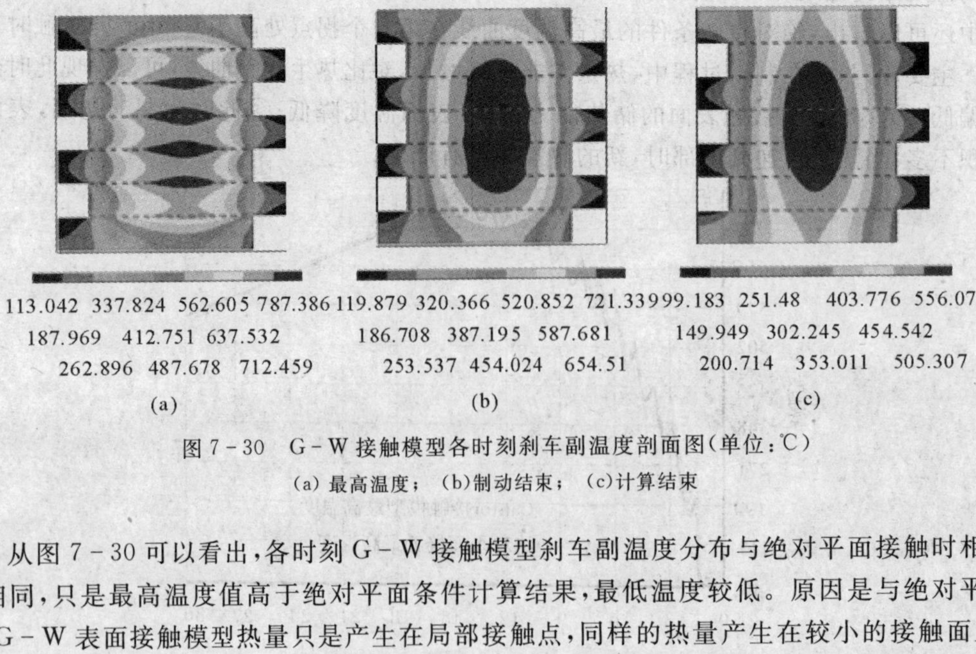

图 7－30 G－W 接触模型各时刻刹车副温度剖面图(单位：℃)

(a) 最高温度； (b)制动结束； (c)计算结束

从图 7－30 可以看出，各时刻 G－W 接触模型刹车副温度分布与绝对平面接触时相比基本相同，只是最高温度值高于绝对平面条件计算结果，最低温度较低。原因是与绝对平面相比，G－W 表面接触模型热量只是产生在局部接触点，同样的热量产生在较小的接触面上，使热传递效果变差所致。G－W 接触模型刹车副温度分布及趋势与在绝对平面接触条件下计算结果的差异，与 Cantor 集接触时的差异基本相同，此处不再详细介绍。需要说明的是，虽然基于 G－W 接触模型与 Cantor 集接触模型的计算结果相似，但是二者的原因是不同的。Cantor 集接触模型是根据体守恒原理，考虑塑性形变建立了一个特殊的接触层，此特殊层的热物理参数是根据接触表面的 Cantor 参数所决定的，摩擦表面所产生的热量施加在整个刹车副表面，也就是说，改变的是接触层的热物理参数，没有改变实际的接触尺寸。相比之下，基于 G－W 的接触模型是根据统计参数确定接触的实际尺寸，而对于物质的热物理参数并没有改变。总之，无论是 Cantor 集接触模型还是 G－W 接触模型，都会引起接触表面的热流收缩，只是通过的途径不同，前者是改变热物理参数，后者是改变接触表面的尺寸。从本质上讲，两个模型都降低了热量从刹车副表面向刹车副内部流动的速度，使大量的热在表面聚集，刹车副整体温度升高。

图 7－31～图 7－33 给出三个时刻粗糙表面 G－W 接触时，刹车副热流密度、温度梯度的侧视图。比较图 7－15～图 7－17、图 7－23～图 7－25、图 7－31～图 7－33，可以看出，绝对平面接触、Cantor 集接触和 G－W 接触计算所得的热流密度、温度梯度分布以及变化趋势基本相同，G－W 接触模型与绝对平面所得结果之间的差异与 Cantor 接触模型相类似。

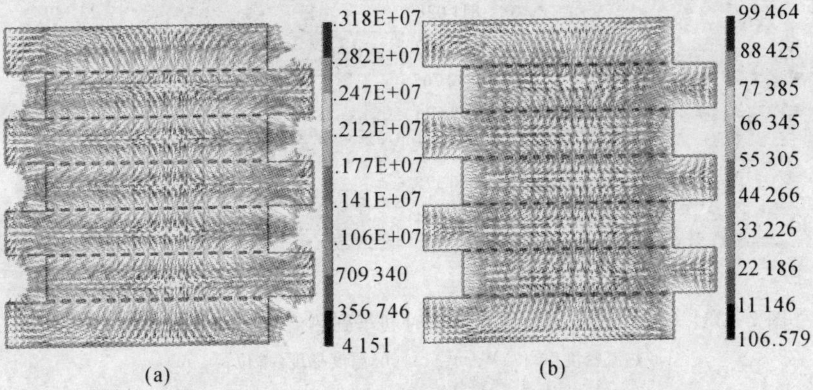

图 7－31　G－W 接触模型最高温度出现时刹车副热流密度和温度梯度分布图

(a)热流密度(单位：W/m^2)；(b)温度梯度(单位：℃/m)

需要注意的是，Cantor 集接触模型和 G－W 接触模型是描述粗糙表面接触的两种方式，虽然都可以引起温升，但不可比较。这是因为：①两者的原理不同。Cantor 集接触模型通过塑性形变，引起接触层面热物理参数的降低，热传递系数的下降使得热量在表面聚集，从而引起温升。G－W 接触模型基于弹性形变，根据物质表面形貌判断接触面积的大小，使得热传递的通道减小，从而降低热量传递效率，使得热量累积，温度上升。②两者所采用的描述方法不同。Cantor 集接触以分形原理为基础，需要表面的分形维数、共生比等；G－W 接触是用统计特性描述粗糙表面，需要高度的概率密度函数。对于同一粗糙表面来说，两种描述方式需要不同的参数，即使需要相同的参数，对于相同的样本值，使用不同的参数估计方法所得到的参数也不同。因此，无法横向比较两种接触模型的精确性，但是却可以根据实际情况判断哪些参数更易获得，哪种模型更符合实际情况、更方便使用。

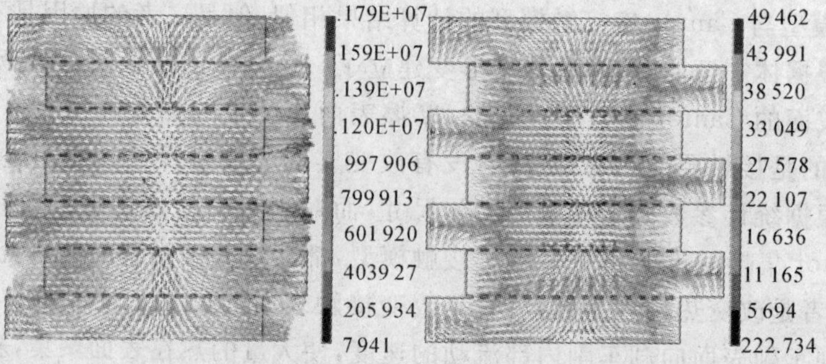

(a) (b)

图 7-32 G-W 接触模型制动结束时刹车副热流密度和温度梯度分布图

(a)热流密度(单位：W/m^2)； (b)温度梯度(单位：℃/m)

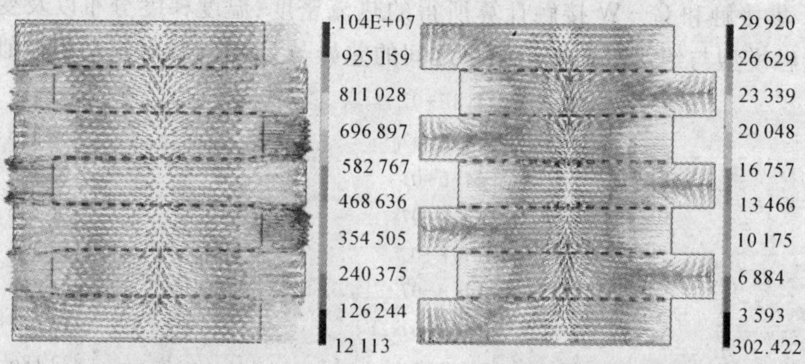

(a) (b)

图 7-33 G-W 接触模型计算结束时刹车副热流密度和温度梯度分布图

(a)热流密度(单位：W/m^2)； (b)温度梯度(单位：℃/m)

图 7-34 所示为采用 G-W 接触模型时最高温度随时间变化曲线。比较图 7-29、图 7-34 可以发现，G-W 接触与 Cantor 集接触最高温度曲线基本相同，与绝对接触最高温度曲线的差异也相似，再次证明了 Cantor 集接触模型与基于 G-W 接触模型是描述粗糙表面形貌对温度场影响的两种形式，虽然描述方式不同，但是其效果是相似的。虽然无法比较哪种方法更加精确，但是这两种接触模型更加真实地描述了在制动过程中粗糙表面对温度场的影响。

图 7-35 为 $t=13.975$ s 时摩擦面径向映射温度。从图中可以看出 G-W 接触时，摩擦面 1、摩擦面 3 的径向映射是不连续的曲线，这是因为 G-W 接触模型认为粗糙表面只有部分微凸体相互接触，G-W 接触模型顶端的径向映射只包含相互接触的部分，所以其为不连续的。另外，当最高温度出现时，刹车副表面有大量的热需要吸收，由于接触尺寸的限制，微凸体中心点所积攒的热量要大于两端，因此接触部分的中心温度高于两端，造成接触表面的径向映射温度连续部分为“凸”形式。还可以看出，接触部分映射温度曲线随着温度升高，曲率变大，这更

好地说明了温度的升高是因为热量的传递不当引起的，热量累积在微凸体中心。在图 7－35 中，G－W 接触模型的底层映射温度呈波浪式，并且波峰的位置与接触部分相对应，这主要是由于 G－W 接触模型顶端向下传递热量使底部温度迅速上升，刹车副内部其他节点温度是通过底层节点将热量传递而升温的，因此在制动过程中其温度相对偏低，使得接触层底部节点径向映射温度呈现波浪状。

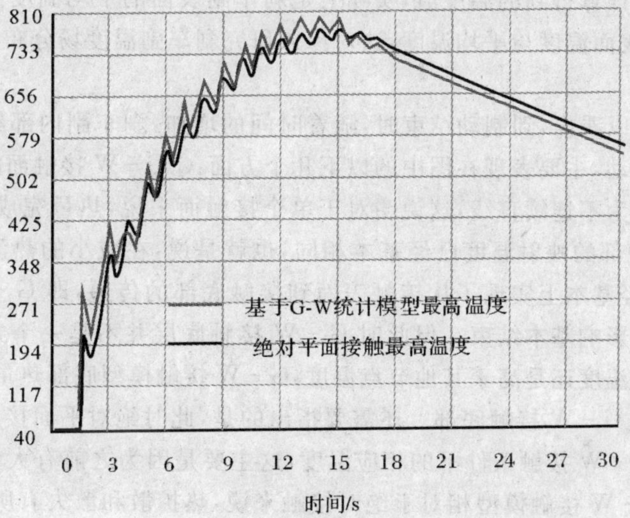

图 7－34　刹车副最高温度随时间变化曲线

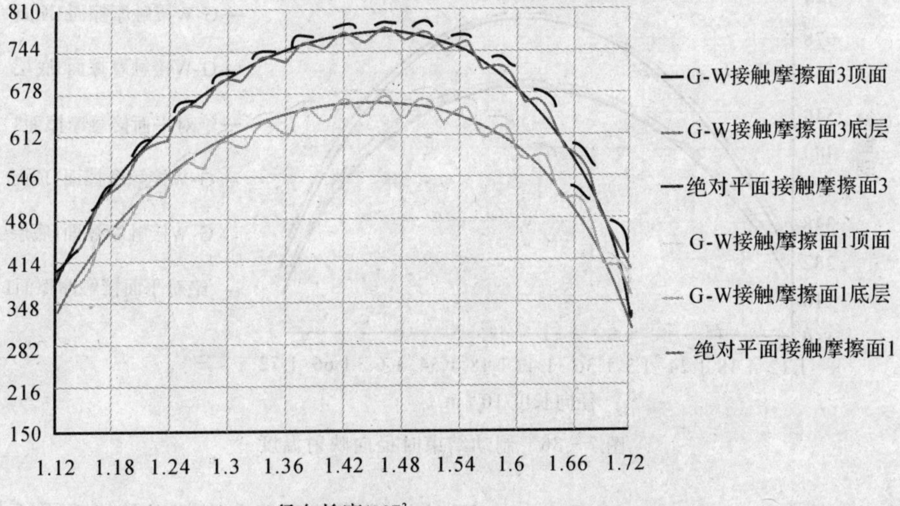

图 7－35　最高温度出现时刹车副径向映射温度

此外，从图 7－35 中还可以看出，G－W 接触模型摩擦面 3 的顶端与低端温度差与摩擦面 1 相比略小。这主要是因为摩擦面 3 靠近刹车副中心，其散热条件比较差，大量的热量在此聚集无法传递，微凸体高度有限，使得接触部分顶部与底部温度相差不大。图 7－35 再次诠释了平均表面温度与接触面实际温度两个概念，从图中可以看出绝对平面接触和 G－W 接触摩擦面顶端与底部映射温度的相对位置，从数学上来讲，其与平均值的概念相似，说明了采用绝对平面接触进行仿真计算得到的温度值，实际上是刹车副表面的平均温度值。在实际制动过程中，同时存在摩擦表面温度与平均温度，这对深入研究刹车副温度场分布及刹车副热设计有良好的指导作用。

从图 7－36 可以看出，到制动结束时，随着时间的增加，刹车副内部经历了热量从摩擦表面向刹车副内部流动，主要表现在图中的以下几个方面：①G－W 接触面的径向映射温度已经从不连续“凸”线变为不连续直线，这说明对于单个接触面来说，热量完成平均化过程。②G－W 接触的顶端与底部的映射温度已经基本相同，也就是说，在减小的热流通道上已经没有热量的累积，热量已经基本上实现了从接触表面到接触底部的传递，即 G－W 接触模型对于整个刹车副温度场的影响基本结束。但此时 G－W 接触底层并不是一个光滑曲线，也就是说，接触模型底部节点温度还是高于其他节点温度，G－W 接触模型底部热量没有完全均匀化，热量还是相对集中在 G－W 接触底部。还需要指出的是，此时绝对平面接触的各层径向映射温度要相对低于在 G－W 接触条件下的相应温度，这主要是因为之前有大量的热量累积在表面没有传递，使得 G－W 接触模型相对于绝对接触来说，热扩散和散失有所滞后，因此径向映射温度会高于绝对平面接触映射温度。

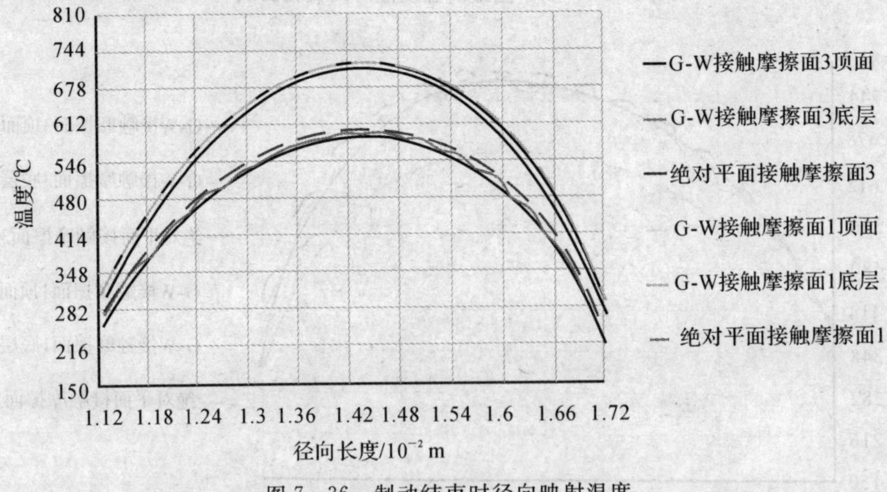

图 7－36　制动结束时径向映射温度

当计算结束时，从图 7－37 可看出，G－W 接触模型的顶端和底部以及绝对平面接触层的映射温度已经基本相同，并且 G－W 接触模型的底部映射温度曲线也属相对光滑曲线，即刹车副此时总体上已经实现了热量从摩擦表面向内部的传递过程，并且热量已经在内部进行扩散，摩擦表面已经不再是影响刹车副温度场分布的主要因素。

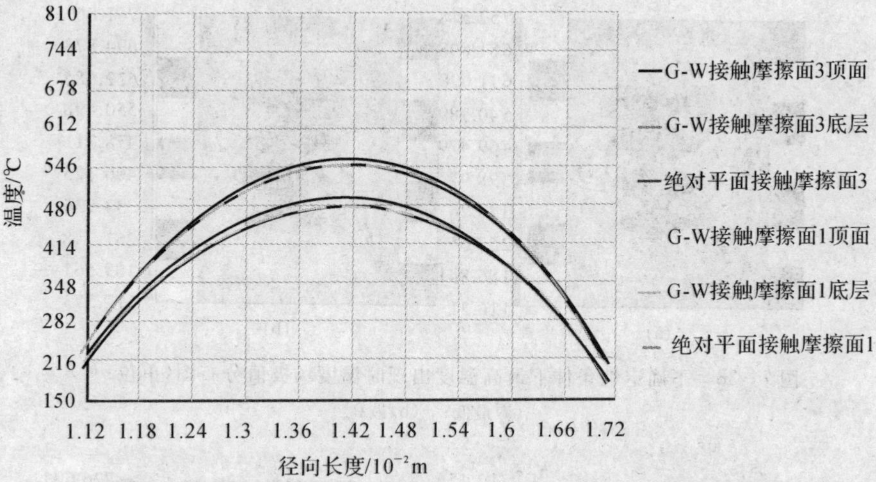

图 7－37　制动结束时径向映射温度

从基于 G－W 接触模型的仿真结果图 7－30～图 7－37，可以得出与 Cantor 集接触模型相类似的结论。总体来说，G－W 接触刹车副各层径向映射温度、整体刹车副温度场、热流密度和温度梯度分布相一致，可以相互证明各自的变化趋势，从而为分析温度场打下了良好的基础。需要指出的是，无论是 G－W 接触模型还是 Cantor 集接触模型，对于刹车副温度场的研究都是一个很好的推进，更加明确了平均表面温度与接触表面实际温度的概念。这两种考虑粗糙表面形貌研究温度场分布的思路对温度场的研究可以起到一个很好的推动作用，尤其是研究那些既存在相对运动，又对温度比较敏感的器件，具有一定的借鉴作用。

7.6　不确定性对温度场的影响

根据第 6 章的研究可知，飞机刹车副三维瞬态温度场的分布由许多参数决定。研究参数不确定性对温度场的影响，不可避免地要多次改变参数值计算温度响应，虽然这对计算机来说是比较简便的，但考虑到计算量以及结果的准确性，工程实际应用对许多方法都望而却步。主要原因是不确定性分析所需要的计算量是正常求解温度场分布的十几倍甚至几十倍，因此需要根据实际情况选择所用的方法。此处主要采用模糊随机法进行仿真计算，研究不确定性对瞬态温度场分布的影响。

需要指出的是，根据刹车副温度场的研究过程以及各个参数的物理意义，很容易知道当不确定因素变化时，温度随哪些因素的增大而升高，随哪些因素的减小而增大。也就是说，比较容易判断节点温度随各模糊随机参数的增、减性。例如，节点温度随比热容、密度、热传导系数、热生成率的增加而增加，随对流换热系数的增加而减小。当所有参数都存在 1%的误差时，计算结果如图 7 - 38～图 7 - 50 所示。

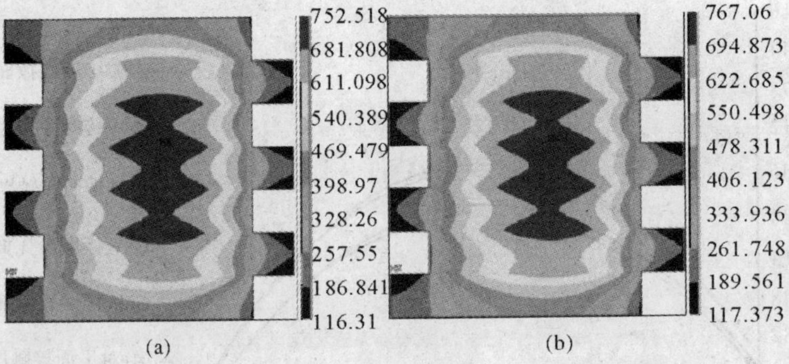

图 7 - 38　不确定性条件下最高温度出现时温度场极值分布图(单位：℃)

(a)最低；　(b)最高

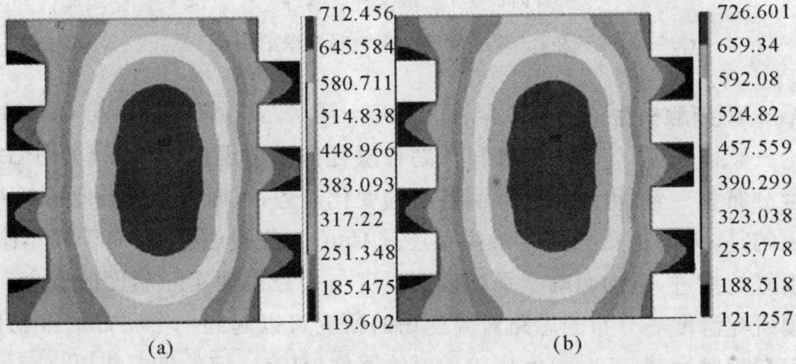

图 7 - 39　不确定性条件下制动结束时温度场极值分布图(单位：℃)

(a)最低；　(b)最高

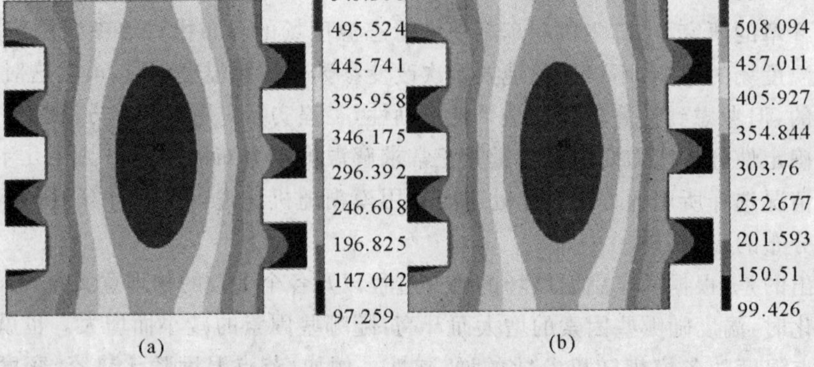

图 7 - 40　不确定性条件下计算结束时温度场极值分布图(单位：℃)

(a)最低；　(b)最高

不确定性的存在使得温度响应不再是确定值，每当参数改变时，温度分布也会改变，图 7-38～图 7-46 给出当参数存在不确定性时，温度、温度梯度和热流密度极值（最大值、最小值）分布情况。对图 7-11 和图 7-38、图 7-12 和图 7-39、图 7-13 和图 7-40 进行对比，可以发现每组的温度分布基本相似。相同地，对比图 7-41～图 7-46 和图 7-15～图 7-17，可以得出相同的结论，无论参数是否具有不确定性，各时刻温度梯度、热流密度具有相似分布。由此可以得出一个结论：当参数存在不确定性时，并不改变温度分布、温度梯度、热流密度等物理量分布情况及变化趋势。这主要是因为当温度场的研究存在不确定性时，并不是某一部分存在这种不确定性，而是整个刹车副都存在这种不确定性。例如，当刹车副的比热容具有不确定性时，其物理意义是：刹车副内部每升高或降低 1℃时物质吸收或放出的热量存在不确定性，当比热容偏大时，吸收的热量偏多，当比热容偏小时，吸收的热量偏小。而对于刹车副中某一点来说，它的热量或是来自于摩擦产生的热，或是来自于周围节点向它传递的热量，当产生的热量一定时，对于从摩擦表面吸收热量的节点，如果比热容偏大（偏小），此节点温度升高的幅度就偏小（偏大）。因此，其相对于正常情况下，周围节点能从其吸收的热量就偏小（偏大），即当比热容存在不确定性，其偏大（偏小）时，刹车副整体温度偏低（偏高）。对于其他物理量也可以通过其物理意义得到同样的结果。所以说，当参数存在不确定性时，所改变的是刹车副整体温度的高低，并不改变温度及其相关参数的分布情况和变化趋势。

图 7-47～图 7-49 给出了当参数具有不确定性时，摩擦面 1 和摩擦面 3 表面节点径向映射温度的变化范围。从图中可以看出，节点的映射温度已经不再是一条确定曲线，而是一个带状区域，这表示摩擦表面的节点温度已经不是一个确定温度，而是范围内的某一值。但是需要说明的是，在不确定性确定之后，也就是说，当存在不确定性的参数取定值时，便去掉了参数的不确定性，参数不再变化，节点温度也就不存在不确定性，从而转化为确定性研究。比较图 7-47～图 7-49 与图 7-14，可以看出，图 7-14 中对应时刻的曲线，分别属于图 7-47～图 7-49中的带状区域内，这与实际情况相符。

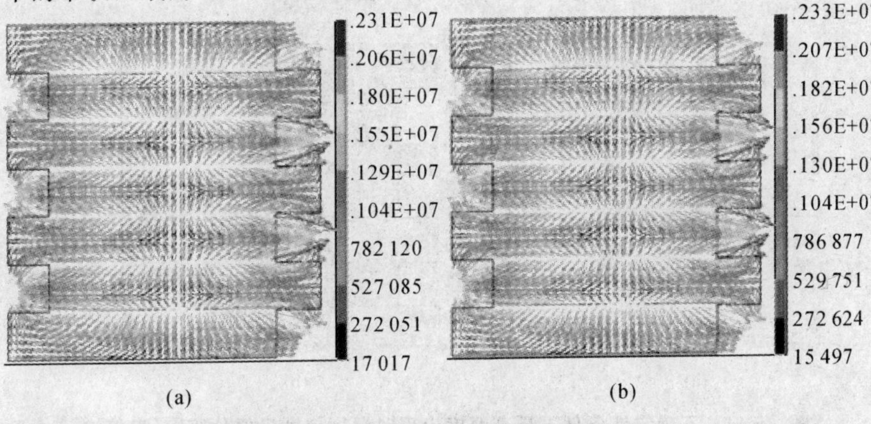

图 7-41　不确定性条件下最高温度出现时热流密度极值分布图（单位：℃）

（a）最低；（b）最高

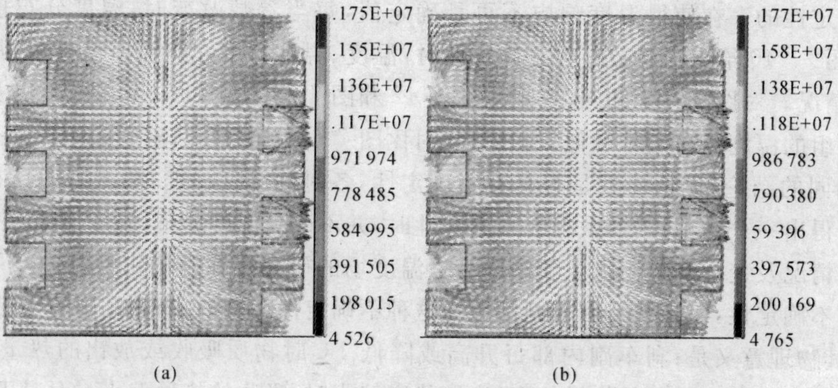

图 7-42　不确定性条件下制动结束时热流密度极值分布图(单位：℃)

(a)最低；(b)最高

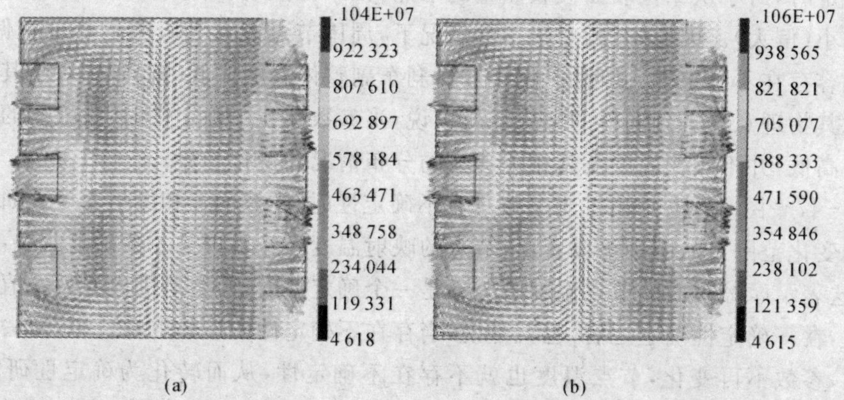

图 7-43　不确定性条件下计算结束时热流密度极值分布图(单位：℃)

(a)最低；(b)最高

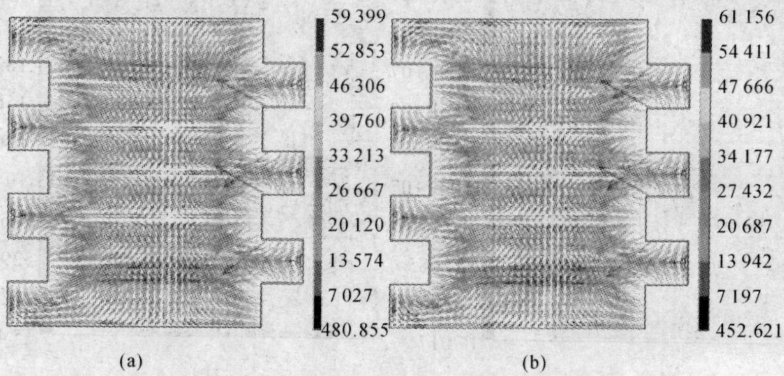

图 7-44　不确定性条件下最高温度出现时温度梯度极值分布图(单位：℃)

(a)最低；(b)最高

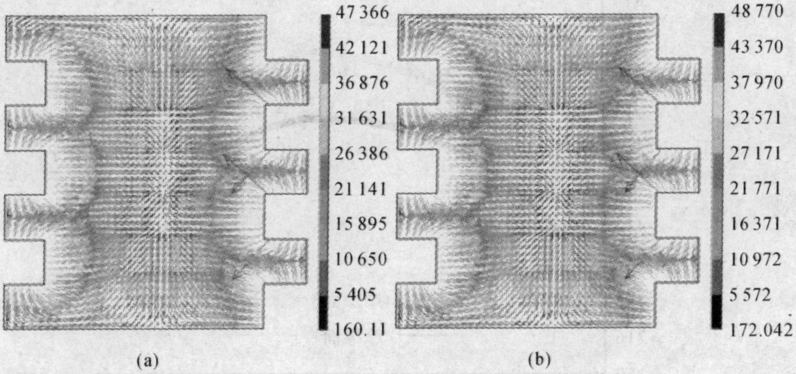

图 7-45　不确定性条件下制动结束时温度梯度极值分布图(单位：℃)

(a)最低；（b)最高

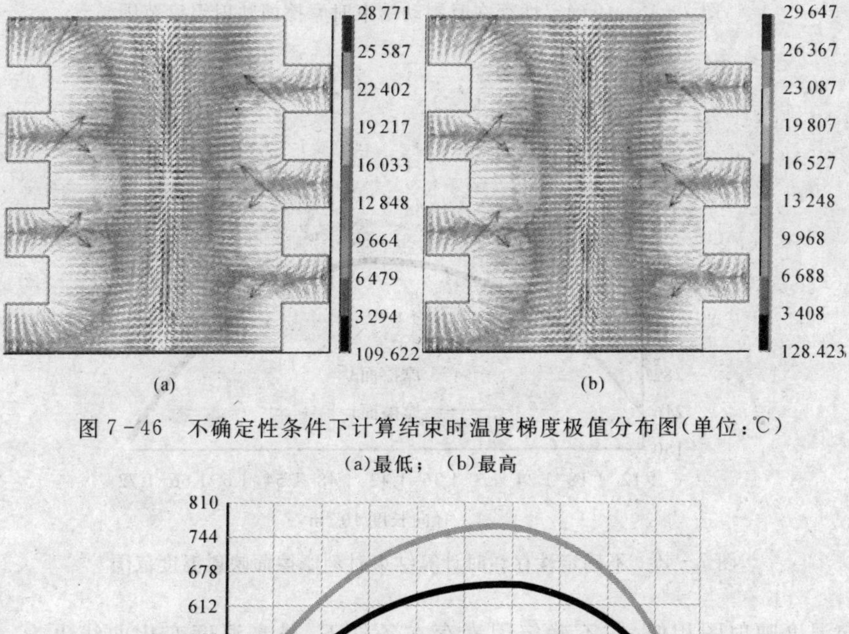

图 7-46　不确定性条件下计算结束时温度梯度极值分布图(单位：℃)

(a)最低；（b)最高

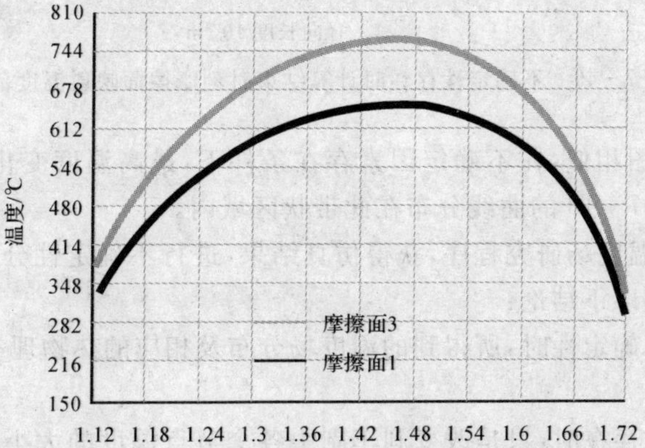

图 7-47　不确定性存在时最高温度出现时摩擦面映射温度范围

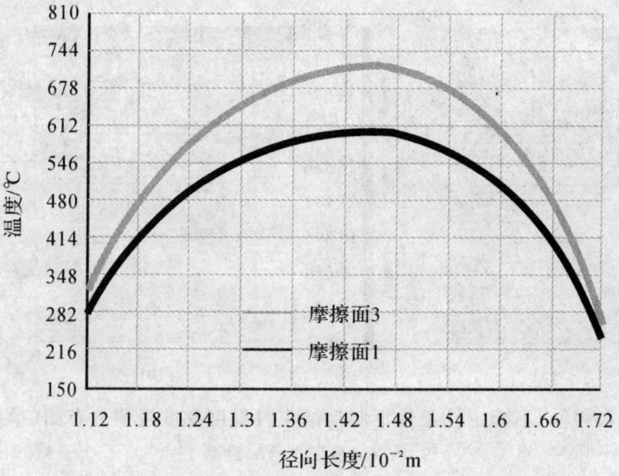

图 7-48　不确定性存在时制动结束时摩擦面映射温度范围

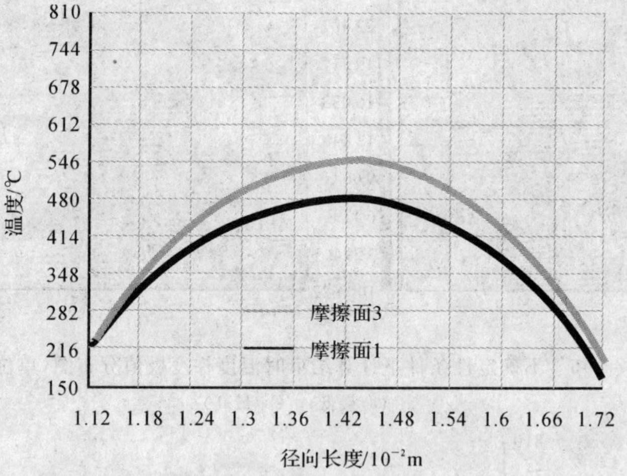

图 7-49　不确定性存在时计算结束时刻摩擦面映射温度范围

与径向温度映射图相似，在不确定因素存在条件下，最高温度变化曲线也为一带状区域(见图 7-50)，并且图 7-18 的曲线分布在此带状区域内。

通过编制的瞬态温度场研究程序，获得仿真结果，进行不确定性分析，与确定性研究所得结果相对照，可以得到以下结论：

(1)当参数存在不确定性时，所得到的温度场分布及相应的热物理参数的分布与确定性研究结果相类似。

(2)当不确定参数存在时，只是改变刹车副中各个节点温度的大小，不改变温度的分布情况及变化趋势。

(3)不确定性研究和确定性研究是可以相互转化的。

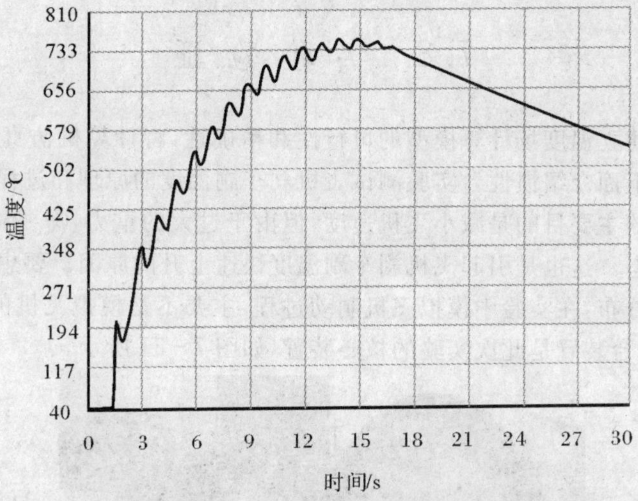

图 7-50　不确定性存在时最高温度随时间范围

7.7　计算结果原因分析

本章主要根据之前所建立的飞机刹车副三维瞬态有限元模型，进行仿真计算。在仿真过程中采用了一些基本假设，忽略了很多其他的次要因素，使计算结果与实际情况有所不同。

首先，忽略了刹车副在结构中的键槽设计，使得热库增加了，但也忽略了镶在键槽附近的散热片，降低了散热效果，因此综合考虑二者，可以说，基本上相互抵消了两种结构所产生的效果，误差对刹车副温度场来说可以忽略。此外，可以从各时刻的径向映射图发现，最高温度点的位置相对外边界距离偏远，这主要是因为在计算过程中使用的对流换热系数为强制对流换热系数，使得外边界处散热比较大，所以最高温度出现的位置与自然对流换热系数条件下相比略偏内。

其次，建模时认为刹车盘单元间是均匀连续的，它们之间只存在热传导，但实际上，刹车副摩擦表面在制动过程中随着刹车压力的变化，并不是一直都是完全接触的。当刹车压力减为一定值的时候，刹车副由于离心力的作用相互分开，热量的传递主要靠辐射。在此过程中，热传递方式的改变、接触热阻的变化以及其他未知的细节在建立模型的过程中被忽略了，使得计算模型有一定误差。

从整个分析过程可以看出，刹车副瞬态温度场的计算与很多因素相关。要想获得尽可能精确的温度分布，各部分所得结果都需要保证一定的精确性，因此对各部分模型的准确性、参数测量的精度、数值计算所产生的误差等相关细节都需要进行全面的考虑。这使得刹车副温度场精度的分析是一项庞大而复杂的工程，需要根据实际情况进行处理，仔细排查所有相关细节，才能获得具有实际意义的论断。

7.8 实验验证

为验证本文所建立温度场计算模型的可行性和精确性，将计算机仿真结果与惯性台实验测试结果相比较。下面介绍惯性台实验测试飞机刹车副温度的原理和过程。

飞机制动过程的主要目的是减小飞机速度，但由于过大的重力，需要施加巨大的外力，才能改变飞机运动状态。这也是引起飞机刹车副温度快速上升的原因。要想测试飞机刹车副在制动过程中的温度分布，在实验中模拟飞机制动过程，主要不是模拟飞机的速度，而是模拟飞机的惯性，因此惯性台装置是此次实验的核心装置，如图 7－51 所示。

图 7－51　惯性台整体图

惯性台的主要原理是补偿制动过程中飞机质量所产生的惯性，可以通过调节惯性台的总质量、转动速度等参数，使惯性台惯性与飞机惯性相同。惯性台模拟制动过程如下：飞机机轮由电机带动产生与飞机速度相同的运动速度，惯性台产生与飞机质量相同的惯性，制动开始时运动的机轮逐步靠近惯性台，二者相接触时制动过程正式开始，然后根据飞机机轮的运动速度，按照控制律产生相应的刹车压力，使机轮速度逐步减为零，实现飞机制动过程。实验装置如图 7－52 所示。

本次实验以某一机型为例，调整惯性台的惯性和机轮的速度，使之与机型条件相匹配。由于在整个制动过程中无法知道刹车副温度在何时达到最高点，因此在实验过程中取制动开始后 30 s 时，对刹车副采用红外温度探测仪进行温度采样。由于刹车装置的结构无法直接探测到刹车副内部的节点位置，因此采样点是刹车副靠近中轴的位置，此时探测点的温度为 590℃。

在相同条件、相同结构下，进行刹车副瞬态温度场计算。图 7－53 为实际刹车装置 1/4 结构网格划分图。制动 30 s 时飞机刹车装置 1/4 结构温度场分布如图 7－54 所示，此时探测点的计算温度为 585.678℃。

图 7-52　实验装置图

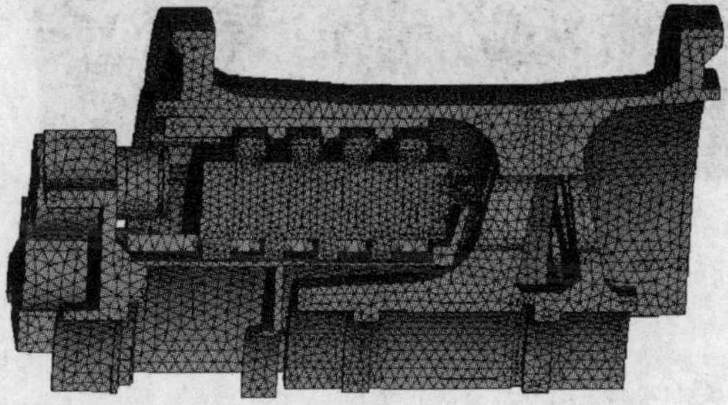

图 7-53　飞机刹车装置 1/4 结构网格划分图

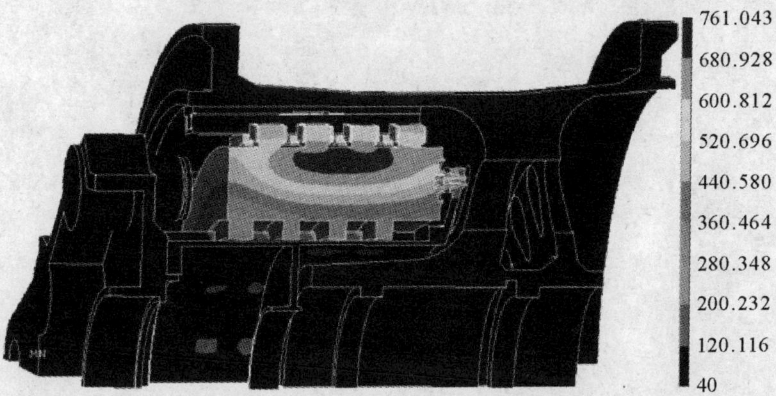

图 7-54　制动 30 s 时飞机刹车装置 1/4 结构温度场分布图(单位:℃)

需要说明的是,该时刻计算所得节点温度低于实际测量值,主要是因为在数值计算中认为环境温度为一平均值,该值不随时间变化,而实际情况是刹车副所存储的能量会使周围空气温度升高，降低对流所散失的热量。因此，计算所得的温度值会依赖于环境温度的选取。此外，在此条件下，通过计算获得的刹车装置最高温度出现时，刹车装置的温度场分布如图 7-55 所示，这是无法通过实验装置在制动过程中测量的。从图中还可以看出，刹车装置的最高温度为 832.361℃，而在该条件下的刹车副最高温度的经验值是 800℃左右，通过对比，可以证明本文建立三维瞬态温度场计算模型的有效性以及指导刹车装置研制的优越性。

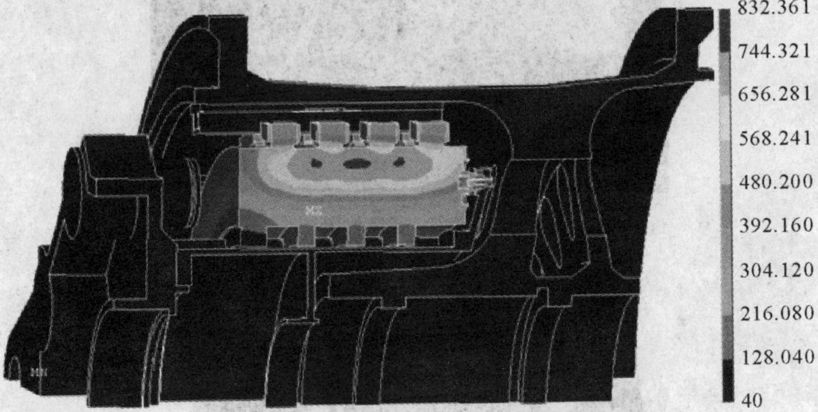

图 7-55　最高温度出现时刹车装置温度场分布图(单位：℃)

参 考 文 献

[1] 杨尊社.航空机轮、刹车系统研究新进展[J].航空精密制造技术,2002,38(6):20-23

[2] 杨尊社,穆宇新.航空机轮及刹车装置研制进展[J].航空制造技术,2000(4):28-30

[3] 常顺宏,田广来,林辉.中国航空机轮刹车系统发展综述[J].航空科学技术,2003(5):24-26

[4] 杨尊社,鲁新峰,杨勇玲.SC103 铁基刹车材料研究[J].航空精密制造技术,1995,31(4):24-25

[5] 傅建平.铜铁基粉末合金刹车盘感应加热的工艺试验[J].航空工艺技术,1996(5):39-42

[6] 杨尊社,王珏.飞机 C/C 复合材料刹车盘的发展[J].航空科学技术,2001(1):28-30

[7] 杨文堂,浦继强,杨明勇,等.碳/碳复合材料机轮刹车盘机加工工艺探讨[J].新技术新工艺, 2007(2):43-45

[8] 彭三林,岳开宪.航空机轮刹车技术的发展趋势[J].航空科学技术,1999(4):37-38

[9] 杨遵社.飞机刹车机轮的热分析和热学设计[J].航空精密制造技术,2000,36(1):37-39

[10] Chichinadze A V. Processes in Heat Dynamics and Modeling of Friction and Wear (Dry and Boundary Friction) [J]. Tribology International,1995,28(1):55-58

[11] Zhao S M,Hilmas G E,Dharani L R. Behavior of a Composite Multidisk Clutch Subjected to Mechanical and Frictionally Excited Thermal Load[J]. Wear,2008,264(11-12):1059-1068

[12] 黄伟民,周世民.探讨国内碳刹车技术发展中的几个问题[J].航空科学技术,2003(3):29-31

[13] Abdi R E I,Smarout H. Anisothermal Modeling Appling to Brake Discs[J]. International Journal of Non-linear Mechanics,1999,34:797-805

[14] 高泽迥.飞机设计手册——起飞着陆系统设计[M].北京:航空工业出版社,2002

[15] 丁群,谢基龙.基于三维模型的制动盘温度场和应力场计算[J].铁道学报,2002,24(6):34-38

[16] 李金平.不确定性温度场和结构的分析方法研究[D].西安:西安电子科技大学,2008

[17] 王登刚,李杰.计算不确定结构系统静态响应的一种可靠方法[J].计算力学学报,2003,20 (6):662-669

[18] 邱志平,马丽红,王晓军.不确定非线性结构动力响应的区间分析方法[J].力学学报,2006, 38 (5):643-651

[19] 王文静,谢基龙,刘志明,等.基于循环对称结构制动盘的三维瞬态温度场仿真[J].机械

工程学报,2002,38(12):131-134

[20] Gao C H, Lin X Z. Transient Temperature Field Analysis of a Brake in a Non-axisymmetric Three-Dimensional Model[J]. Journal of Material Processing Technology,2002,129(1-3):513-517

[21] 杨莺,王刚. 机车制动盘三维瞬态温度场与应力场仿真[J]. 机械科学与技术,2005,24(19):1257-1260

[22] Sonn H W. Thermoelastic Analysis of Carbon/Carbon Composite Brake Disks[D]. Daejeon, Korea:Korea Advanced Institute of Science and Technology,1995

[23] Yevtushenko A, Ivanky E. Determination of Temperatures for Sliding Contact with Applications for Braking Systems[J]. Wear,1997,206:53-59

[24] Floquet A, Dubourg M C. Non-axisymmetric Effects for Three-Dimensional Analysis of a Brake[J]. Journal of Tribology,1994,116:401-408

[25] Cho C, Ahn S. Transient Thermoelastic Analysis of Disk Brake Using the Fast Fourier Transform and Finite Element Method[J]. Journal of Thermal Stresses,2002,25(3):215-243

[26] Al-Shabibi A, Barber J. Transient Solution of a Thermoelastic Instability Problem Using a Reduced Order Model[J]. International Journal of Mechanical Sciences, 2002,44 (3):451-464

[27] 简正柱,姚萍屏,周萍. 飞机刹车副制动过程中温度场的数值计算[J]. 计算机仿真,2007,24 (9):42-45

[28] 周萍,简正柱,姚萍屏. 飞机制动过程中刹车副温度场的数值模拟[J]. 粉末冶金材料科学与工程,2007,12(5):305-309

[29] 李涛,吴瑞祥. 飞机刹车装置的三维瞬态温度场的分析[J]. 机械工程师,2006(6):104-107

[30] 杨志斌,成竹,任青梅,等. 飞机结构三维温度场分析程序[J]. 计算力学学报,2004,21(4):498-501

[31] Carslaw H S, Jaeger J C. The Conduction of Heat in Solids [M]. Oxford: Clarendon Press, 1959

[32] Kennedy T C, Plengsaard C, Harder R F. Transient Heat Partition Factor for a Sliding Railcar Wheel[J]. Wear,2006,265:60-65

[33] 林谢昭,高诚辉,黄健萌. 制动工况参数对制动盘摩擦温度场分布的影响[J]. 工程设计学报,2006,13(1):45-48

[34] 陈辉,胡元中,王慧,等. 不同滑动速度下干接触体瞬态温度场计算[J]. 润滑与密封,2007, 32 (5):4-7

[35] Brian V, Michael J F. A Basic Theoretical Study of the Temperature Rise in Sliding

Contact with Multiple Contacts[J]. Tribology International, 2001, 34: 823 - 829

[36] Bos J, Moes H. Frictional Heating of Tribological Contacts[J]. Journal of Tribology, 1995, 117: 171 - 177

[37] Gao Jianqun, Lee S C. An FFT - Based Transient Flash Temperature Mode for General Three - Dimensional Rough Surface Contacts[J]. ASME Journal of Tribology, 2000, 122: 519 - 523

[38] Tian Xuefeng, Francis E, Kennedy Jr. Maximum and Average Flash Temperatures in Sliding Contacts[J]. Journal of Tribology, 1994, 116: 167 - 174

[39] Tian Xuefeng, Francis E, Kennedy Jr. Contact Surface Temperature Models for Finite Bodies in Dry and Boundary Lubricated Sliding[J]. Journal of Tribology, 1993, 115: 411 - 418

[40] Jen Finlin, Jung Chingchung. Thermal Analysis of the Transient Temperatures Arising at the Contact Spots of Two Sliding Surfaces[J]. ASME, Journal of Tribology, 2005, 127: 694 - 704

[41] Schneider D S, Stephens L S. An Experimental Study on the Impact of Interface Temperature on Thermally Induced Wear Transitions in Dry Sliding [J]. Journal of Tribology, 2006, 128: 460 - 468.

[42] 陈学文.湿磨温度场的理论研究及有限元仿真[D].天津:天津大学,2007

[43] 王营,曹献坤,姚安佑,等.盘式制动器摩擦片的温度场研究[J].武汉理工大学学报, 2001, 23 (7): 22 - 24

[44] 王志刚.盘形制动器制动过程能量分析及温度场计算[J].四川工业学院学报,2004(4): 19 - 20

[45] 马保吉,朱均.摩擦制动器接触表面温度计算模型[J].西安工业学院学报,1999,19(1): 35 - 39

[46] Barber J R. The Influence of Thermal Expansion on The Friction and Wear Process [J]. Wear, 1967, 10: 155 - 159

[47] Barber J R. Thermoelastic Instabilities in The Sliding of Conforming Solids[C]. Proceedings of the Royal Society, 1969, A312: 381 - 394

[48] Burton R A, Nerlikar V, Kilaparti S R. Thermoelastic Instability in a Seal - like Configuration [J]. Wear, 1973, 24: 177 - 188

[49] Lee K, Barber J R. Frictionally Excited Thermoelastic Instability in Automotive Disk Brakes [J], ASME Journal of Tribology, 1993, 115: 607 - 614

[50] Hartsock D L, Fash J W. Effect of Pad/Caliper Stiffness Pad Thickness and Pad Length on Thermoelastic Instability in Disk Brakes[J]. ASME Journal of Tribology, 2000, 122: 511 - 518

[51] Lee K. Frictionally Excited Thermoelastic Instability in Automotive Drum Brakes[J]. ASME Journal of Tribology, 2000, 122: 849 - 855

[52] Decuzzi P, Ciaverella M, Monno G. Frictionally Excited Thermoelastic Instability in Multi - disk Clutches and Brakes[J]. ASME Journal of Tribology, 2001, 123: 865 - 871

[53] Du S, Zagrodzki P, Barber J R, et al. Finite Element Analysis of Frictionally Excited Thermoelastic Instability[J]. Journal of Thermal Stresses, 1997, 121: 185 - 201

[54] Yi Y B, Barber J R, Zagrodzki P. Eigenvalue Solution of Thermoelastic Instability Problems Using Fourier Reduction[C]. Proceedings of the Royal Society, 2000, A456: 2799 - 2821

[55] Jang J Y, Khonsari M M. A Generalized Thermoelastic Instability Analysis[C]. Proceedings of the Royal Society, 2003, A459: 309 - 329

[56] Chichinadze A V. Calculation test and selection of frictional couples[M]. Moscow: Nauka, 1979

[57] Zagrodzki P, Lam K B, Bahkali E Al, et al. Nonlinear Transient Behavior of a Sliding System with Frictionally Excited Thermoelastic Instability[J]. ASME Journal of Tribology, 2001, 123: 699 - 708

[58] Zagrodzki P, Truncone S. Generation of Hot Spots in a Wet Multidisk Clutch During Short - term Engagement[J]. Wear, 2003, 254: 474 - 491

[59] Choi J H, Lee I. Transient Thermoelastic Analysis of Disk Brakes in Frictional Contact[J]. Journal of Thermal Stresses, 2003, 26: 223 - 244

[60] Choi Ji - Hoon, Lee I. Finite Element Analysis of Transient Thermoelastic Behaviors in Disk Brake[J]. Wear, 2004, 257: 47 - 58

[61] Kennedy F E, Ling F F. A thermal, Thermoelastic and Wear Simulation of a High Energy Sliding Contact Problem [J]. ASME J. Lubr. Technol, 1974, 97: 497 - 507

[62] Zagrodzki P. Numerical Analysis of Temperature Fields and Thermal Stresses in the Friction Discs of a Multidisc Wet Clutch[J]. Wear, 1985, 101: 255 - 271

[63] Zagrodzki P. Analysis of Thermomechanical Phenomena in Mutidisc Clutches and Brakes[J]. Wear, 1990, 140: 291 - 308

[64] 李衡，郭洪强，郭世永. 盘式制动器的结构场有限元分析[J]. 机械设计与制造，2007(6): 85 - 86

[65] Choi J, Han J, Lee I. Transient Analysis of Thermoelastic Contact Behaviors in Composite Multidisk Brakes[J]. Journal of Thermal Stresses, 2004, 27: 1149 - 1167

[66] 张涛，徐烈，熊炜，等. 接触热阻研究中理论模型的比较与分析[J]. 低温与超导，1998, 26(2): 58 - 64

[67] 任红艳，胡金刚. 接触热阻的研究进展[J]. 航天器工程，1999, 8(2): 47 - 57

[68] 黄志华，韩玉阁，王如竹.用接触分热阻讨论接触热阻问题[J].上海交通大学学报，2001,35 (8):1212-1215
[69] 黄志华，王如竹.一种接触热阻的预测方法[J].低温工程，2006(6):40-46
[70] 沈军，马骏，刘伟强.一种接触热阻的数值计算方法[J].上海航天，2002(4):33-36
[71] 赵宏林，黄玉美，盛伯浩.接触热阻理论计算模型的探讨[J].制造技术与机床，1999(9):23-24
[72] 钟明，程曙霞，孙承纬，等.接触热阻的蒙特卡罗法模拟[J].高压物理学报，2002,16(4):305-308
[73] 龚钊，杨春信.接触热阻理论模型的简化[J].工程热物理学报，2007,28(5):850-852
[74] 赵剑锋，王安良，杨春信.基于粗糙度曲线统计特征的接触热阻模型[J].工程热物理学报，2004,25(1):145-147
[75] 李鹏.粗糙表面热接触有限元数值分析[D].西安:西北工业大学，2001
[76] 应济，贾昱，陈子辰，等.粗糙表面接触热阻的理论和实验研究[J].浙江大学学报:自然科学版，1997,31(1):104-109
[77] 许敏.结合面接触热阻模型研究与应用[J].机械制造，2006,44(497):26-28
[78] 赵兰萍，徐烈.固体界面间接触热阻的理论分析[J].中国空间科学技术，2003(4):6-11
[79] 徐瑞萍，徐烈，赵兰萍.粗糙表面接触热阻的分形描述[J].上海交通大学学报，2004,38(10):1609-1612
[80] 刘智.基于分形理论的粗糙表面三维瞬态温度/压力/应力场数值模拟[D].福州:福州大学，2005
[81] 高友遐.粗糙表面三维瞬态温度/应力场数值模拟[D].福州:福州大学，2004
[82] 孔祥安，王琪.摩擦接触热传导有限元研究[J].高分子材料科学与工程，1996,12(6):15-19
[83] 应济，陈伟球，陈子辰.换热影响下的接触热阻估计[J].浙江大学学报:自然科学版，1996，30(4):415-422
[84] 韩玉阁，宣益民，汤瑞峰.摩擦接触界面传热规律研究[J].南京理工大学学报，1998,22(3):260-263
[85] 张洪武，廖爱华，张昭，等.具有界面热阻的接触传热耦合问题的数值模拟[J].机械强度，2004,26(4):393-399
[86] 湛利华，李晓谦，胡仕成.界面接触热阻影响因素的实验研究[J].轻合金加工技术，2002，30 (9):40-43
[87] 顾慰兰，杨燕生.温度对接触热阻的影响[J].南京航空航天大学学报，1994,26(3):342-350
[88] 赵宏林，黄玉美，徐洁兰，等.常用结合面接触热阻特性的试验研究[J].西安理工大学学报，1999,15(3):26-29

[89] 饶荣水.固体表面之间接触热阻的辨识研究[J].工业加热,2003(2):16-19

[90] 梁震涛,陈建军,王小兵.不确定性结构区间分析的改进 Monte Carlo 方法[J].系统仿真学报,2007,19(6):1220-1223

[91] Li Jie,Chen Jianbing. Dynamic Response and Reliability Analysis of Structures with Uncertain Parameters[J]. International Journal for Numerical Methods in Engineering, 2005, 62(2):289-315

[92] Zhao Lei,Chen Qiu. Neumann Dynamic Stochastic Finite Element Method of Vibration for Structures with Stochastic Parameters to Random Excitation[J]. Computers and Structures, 2000, 77(6):651-657

[93] 朱位秋.随机振动[M].北京:科学出版社,1992

[94] 陈塑寰.随机参数结构的振动理论[M].长春:吉林科学技术出版社,1992

[95] Hien T D, Kleiber M. Finite Element Analysis Based on Stochastic Hamilton Variation Principle[J]. Computer and Structures,1990,37(6):893-902

[96] 刘宁,吕泰仁.随机有限元及其工程应用[J].力学进展,1996,25(4):437-452

[97] 朱位秋.非线性随机振动理论的近期进展[J].力学进展,1994,24(2):163-172

[98] 刘先斌,陈虬,陈大鹏.非线性随机动力系统的稳定性和分岔研究[J].力学进展,1996,26(4):437-452

[99] 赵雷,陈虬.随机有限元动力分析方法的研究进展[J].力学进展,1999,29(1):9-18

[100] Gao W,Chen J J,Ma H B, et al. Optimal Placement of Active Bars in Active Vibration Control for Piezoelectric Intelligent Truss Structures with Random Parameters [J]. Computers & Structures,2003,81(1):53-60

[101] Gao W,Chen J J,Ma J, et al. Dynamic Response Analysis of Stochastic Frame Structures Under Nonstationary Random Excitation[J]. AIAA Journal,2004,42(9):1818-1822

[102] Gao W,Chen J J,Ma H B, et al. Dynamic Response Analysis of Closed Loop Control System for Intelligent Truss Structures Based on Probability[J]. Structural Engineering and Mechanics, 2003,15(2):239-248

[103] Gao W,Chen J J,Hu T B,et al. Optimization of Active Vibration Control for Random Intelligent Truss Structures Under Non-Stationary Random Excitation[J]. Structural Engineering and Mechanics,2004,18(2):137-150

[104] 李杰.随机结构系统——分析与建模[M].北京:科学出版社,1996

[105] Grigoriu M. Statistically Equivalent Solutions of Stochastic Mechanics Problems[J]. ASCE Journal of Engineering Mechanics, 1991,117(8):1906-1918

[106] Hong H P. An Efficient Point Estimate Method for Probabilistic Analysis[J]. Reliability Engineering and System Safety,1998,59(3):261-267

[107] Rosenblueth E. Two - point Estimates in Probabilities[J]. Applied Mathematical Modelling, 1981, 5(5):329 - 335

[108] Rubinstein R Y. Simulation and the Monte Carlo method[M]. New York: Wiley, 1981

[109] Niederreiter H,Spanier J. Monte Carlo and Quasi - Monte Carlo Methods[M]. Berlin:Springer, 2000

[110] Sobol I M. On Quasi - Monte Carlo Integrations[J]. Mathematics and Computers in Simulation, 1998, 47(2 - 5):103 - 112

[111] Entacher K. Quasi - Monte Carlo Methods for Numerical Integration of Multivariate Haar Series[J]. BIT3,1997,4:845 - 860

[112] Engelund S,Rackwitz R. A Benchmark Study on Importance Sampling Techniques in Structural Reliability[J]. Structural Safety,1993,12(4):255 - 276

[113] Melchers R E. Importance Sampling in Structural Systems[J]. Structural Safety, 1989,6(1):3 - 10

[114] Ghanem R G,Spanos P D. Stochastic Finite Elements:a Spectral Approach[M]. New York:Springer,1991

[115] Li Jie,Roberts J B. An Expanded System Method for the Stochastic Dynamic Analysis[D]. Research Report No. 1 in Univ. of Sussex,Brighton,1993

[116] 李杰.随机结构分析的扩阶系统方法:(I)扩阶系统方程[J].地震工程与工程振动,1995,15(3):111 - 118

[117] 李杰.随机结构分析的扩阶系统方法:(II)结构动力分析[J].地震工程与工程振动,1995,15(4):27 - 35

[118] 李杰.随机结构动力分析的扩阶系统方法[J].工程力学,1996,13(1):93 - 102

[119] 李杰.复合随机振动分析的扩阶系统方法[J].力学学报,1996,28(1):66 - 75

[120] 李杰,陈建兵.随机结构反应的概率密度演化分析[J].同济大学学报:自然科学版,2003,31(12):1387 - 1391

[121] 李杰,陈建兵.随机结构动力反应分析的概率密度演化方法[J].力学学报,2003,35(4):437 - 441

[122] 李杰,陈建兵.随机结构非线性动力响应的概率密度演化分析[J].力学学报,2003,35(6):716 - 722

[123] 陈建兵,李杰.随机结构复合随机振动分析的概率密度演化方法[J].工程力学,2004,21(3):90 - 95

[124] 黄斌.一种新的谱随机有限元方法[J].武汉理工大学学报,2004,26(5):42 - 45

[125] 黄斌.随机参数结构的统计特征对[J].固体力学学报,2005,26(1):121 - 124

[126] 黄斌,索建臣,毛文药.随机杆系结构几何非线性分析的递推求解方法[J].力学学报,

2007,39(6):835-842

[127] 马洪波,陈建军,崔明涛.随机参数桁架结构的有限元与可靠性分析[J].西安电子科技大学学报,2003,30(1):103-107

[128] 高伟,陈建军,刘伟.随机参数智能桁架结构动力特性分析[J].应用力学学报,2003,20(1):123-127

[129] 戴君,陈建军,马洪波,等.随机参数结构在随机和在激励下的动力响应分析[J].工程力学,2002,19(3):64-68

[130] Dai J, Chen J J, Li Y G. Dynamic Response Optimization Design for Engineering Structures Based on Reliability [J]. Applied Mathematics and Mechanics, 2003, 24(1):43-52

[131] Gao W, Chen J J, Ma H B. Dynamic Response Analysis of Closed Loop Control System for Intelligent Truss Structures Based on Probability[J]. Structural Engineering & Mechanics, 2003, 15(2):239-248

[132] 高伟,陈建军,刘伟,等.随机参数智能桁架结构在随机力下的闭环控制动力响应分析[J].机械科学与技术,2002,21(6):909-912

[133] 高伟,陈建军.线性随机结构的平稳随机响应分析[J].应用力学学报,2003,20(3):92-95

[134] Gao W, Chen J J, Ma J, et al. Dynamic Response Analysis of Stochastic Frame Structures Under Nonstationary Random Excitation[J]. AIAA Journal,2004,42(9):1818-1822

[135] 郭书祥,吕震宙,冯立富.模糊运算和模糊有限元静力控制方程的求解[J].应用数学和力学,2002,23(9):936-942

[136] 吕恩琳.结构模糊有限元平衡方程的一种新解法[J].应用数学和力学,1997,18(4):361-366

[137] 雷震宇,陈虬.模糊结构有限元分析的一种新方法[J].工程力学,2001,18(6):47-53

[138] 高伟,陈建军,马娟,等.基于信息熵模糊桁架结构有限元分析[J].西安电子科技大学学报,2004,31(3):413-416

[139] Valliappan S, Pham T D. Fuzzy Finite Element Analysis on an Elastic Soil Medium [J]. International Journal for numerical and analytical methods in geomechanics, 1993, 17(11):771-789

[140] Rao S S, Cao L. Fuzzy Boundary Element Method for the Analysis of Imprecisely Defined System[J]. AIAA Journal,2001,39(9):1788-1797

[141] 陈原,钱江.含模糊参数结构有限元方程的一种新解法[J].力学学报,2002,23(2):210-217

[142] Cherki A, Plessis G, Lallemand B,et al. Fuzzy Behavior of Mechanical Systems with

Uncertain Boundary Conditions[J]. Computer Methods in Applied Mechanics and Engineering,2000,189(3):863-873

[143] 刘长虹.基于信息熵下的结构强度与外载的广义可靠度[J].机械科学与技术,2003,22(6):631-638

[144] 吕玺琳,吕恩琳.结构系统模糊可靠性的一种分析方法[J].中国人工智能进展,2003(11)

[145] 郭书祥,吕震宙,冯立富.基于可能性理论的结构模糊可靠性方法[J].计算力学学报,2002,19(1):89-93

[146] Cai K Y,Wen C Y,Zhang M L. Fuzzy Variables as a Basis for a Theory of Fuzzy Reliability in the Possibility Context[J]. Fuzzy Sets and Systems,1991,42(2):145-172

[147] Utkin L V,Gurov S V. A General Formal Approach for Fuzzy Reliability Analysis in the Possibility Context[J]. Fuzzy Sets and Systems,1996,83(2):203-213

[148] Cremona C,Gao Y. The Possibilistic Reliability Theory:Theoretical Aspects and Applications[J]. Structural Safety,1997,19(2):173-201

[149] Sawyer J P,Rao S S. Strength-based Reliability and Fracture Assessment of fuzzy Mechanical and Structural Systems[J]. AIAA Journal,1999,37(1):84-92

[150] 王光远,王文泉.抗震结构的模糊优化设计[J].土木工程学报,1985,2:50-58

[151] 王光远,王文泉.抗震结构的模糊可靠性分析[J].力学学报,1986,5:69-75

[152] Ma Juan, Chen Jianjun, Gao Wei, et al. Dynamic Response Analysis of Closed Loop Control System for Intelligent Fuzzy Truss Under Fuzzy Excitation[J]. 2005 IEEE Conference on Networking,Sensing and Control

[153] Ma Juan, Chen Jianjun, Gao Wei. Stationary Random Response Analysis of Linear Fuzzy Truss[J]. Structural Engineering & Mechanics,2006,22(4):469-481

[154] Ma Juan, Chen Jianjun, Gao Wei, et al. Nonstationary Stochastic Vibration Analysis of Fuzzy Truss System[J]. Mechanical Systems and Signal Processing,2006,20(8):1853-1866

[155] 马娟,陈建军,高伟,等.基于模糊因子法的模糊桁架结构动力特性分析[J].振动与冲击,2005,24(2):125-130

[156] 马娟,陈建军,黄平,等.模糊桁架结构在模糊激励下的动力响应分析[J].力学学报,2005,37(3):378-384

[157] Chen S H,Qiu Z P. A New Method for Computing The Upper and Lower Bounds on Frequencies of Structures with Interval Parameters[J]. Mechanics Research Communication, 1995,22(5):431-439

[158] Qiu Z P,Chen S H,Elishakoff I. Natural Frequencies of Structures with Uncertain but non Random Parameters[J]. Journal of Optimization Theory and Applications, 1995,86(3):669-683

[159] Qiu Z P,Chen S H,Elishakoff I. Bounds of Eigenvalues for Structures with an Interval Description of Uncertain - but - non - random Parameters[J]. Chaos,Soliton,and Fractral, 1996, 7(3):425-434
[160] Chen S H,Qiu Z P. Perturbation Method for Computing Eigenvalue Bounds in Vibration System with Interval Parameters[J]. Communications in Numerical Methods in Engineering, 1994,10(2):121-134
[161] 吴晓,罗佑新,文会军,等.非确定结构系统区间分析的泛灰求解方法[J].计算力学学报,2003,20(3):329-334
[162] 邱志平,王靖.不确定参数结构特征值问题的概率统计方法和区间分析方法的比较[J].2007,28(3):590-592
[163] 朱增青,陈建军,李金平,等.不确定结构区间分析的仿射算法[J].机械强度,2009,31(3):419-424
[164] 张建国,陈建军,马孝松.具有区间参数的不确定结构静力区间分析的一种算法[J].机械科学与技术,2005,24(10):1158-1162
[165] 屠义强,王景全,江克斌.基于区间分析的结构系统非概率可靠性分析[J].解放军理工大学学报:自然科学版,2003,4(2):48-51
[166] 乔心州,仇原鹰,孔宪光.一种基于椭球凸集的结构非概率可靠性模型[J].工程力学,2009,26(11):203-208
[167] 谢永强,陈建军.不确定系统稳定性的仿射不等式分析[J].高技术通讯,2009,19(8):867-871
[168] 杨卫锋,曾芳玲.区间分析及其在参数估计中的应用[J].信息技术,2009(4):47-51
[169] 黎永锦,赵志红,高东平.动态不确定模糊集[J].中山大学学报:自然科学版,2005,44(3):12-14
[170] 乔心州,仇原鹰,曹鸿钧.区间分析法和凸模型方法在多学科系统中的应用研究[J].兵工学报,2008,29(7):844-848
[171] Zeng Jia,Xie Lei,Liu Zhiqiang. Gaussian Mixture Models with Uncertain Parameters [C]//Proceeding of the Sixth International Conference on Machine Learning and Cyberntics. Hongkong:[s. n.],2007
[172] Hlavacek I, Nedoma J. Reliable Solution of an Unilateral Contact Problem with Friction and Uncertain Data in Thermo - Elasticity[J]. Mathematics and Computers in Simulation,2005,67:559-580
[173] 张义民,刘巧伶,闻邦椿.多自由度非线性随机参数振动系统响应分析的概率摄动有限元法[J].计算力学学报,2003,20(1):8-11
[174] 李金平,陈建军,周传军.温度场的非概率凸集合理论模型的摄动数值解法[J].西南交通大学学报,2009,44(1):101-105

[175] 李金平,陈建军,刘国梁,等.具有区间参数的瞬态温度场数值分析[J].电子科技大学学报,2009,38(3):463-466

[176] 张国智,胡仁喜,陈继刚,等. ANSYS 10.0 热力学有限元分析实例指导教程[M].北京:机械工业出版社,2007

[177] 李贤平.概率论基础[M].北京:高等教育出版社,2001

[178] 赵选民,徐伟,师义民,等.数理统计[M].北京:科学出版社,2003

[179] 李士勇.工程模糊数学及应用[M].哈尔滨:哈尔滨工业大学出版社,2004

[180] 李安贵,张志宏,孟艳,等.模糊数学及其应用[M].2 版.北京:冶金工业出版社,2005

[181] 肖盛燮,王平义,吕恩琳.模糊数学在土木和水利上的应用[M].北京:人民交通出版社,2004

[182] 苗恩铭.温度场计算中差分法的应用[J].工具技术,2005,8(39):19-22

[183] 阎清东,李宏才,唐衍稳.有限元法在湿式多片制动器温度场研究中的应用[J].汽车科技, 2001,(2):13-16

[184] 赵文清,王春生.湿式多盘制动器研究内容的综述[J].兵工学报,2003,1(24):111-114

[185] 夸克工作室.有限元分析基础篇 ANSYS 与 Mathematica[M].北京:清华大学出版社,2002

[186] Siegal R, Howell J R. Thermal Radiation Heat Transfer[M]. 2nd ed. Hemisphere Publishing Corporation, 1981

[187] 徐冬苓,李玉忍.飞机起落架数学模型的研究[J].系统仿真学报,2005, 17(4):831-833

[188] Saeed Moaveni.有限元分析——ANSYS 理论与应用[M].2 版.王崧,董春敏,金云平,等,译.北京:电子工业出版社,2005

[189] Scridhar R M, Yovanovich M M. Elastoplastic Contact Conductance Model for Isotropic Conforming Rough Surfaces and Comparison with Experiments[J]. Journal of Heat Transfer, 1996,118(1):3-9

[190] Brian Vick, Golan H P L, Furey J M. Thermal Effects due to Surface Films in Sliding Contact[J]. Transactions of ASME Journal of Tribology, 1994, 116(2):236-246

[191] 葛世荣,朱华.摩擦学的分形[M].北京:机械工业出版社,2005

[192] Greenwood J A, Williamson J B P. Contact of Nominally Flat Surface[J]. Proceedings of the Royal Society of London. Series A, Mathematical and Physical Sciences, 1966,295(1442):300-319

[193] 贺林,朱均.粗糙表面接触分形模型的提出与发展[J].摩擦学学报,1996,16(4):375-384

[194] 李江鸿,熊翔,张红波,等.不同刹车压力下 C/C 复合材料的摩擦性能与摩擦面研究[J].润滑与密封,2007,32(4):9-13

[195] McWaid T H, Marschall E. A comparison of elastic and plastic contact models for the prediction of thermal contact conductance[J]. Heat and mass transfer, 1993, 28(8):441-448

[196] 王怡.Cantor 展开与分形维数[D].武汉:武汉大学,2005

[197] Warren T L,Krajcinovic Dusan. Random Cantor Set Model for the Elastic-Perfectly Plastic Contact of Rough Surfaces[J]. Wear,1996,196(1-2):1-15

[198] Warren T L,Krajcinovic D. Fractal Models of Elastic-Perfectly Plastic Contact of Rough Surfaces Based on the Cantor Set[J]. International Journal of Solids and Structures,1995,32 (19):2907-2922

[199] Borodich F M,Mosolove A B. Fractal Roughness in Contact Problems[J]. Journal of Applied Mathematics and Mechanics,1992,56:681-690

[200] Thomas L, Warren T L,Krajcinovic D. Random Cantor Set Models for the Elastic-perfectly Plastic Contact of Rough Surfaces[J]. Wear,1996,196:1-15